高等职业教育教材

污水处理厂智慧运营与管理

潘琼　姜科　主编
喻敏霞　副主编

化学工业出版社

·北京·

内容简介

污水处理厂智慧运营是以城镇污水处理厂运营过程中在工艺、设备、安全等方面存在的问题为导向，依托智能动态管理平台进行的智慧运营管理。污水厂的智慧运营减少了人工操作环节，改善了传统污水处理生产运营中的一些难点，提高了污水处理的自动化水平，经济、高效地发挥了污水厂在水环境治理中的作用。

本书基于产教融合的理念，以全面提高污水处理综合效能为目标而编写，系统介绍了城市污水处理厂智慧运营与维护管理的内容，包括废水处理工艺运维、污泥处理处置工艺运维、除臭工艺运维、机械设备运维、监测系统运维、污水的采样控制与化验质量管理、污水处理质量与安全管理。

本书可作为高职高专院校环境保护类专业教学用书，也可供城镇污水处理厂、工业废水处理厂或企业废水处理站从事运营控制的相关技术人员参考。

图书在版编目（CIP）数据

污水处理厂智慧运营与管理 / 潘琼，姜科主编；喻敏霞副主编 . — 北京 ：化学工业出版社，2025. 2.
ISBN 978-7-122-46957-1

Ⅰ.X505

中国国家版本馆 CIP 数据核字第 2025G4P058 号

责任编辑：周家羽　蔡洪伟　　　装帧设计：韩　飞
责任校对：刘曦阳

出版发行：化学工业出版社
　　　　　（北京市东城区青年湖南街 13 号　邮政编码 100011）
印　　装：河北延风印务有限公司
787mm×1092mm　1/16　印张 17¾　字数 460 千字
2025 年 3 月北京第 1 版第 1 次印刷

购书咨询：010-64518888　　　售后服务：010-64518899
网　　址：http://www.cip.com.cn

凡购买本书，如有缺损质量问题，本社销售中心负责调换。

定　　价：49.80 元　　　　　　版权所有　违者必究

前言

党的十八大以来，党中央从中华民族永续发展的高度出发，深刻把握生态文明建设在新时代中国特色社会主义事业中的重要地位和战略意义，大力推动生态文明理论创新、实践创新、制度创新，创造性提出一系列新理念、新思想、新战略，形成了生态文明思想。党的二十大报告指出，要深入推进环境污染防治。坚持精准治污、科学治污、依法治污，持续深入打好蓝天、碧水、净土保卫战。统筹水资源、水环境、水生态治理，推动重要江河湖库生态保护治理，基本消除城市黑臭水体。

当前，我国生态文明建设进入了以降碳为重点战略方向、推动减污降碳协同增效、促进经济社会发展全面绿色转型、实现生态环境质量改善由量变到质变的关键时期。污水处理既是深入打好污染防治攻坚战的重要抓手，也是推动温室气体减排的重要领域。本书全面贯彻党的二十大精神，深入贯彻生态文明思想，立足新发展阶段，贯彻新发展理念，构建新发展格局，坚持系统观念，聚焦智慧水务处理系统，围绕污水处理过程中的污染物削减与节水增效、节能降碳、污水污泥资源化利用等内容，以全面提高污水处理综合效能为目标而编写。

职业教育数字化转型升级是增强职业教育适应性、实现职业教育高质量发展的重要途径。全书基于产教融合的理念，依托北控水务产业学院、全国生态环保行业产教融合共同体以及产教融合实训中心，开发微课、动画、案例、仿真软件等数字化教学资源，契合实践性教学需求，赋能教学与评价数字化，配套丰富的数字化教学资源，可扫描书中二维码获取相应内容。登录化学工业出版社教学资源网站"化工教育"平台，可获取配套电子教案及实训部分参考答案。

本书由长沙环境保护职业技术学院潘琼、姜科担任主编，喻敏霞担任副主编。具体分工为：长沙环境保护职业技术学院杨婵编写模块一的项目一和项目四，姜科编写模块一的项目二和项目三，喻敏霞编写模块二，潘琼编写模块三和模块七的项目一，湖南鑫远环境科技集团股份有限公司寻芳荣编写模块四，北京万维盈创科技发展有限公司叶建奎编写模块五，北控水务集团西部大区蓉北区域公司李俊编写模块六和模块七的项目二。本书在编写过程中，参考了有关书籍和资料，在此谨向其作者深表谢意。本书的数字资源建设得到了北京东方仿真软件技术有限公司的支持，在此向其表示感谢。

由于编者的经验和水平有限，书中难免存在疏漏之处，敬请广大读者指正。

编者
2024 年 10 月

目录

模块一　废水处理工艺运维　　1

项目一　预处理工艺的运维　1
　　任务一　格栅的运维控制　1
　　实训一　格栅的巡检与运维控制　3
　　任务二　污水提升泵站的运维控制　4
　　实训二　污水提升泵站的巡检与运维控制　11
　　任务三　沉砂池的运维控制　12
　　实训三　沉砂池的巡检与运维控制　16
　【匠心筑梦】　16
项目二　生化处理工艺的运维　17
　　任务一　活性污泥工艺的运维控制　17
　　实训一　活性污泥工艺运行异常及排故　32
　　任务二　生物膜工艺的运维控制　33
　　实训二　生物膜工艺运行异常及排故　43
　　任务三　生物脱氮除磷工艺的运维控制　44
　　实训三　生物脱氮除磷工艺运行异常及排故　66
　　任务四　二沉池的运维控制　68
　　实训四　二沉池的运行异常及排故　71
　【匠心筑梦】　71
项目三　深度处理工艺的运维　72
　　任务一　混凝池的运维控制　72
　　实训一　混凝池的巡检与运维控制　81
　　任务二　滤池的运维控制　82
　　实训二　滤池的巡检与运维控制　89
　【匠心筑梦】　90
项目四　消毒工艺的运维　91
　　任务一　紫外线消毒工艺的运维控制　91
　　实训一　紫外线消毒工艺的巡检与运维控制　95
　　任务二　氯消毒工艺的运维控制　96
　　实训二　氯消毒工艺的巡检与运维控制　98
　【匠心筑梦】　99

模块二　污泥处理处置工艺运维　　101

项目一　污泥处理工艺运维　101
　　任务一　污泥处理工艺的运维控制　101
　　实训一　污泥处理工艺的巡检与运维控制　111
　　任务二　污泥处理质量管理　112
　　实训二　污泥处理质量管理实施　115
项目二　污泥处置工艺运维　116
　　任务一　污泥存放与外运管理　116
　　实训一　污泥存放管理实施　120
　　任务二　污泥处置工艺的运维控制　120
　　实训二　污泥处置及污泥脱水间管理实施　125
　【匠心筑梦】　127

模块三　除臭工艺运维　　128

项目一　臭气系统的运维　128
　　任务一　臭气收集系统的运维　128
　　实训一　臭气的产生与排放控制　134
　　任务二　臭气污染控制系统的运维　135
　　实训二　臭气生物滤池控制管理实施　143
项目二　臭气的监测控制　144
　　任务一　臭气监测控制要求　144
　　实训一　臭气排放方式管理实施　146
　　任务二　硫化氢、甲烷的监测控制　147
　　实训二　硫化氢、甲烷的泄漏监测控制　150
【匠心筑梦】　151

模块四　机械设备运维　　152

项目一　鼓风系统的运维　152
　　任务一　鼓风机的运维　152
　　实训一　鼓风机的巡检与运维控制　156
　　任务二　鼓风机房的运维　157
　　实训二　鼓风机房的巡检与运维控制　159
项目二　加药系统的运维　160
　　任务一　常规加药系统的运维　160
　　实训一　常规加药系统的巡检与运维控制　165
　　任务二　碳源投加系统的运维　166
　　实训二　碳源投加系统的巡检与运维控制　172
项目三　智慧水务中央控制系统的运维　173
　　任务一　智慧水务中控系统的组成与运维　173
　　实训一　智慧水务中控系统的运维管理　175
　　任务二　智慧水务中控系统的数据记录　176
　　实训二　智慧水务中控系统的数据记录与处理　182
【匠心筑梦】　183

模块五　监测系统运维　　185

项目一　进出水口水质及生化系统运行水质监测　185
　　任务一　进水口水质监测　185
　　实训一　污水厂进水口水质监测与分析　187
　　任务二　出水口水质监测　188
　　实训二　污水厂出水口水质监测与分析　192
　　任务三　生化系统运行工艺参数监测　192
　　实训三　生化系统运行工况分析　197
项目二　在线监测系统的运维　198
　　任务一　在线监测系统的运维控制　198
　　实训一　在线监测系统的数据记录　205
　　任务二　在线监测系统基本情况自查自纠　206
　　实训二　在线监测系统的规范要求实施　212
【匠心筑梦】　213

模块六　污水的采样控制与化验质量管理　　215

项目一　污水的采样、保存与运输　215
　　任务一　污水的采样与控制　215
　　实训一　污水水样采集的规范要求实施　219

| 任务二 | 污水水样的保存与运输 | 219 |
| 实训二 | 污水水样保存的规范要求实施 | 223 |

项目二 污水水样的化验检测 224
| 任务一 | 化验项目选择与频次控制 | 224 |

实训一	污水进出水水质化验	227
任务二	化验室质量控制与管理	228
实训二	化验室质量控制实施	231

【匠心筑梦】 232

模块七 污水处理质量与安全管理　　233

项目一 污水处理厂运营合规性管理 233
任务一	排污许可证申请与核发	233
实训一	污水处理厂排污许可证的申请	241
任务二	污水处理厂台账管理、执行报告与信息公开监管	242
实训二	排污许可证后监管	249

项目二 污水处理厂危险源与安全管理 251

任务一	污水处理厂危险源辨识与管理	251
实训一	污水处理厂危险源辨识	255
任务二	污水处理厂安全应急管理与应急预案制定	256
实训二	污水处理厂安全应急管理实施	260

【匠心筑梦】 261

附录一 污水厂安全警示标志　　263

附录二 生活污水处理厂智慧运行管理自评打分表　　268

参考文献　　274

二维码一览表

序号	资源名称	资源类型	页码
1	格栅的检修	视频	002
2	格栅危险源的识别	视频	003
3	格栅池的应急救援	视频	004
4	泵振动的检查	视频	005
5	初沉池的检查	视频	013
6	曝气沉砂池有机物含量偏高的处理	视频	014
7	曝气池的检修	视频	020
8	曝气池的危险源识别	视频	023
9	风机风量与溶解氧的调节	视频	025
10	泡沫问题与出水BOD超标问题的处理	视频	029
11	A^2O工艺流程图	视频	045
12	溶解氧偏高或偏低的处理	视频	048
13	A^2O工艺内外回流异常的处理	视频	052
14	污泥井的应急救援	视频	053
15	AB工艺污泥上浮与污泥异常问题处理	视频	061
16	出水总磷超标的处理	视频	062
17	浓缩池故障分析与排除	视频	102
18	消化池故障分析与排除	视频	105
19	活性污泥法压滤机故障分析与排除	视频	109
20	《城镇污水处理厂污染物排放标准》	PDF	114
21	《排污许可证申请与核发技术规范 水处理(试行)》	PDF	114
22	《危险废物管理计划和管理台账制定技术导则》	PDF	114
23	《一般工业固体废物管理台账制定指南(试行)》	PDF	114
24	离心脱水机的更换、带式脱水机的检查	视频	115
25	《恶臭污染物排放标准》	PDF	129
26	鼓风机的检修	视频	155
27	机械设备的检修计划	视频	158
28	A^2O工艺达标巡视	视频	186
29	《固定污染源排污许可分类管理名录(2019版)》	PDF	233
30	《排污单位自行监测技术指南 水处理》	PDF	234
31	《排污单位环境管理台账及排污许可证执行报告技术规范 总则(试行)》	PDF	243
32	污水管道维护与检修	视频	256
33	安全警示标志识读	视频	263

模块一

废水处理工艺运维

学习指南

根据职普融通、产教融合、科教融汇的理念，以及优化职业教育类型定位的要求，本模块提出污水处理厂水处理工艺现场运维人员的基本素质和要求，以满足污水处理运维岗位要求。

项目一 预处理工艺的运维

任务一 格栅的运维控制

知识目标

掌握设置格栅的目的，格栅的作用，常用的格栅的类型，格栅运行维护与管理的要求。

能力目标

会分析格栅运行管理要点；会清除栅渣；会检查渠道沉砂情况；会维护保养格栅除污机；会测量与记录格栅运行是否正常；会对格栅的运行情况巡察、发现异常问题并提出解决对策。

素质目标

培养岗位意识，培养规范操作意识，强化安全生产意识；培养分析问题，解决问题的能力；树立吃苦耐劳的工匠精神。

知识链接

一、格栅的运行控制

1. 格栅的流速

合理地控制过栅流速，能够使格栅最大程度地发挥拦截作用，保持最高的拦污效率。污水在栅前渠道内的水流速度一般为 0.4~0.9m/s，过栅流速应控制在 0.6~1.0m/s。格栅的流速具体控制在多少，应视处理厂来水中污染物的组成、含砂量以及格栅间距等具体情况而定。污水中含大粒径砂粒较多，即使控制在 0.4m/s，仍有砂在栅前渠道内沉积；而有的污水含砂粒径主要为在 0.1mm 左右，即使栅前渠道内流速控制在 0.3m/s，也不会产生积砂现象。因此，运行人员应在运转实践中摸索出本厂的过栅流速控制范围。

进入各个渠道的流量分配不均匀，会使过栅流速太高或太低。因此应经常检查并调节栅前的流量调节阀门或闸门，保证过栅流量的均匀分配。

格栅台数一般按最大处理流量设置。因此可通过调节投入工作的格栅台数，使过栅流速控制在所要求的范围内。

2. 格栅渣的清除

污水处理厂贮存栅渣的容器，不应小于一天截留的栅渣量。栅渣的含水率一般为 80%，表观密度约 960kg/m³；有机质含量高达 85%。

及时清除栅渣，是保证过栅流速在合理范围内的重要措施。清污次数太少，栅渣将在格栅上长时间附着，使过栅断面减小，造成过栅流速增大，拦污效率下降。某台格栅如果清污不及时，由于阻力增大，会造成流量在每台格栅上分配不均匀，同样降低拦污效率。因此，应将每一台格栅上的栅渣及时清除。

污水处理厂泵站前的大型格栅（每日栅渣量大于 0.2m³），一般采用机械式清渣。机械式清渣包括连续运行式和间歇运行式两种。转鼓式、振动式等连续运行除渣设备网孔眼小、易堵塞，应注意保持冲洗设备的正常运行，并经常巡检，避免溢水；背耙式、钢绳式等间歇运行的自动格栅清污机，应根据原废水所含污物的数量和特性，控制运行间隔的水位压差或时间参数。

不管采用哪种清污方式，值班人员都应经常到现场巡检，观察格栅上栅渣的累积情况，并估计栅前后液位差是否超过最大值，并做到及时清污。超负荷运转的格栅间，尤其应加强巡检。

3. 定期检查渠道沉砂

格栅前后渠道内积砂除与流速有关外，还与渠道底部流水面的坡度和粗糙度等因素有关系。由于污水流速的减慢，或渠道内粗糙度的加大，格栅前后渠道内可能会积砂，所以应定期检查渠道内的积砂情况，及时清砂并排除积砂原因。

二、格栅的维护管理

1. 格栅除污机的巡检

格栅除污机巡检时应注意有无异常声音，栅条是否变形，应定期加油保养。

① 应保持减速机内的有效油位，传动链条及水上轴承应每 15～30d 加注一次润滑脂。若水上轴承磨损应及时更换。

格栅的检修

② 应保持链条适当的张紧度，经过一段时间运转，链条会变松，应及时调整张紧装置。

③ 及时将缠绕的杂物清除。

2. 格栅除污机的故障排除

格栅除污机系污水处理厂内最易发生故障的设备之一，常见的故障如下。

（1）格栅机卡阻　无论是连续运行还是间歇运行，格栅机长时间与污水接触，都容易造成轴承磨损，运行出现卡阻现象，造成链条或耙齿拉偏或其他机械故障。为此，需要加强格栅机相关机械部件的润滑保养，以及日常巡检要及时到位。

（2）格栅机堵塞　污水中常夹带一些长条状的纤维、塑料袋等易缠绕的杂物，容易造成栅条和耙齿等堵塞。这一方面会使栅断面减小，造成过栅流速过大，拦污效率下降；另一方面也会造成栅渠过水缓慢、沙砾沉积、栅渠溢流等问题。一般应多人工清理、勤维护。

3. 格栅间通风

污水在管网输送过程中腐化，产生的硫化氢和甲硫醇等恶臭有毒气体将在格栅间大量释放出来。半敞开的格栅间内，恶臭强度一般为70～90个臭气单位，最高可达130多个臭气单位。因此，建在室内的格栅间应采取强制通风措施，夏季应保证每小时换气10次以上。格栅间设置的通风设施常用的有轴流排风扇。一般格栅间应设置有毒有害气体的检测与报警系统。大中型格栅间应安装吊运设备，便于设备检修和栅渣的日常清除。

格栅危险源的识别

4. 卫生与安全

栅渣应及时运走，防止其腐坏产生恶臭。栅渣堆放处应经常清洗，很少的一点栅渣腐坏后，也能在较大空间内产生强烈的恶臭。栅渣压榨机排出的压榨液中恶臭物质含量也非常高，应及时用管道将其导入污水渠道中，严禁明槽流入或在地面流动。格栅间是污水厂内环境卫生较差的一个场所，因此应及时清理卫生。

5. 分析测量与记录

应记录每天产生的栅渣量，用体积或质量表示均可。根据栅渣量的变化，可以间接判断格栅的拦污效率。当栅渣比历史记录减少时，应分析格栅是否运行正常。判断拦污效率的另一个间接途径是经常观察初沉池和浓缩池的浮渣尺寸。这些浮渣尺寸大于格栅栅距中的污物太多时，说明格栅拦污效率不高，应分析过栅流速控制是否合理，是否应及时清污。

● 实训一　格栅的巡检与运维控制 ●

格栅是用于去除污水中较大的漂浮物和悬浮物，以保证后续处理设备正常工作的一种装置，通常由一组或多组平行金属栅条制成的框架组成，倾斜或直立地设立在进水渠道中，用以截流较大的悬浮物或漂浮物，如纤维、碎皮、毛发、木屑、果皮、蔬菜、塑料制品等，以保护后续设备、减轻后续处理单元的负荷。

格栅一般由相互平行的格栅条、格栅框和清渣耙三部分组成。被截留的物质称为栅渣。

 实训目标

对格栅的运行情况进行巡察，发现运行过程中常见的异常问题并提出解决对策。

 实训记录

巡视格栅，根据巡视格栅运行的场景，识别格栅的运行状况，分析格栅过水是否通畅，是否需要清理格栅栅渣。

（1）巡视前准备
①穿好工作装、工作鞋，戴好安全帽。
②领取巡视记录清单表，填写记录人、记录时间。
（2）对格栅现场运行情况进行巡视　格栅现场运行情况如图1-1所示，根据现场情况填

写巡视记录单（表1-1）。

格栅池的应急救援

图1-1　格栅运行场景

表1-1　格栅巡视记录单

记录人：				年　月　日　时
巡视记录单				
时间			上报人员	
巡视位置：格栅□　提升泵房□　沉砂池□				
巡视描述	1. 格栅过水是否通畅：是□否□ 2. 是否需要清除格栅条上悬挂的杂物、栅渣等：是□否□ 3. 现场卫生检查情况时,格栅附近地面是否环境整洁：是□否□			
巡视情况说明				
处理方法				
处理结果				
完成时间				

（3）运行工况判断　巡视粗格栅处时，栅前液位为7.95m，栅后液位为7.42m，判断液位差是否正常。过栅水流速度为0.3m/s，判断流速是否正常。

 实训思考

根据格栅的运行状态，分析格栅运行异常问题有哪些，如何解决。

任务二　污水提升泵站的运维控制

知识目标

掌握污水处理厂设置污水泵的作用，常用的污水泵类型与维护要点；掌握污水提升泵站的管理运行重点。

能力目标

能完成污水提升泵房电气设备的巡视、检查、清扫；能根据实际情况排除处理污水提升泵房的故障；会测量记录污水提升泵的运行是否正常；能完成污水提升泵的检查与维护。

素质目标

培养岗位意识，提高规范操作能力，强化安全生产意识；培养发现问题、分析问题、解决问题的能力；树立吃苦耐劳的工匠精神。

知识链接

一、污水提升泵站的运行控制

1. 污水泵房类型与组成

（1）污水提升泵类型　按不同的方式分类，污水提升泵房有不同的类型。按水泵启动前能否自流充水，可以分为自灌式泵房和非自灌式泵房；按泵房的平面形状，可以分为圆形泵房和矩形泵房；按集水池与机器间的组合情况，可分为合建式泵房和分建式泵房；按照控制的方式，又可分为人工控制、自动控制和遥控泵房。

泵振动的检查

通常污水泵房类型取决于进水管区的埋设深度、来水流量、水泵机组的型号与台数、水文地质条件以及施工方法等因素。常见的有如下几种。

① 合建式圆形污水泵房。适合水泵数量不超过4台的中、小型排水泵站，通常安装卧式水泵，自灌式工作。圆形结构受力条件好，便于采用沉井法施工，可降低工程造价，水泵启动方便。

② 合建式矩形污水泵房。一般用于水泵台数超过4台的大型泵站，通常装设立式泵，自灌式工作。此类泵站在机组、管道和附属设备的布置方面较为方便，启动操作简单且易实现自动化。一般情况下其电气设备置于上层，不宜受潮，操作管理条件良好。缺点是建造费用高，土质差、地下水高位时，不宜采用。

③ 分建式污水泵房。为了减少施工困难和降低工程造价，常采用将集水池与机器间分开修建的分建式泵房。这类泵房具有结构相对简单，机器间无污水渗透或污水淹没风险的特点。但在修建时一般尽量利用水泵吸水能力提高机器间标高，以此来减少机器间的地下部分深度，所以此类泵房常用于土质差、地下水位高的情况。但分建式泵房要抽空启动，如果来水不均匀，启动水泵会比较频繁。

（2）污水泵房的组成　基本组成包括机器间、集水池、格栅、辅助间。机器间内设置水泵机组和有关的附属设备。格栅和吸水管安装在集水池内，集水池还可以在一定程度上调节来水的不均匀性，其目的是保证水泵能较稳定地工作。格栅的作用是阻拦水中粗大的固体杂质，以防止杂物阻塞和损坏水泵。辅助间一般包括贮藏室、修理间、休息室和卫生间等。

2. 污水泵房管道机组布置与污水泵的流量与扬程

（1）管道机组布置　由于污水泵机组的"开""停"比较频繁，且为了减小集水池的容积，污水泵常采用自灌式工作。

① 机组布置：污水泵房中机组台数一般不超过3～4台，以并列的布置形式安装水泵，污水从轴向进水，一侧出水。

② 管道的设计与布置：为改善水利条件，减少杂质堵塞管道的情况，每台水泵通常设

置一条单独的吸水管，设计流速一般采用 1.0～1.5m/s，最低不得小于 0.7m/s；吸水管比较短时，流速也可提高到 2.0～2.5m/s。吸水管上必须装设闸门，以便检修水泵。

为了避免管道内产生沉淀，压水管的流速一般不小于 1.5m/s，两台水泵合用一条压水管且只开一台水泵时，其流速不得小于 0.7m/s。每台水泵的压水管上均装设闸门。污水泵出口一般设止回阀。

泵房内管道敷设一般用明装，若管道设置于托架上架空安装，要注意不能妨碍本安防内的交通和检修，不能安装在电气设备上方。污水泵房的管道易受腐蚀，一般应避免使用钢管。

如果水泵是非自灌式工作的，为了避免污水管道堵塞影响水泵启动，增加水头损失和电耗，在吸水管进口不设置底阀，而采用真空泵或水射引水启动。

(2) 污水泵流量与扬程

① 污水泵扬程：污水泵房一般采用低扬程，但考虑到污水泵在使用过程中因效率下降和管道中阻力增加而加大的能量损失，在确定水泵扬程时，可增大 1～2m 安全扬程。

② 污水泵流量设置：通常按最高日污水量确定。

(3) 水泵选择原则与集水池容积确定　工作泵的选择应在满足最大排水量的前提下，减少投资、节约电耗，运行安全可靠、管理方便的水泵。通常每台水泵的应用流量最好相当于 1/2～1/3 的设计流量，并且尽量采用同型号，这样对设备的购置、设备与配件的备用、安装施工、维护检修都有利。但是从适应流量变化的电能消耗角度考虑，采用大小搭配的方式较为合适。选用不同型号的两台水泵时，小泵的出水量不小于大泵的 1/3。为了保证泵房的正常工作，污水泵房通常会有备用机组和配件。

污水泵房集水池的容积与进入泵房的流量变化情况，水泵的型号、台数以及工作制度、泵房操作，启动时间等有关。集水池的容积在满足安装格栅和吸水管的要求，保证水泵工作时的水力条件以及能够及时将流入水抽走的前提下，应尽量小些。因为缩小集水池的容积，不仅能降低泵房的造价，还可以减轻集水池中大量杂物的沉淀和腐化。

污水泵房集水池容积可根据工作水泵机组停车时启动备用机组所需的时间来计算，一般可采用于泵房中最大一台水泵 5min 出水量的容积。

3. 污水泵房的辅助设备

污水泵房的辅助设备通常有格栅、水位控制器、计量设备、引水装置、反冲洗装置、排水设备、采暖与通风设施、起重设备。

(1) 格栅　是污水泵房中最主要的辅助设备。格栅一般由一组平行的栅条组成，斜置于泵房集水池的进口处。其倾斜角度为 45°～75°。格栅后应设置工作台，工作台一般应高出格栅上游最高水位 0.5m。

目前格栅常采用的清渣方式为机械清渣，应注意其工作平台沿水流方向长度不小于 1.5m，两侧过道宽度不小于 0.7m，应有栏杆和冲洗设施。少量的格栅采用人工清渣，其工作平台沿水流方向不小于 1.2m。格栅的运行维护详细讲解见任务一。

(2) 水位控制器　为适应污水泵房水泵开停频繁的特点，污水泵房往往采用自动控制机组运行。自动控制机组自动停车的信号通常是由水位控制器发出的。

(3) 计量设备　由于污水中含有机械杂质，其计量设备应考虑被堵塞的问题。

(4) 引水装置　污水泵房一般设计成自灌式，无需引水装置。当水泵为非自灌工作时，采用真空泵或水射器抽气引水，也可采用密封水箱注水。当采用真空泵引水时，在真空泵与污水泵之间应设置气水分离箱，以免污水和杂质进入真空泵内。

(5) 反冲洗装置　污水中所含杂质往往部分沉淀在集水坑内，时间久后容易腐化发臭甚至堵塞集水坑，影响水泵的正常吸水。为了松动集水坑内的沉渣，在坑内设置压力冲洗管，定期将沉渣冲起并由水泵抽走。也可在集水池间设置一自来水龙头，作为冲洗水源。

(6) 排水设备　当水泵为非自灌式时，机器间高于集水池。机器间的污水能自流泄入集水池，可用管道把机器间的水坑与集水池连接起来，并在管道上装设闸门，排出集水坑污水时打开闸阀，污水排放完毕关闭闸阀，以免集水池中的臭气逸入机器间内。当吸水管能形成真空时，也可在水泵吸水口附近（管径最小处）伸出一根小管深入集水坑，水泵在低水位工作时，将坑中污水抽走。

如果机器间污水不能自流入集水池时，则应设排水泵（或手摇泵）将坑中污水抽到集水池。

(7) 采暖与通风设施　集水池一般不需要采暖设备，但寒冷地区如果温度过低须设置暖气设备；污水泵的集水池通常利用通风管道自然通风，机器间一般在屋顶设置风帽进行自然通风；在炎热地区泵组台数较多或功率很大，自然通风无法满足要求时，才采用机械通风。

(8) 起重设备　根据起重量范围选择不同的方式，常采用三脚架、手动单梁吊车或手动桥式吊车。

二、污水泵站的维护管理

1. 一般要求

维护污水提升泵站设施时，必须先对有毒、有害、易燃易爆气体进行检测与防护，排水泵站应采用二级负荷供电。水泵维修后，流量不应低于原设计流量的90%；机组效率不应低于原机组效率的90%。泵站机电、仪表和监控设备应根据原产品技术要求配备相应的易损零配件。泵站设施、机电设备和管配件表面应清洁、无锈蚀，应进行防腐蚀处理。污水提升泵房除锈、防腐蚀处理维护周期宜1年1次。泵站起重设备，压力容器，易燃、易爆、有毒气体监测设备必须定期检测，合格后方可使用。围墙、道路等泵站附属设施应保持完好，宜3年检查维护1次。应做好泵站的环境卫生和绿化养护工作。

2. 水泵维护

(1) 水泵运行前应符合的规定

① 运行前宜盘车，盘车时水泵叶轮、电机转子不得有碰擦，不得轻重不均。

② 机组的轴承润滑应良好，泵体轴封机构的密封应良好，蜗壳式水泵泵壳内的空气应排尽，水润滑冷却机械密封的供水压力宜为0.1～0.3MPa。集水池水位应符合水泵启动前最低水位的要求，进出水管应畅通，止回阀启闭应灵活。电磁阀应正常工作，闸阀门应处于开启状态。仪器仪表显示应正常，电气连接应可靠，电气桩头接触面不得烧伤，接地装置应正常连接。

(2) 水泵运行应符合的规定　水泵机组应转向正确，转运平稳，无异常震动和噪声。水泵机组应在规定电压、电流范围内运行，水泵机组轴承润滑油应良好，滚动轴承温度不应大于80℃，滑动轴承温度不应大于60℃，温升不应大于35℃，轴封机构不应过热，机械密封不得有泄漏量，普通软性填料轴封机构泄漏量为10～20滴/min。水泵机座螺栓应紧固，泵体连接管道不得发生渗漏，水泵轴封机构、联轴器、电机、电气器件等运行时应无异常。集水池水位应满足水泵正常运行的要求，格栅前后水位差应小于200mm，水泵机组冷却系统应保持运行，如发现有异常情况，应停机处理。

(3) 水泵停止运行时应符合的规定　轴封机构不得漏水，各类止回阀或出水阀门闭合应有效、无异常,停泵时泵轴应无明显卡阻,冷却水及通风系统应停止或按水泵操作规定延时停止运行。

(4) 不经常运行的水泵应符合的规定 卧式泵应每周用工具盘动泵轴,改变相对搁置位置,单台机组试泵周期不应大于15d,试运行时间不宜小于5min。蜗壳泵不运行期间防空泵内应剩水,高压电机运行前应测量绕组绝缘是否正常。

(5) 水泵日常维护应符合的规定 轴承润滑应良好,润滑剂的使用应符合要求,轴封处应无积水和污垢,填料应完好有效,机、泵及管道连接螺栓应紧固,水泵机组外表应无灰尘、油垢和锈迹,铭牌应完整和清晰,冰冻期间水泵停止使用时,应放尽泵体、管道和阀门内的积水。

水泵冷却水、润滑水系统的供水压力和流量应保持在规定范围内,抽真空系统不得发生泄漏;潜水泵温度、泄漏及深度传感器应完好,显示值准确,电缆密封装置应完好,不应有泄漏,井外至中间连接箱、控制箱的电缆表皮应无破损现象,井内的电缆应加装保护装置,宜每半年检查一次是否完好。

(6) 水泵定期维护应符合的规定 定期维护前应制定维护技术方案和安全措施,定期维护后应有完整的维修记录和验收资料。水泵及转动机构解体维护周期应符合表1-2。

表1-2 水泵及转动机构解体维护周期

水泵类型	干式轴流泵	干式离心泵及混流泵	潜水泵	螺旋泵	不经常运行的水泵
维护周期	3000h	5000h	8000~15000h	8000h	4~6年

3. 电气设备与自动控制系统日常维护与运营

(1) 电气设备

① 电气设备的巡视、检查、清扫。运行中的电气设备应每班巡视,并填写巡视记录,特殊情况应增加巡视次数。低压电气设备每半年应检查、清扫一次,高压电气设备每年应检查、清扫一次,环境恶劣时应增加清扫次数。电气设备跳闸后,在未查明原因前,不得重新合闸运行,变配电间应有防小动物进入措施,应定期检查封堵电缆洞。

② 电气设备试验。高、低压电气设备的维修和定期预防性试验应符合现行行业标准,电气设备更新改造后,投入运行前应做交接试验。交接试验应符合现行国家标准。

③ 电力电缆定期检查与维护。重要的电缆绝缘每年应至少测量一次,一般的电缆绝缘每3~5年应测量一次,新作终端或接头后的电缆应进行直流耐压试验,正常每5年应至少进行一次直流耐压试验测量;电缆终端连接点应保持清洁,相色清晰,无渗漏油,无发热、破损,接地应完好。室内电缆沟内应无渗水、积水,无淤泥及杂物;电缆排放应整齐、牢固;在埋地电缆保护范围内,不得有打桩、挖掘、植树以及其他可能伤及电缆的行为,发现树木生长及其他设备可能影响泵站供电安全的,应采取相应措施。

④ 变压器日常维护。电力变压器巡视检查应符合下列规定:日常巡视应每班一次,无人值守的每周不应少于一次。有下列情况之一应增加巡视次数:a. 首次投运或检修;b. 改造后投运72h内;c. 遇雷雨、大风、大雾、大雪、冰雹或寒潮等气象突变时;d. 高温季节,用电高峰期间,变压器过载运行时。

(2) 仪表与自动控制系统

① 仪表日常维护 仪表应安装牢固,接线可靠,现场保护箱应完好;检测仪表的传感器表面应清洁;仪表显示应正常,显示值异常时应及时分析原因并做好记录;供电和过电压保护设备应完好有效,密封件防护等级应符合环境要求;执行机构和控制机构的电动、液动、气动装置应保持工况正常,定期维护项目和周期如表1-3所示。

表 1-3　电器设备定期维护项目和周期

序号	维护项目	维护周期/年
1	执行机构的电动、液动、气动装置性能检查	0.5
2	控制机构的性能检查	1
3	执行、控制机构的信号、连锁、保护及报警装置可靠性检查	1

超声波、雷达液位仪表传感器、投入式液位仪表传感器、在线水质分析仪表等应定期进行清洗。

② 自动控制设备的日常维护。液位、温度、压力、流量、转速、振动检测等在线自动化检测仪表每年应进行一次零点和量程调整，自动控制设备定期维护应符合表 1-4 要求。

表 1-4　自动控制系统设备的定期维护

序号	维护项目	维护周期/年
1	可编程序控制(PLC)、远程终端(RTU)、通信设施及通信接口检查	0.5
2	触摸屏、监控工作站、数据库服务器检查和维护	0.25
3	网络设备检查维护	1
4	就地(现场)控制系统各检查点的模拟量和数字量校验	1
5	自动控制系统供电系统检查、维护	1
6	手动和自动(遥控)控制切换按钮有效性	1
7	自动控制系统的接地、接零和防雷设施检查和维护	1
8	远程终端(RTU)的通信链路切换功能、数据就地存储功能及存储校验	1
9	主机房内防静电设施检查	1
10	不间断电源切换时间、电池备用时间	1

(3) 视频监控系统定期维护应符合的规定　视频监控设备应定期进行清洗检查。摄像机防护罩人工清洗应每半年一次，电缆进线密封应符合防护等级要求；摄像机旋转、变焦、夜视功能应每月检查一次；摄像系统供电系统应每年检查、维护一次；摄像系统的接地、接零和防雷设施应每年检查和维护一次；视频显示装置的显示清晰度、流畅度应每年检查和维护一次；硬盘或视频存储装置的视频保存周期应根据运行管理要求确定，并应每月检查一次。

4. 泵房辅助设施运维

(1) 起重设备　起重设备维护应按国家现行有关起重机械监督检验标准及规定执行。

① 起重设备的日常养护。电控箱及手操作控制器应可靠；钢丝绳索具应完好；升降限位、升降行走机构应运动灵活、稳定，断电制动可靠。

② 起重设备的定期维护。起重设备应注意外部应无尘垢；吊钩防滑装置应完好；电动葫芦的定期维护项目和周期应符合表 1-5。

表 1-5　电动葫芦的定期维护项目和周期

序号	维护项目	维护周期/年
1	钢丝绳、索具涂抹防锈油	0.5
2	齿轮箱检查,加注润滑油	1
3	接地线连接状态检查和接地电阻检测	1
4	轮箍与轨道侧面磨损状况检查,车挡紧固状态及纵向挠度检查维护	1
5	电动葫芦制动器、卷扬机构、电控箱、齿轮箱检查维护	2
6	齿轮箱清洗、换油	3～5

③ 桥式起重机的日常养护。电控箱、手操作控制器应保持完好，电源滑触线应接触良好；大车、小车、升降机构运行应保持稳定，制动可靠；接地线及系统连接应可靠；吊钩和滑轮组钢丝绳排列应整齐；滑轮组和钢丝绳油润应充分；齿轮箱、大车、小车、驱动机构润

滑应良好。桥式起重机的定期维护应每3年一次，维护要求符合相关标准规范。

（2）通风与除臭设备

① 通风机的日常养护与定期维护　应保持通风设备日常进风、出风不倒向；通风机的运行应工况正常，无异声；通风管密封应完好，无异常。

定期对通风设备的风机进风、出风口进行检查，定期清洗风机内积尘、定期加注润滑油脂，定期解体维护。

② 除臭装置的日常养护与定期维护　应保证除臭装置日常收集系统、控制系统、处理系统运行正常，每日巡视；保证臭气收集系统完好无泄漏，在负压下运行；停止运行时，应打开屏蔽棚通风。

定期对除臭装置及辅助设备运行工况进行检查，定期对除臭装置展开清扫，保证除臭装置处理后空间和出风口的空气质量符合国家标准。定期根据除臭装置的要求更换滤网、填料、更换损坏零件等。

5. 消防与安全设备的维护管理

根据消防要求，定期检查消防栓、水枪和水龙带等消防设备，定期检查更换灭火器、沙桶等消防器材，应做好露天消防设施的防冻措施；安全出口、消防通道应保持畅通。

定期检查维护电气安全用具。如各类安全用具统一编号，定点放置，妥善保管；定期检查绝缘手套、绝缘靴、安全带、安全绳、竹（木）梯、高压验电器、绝缘棒、绝缘夹钳、放电棒、绝缘垫、绝缘毯等安全用具；应在使用安全用具前检查该用具是否合格，是否在试验有效期内。

定期检查维护防毒、防爆用具，保证防毒、防爆仪表完好且能正常使用。有毒有害气体检测仪表的使用和维护应符合相关标准与规范。

应保证污水泵房防水层和雨水管完好、通畅；门窗应无破损；照明设施应齐全，室内动力线、照明线和通信线路布局应合理。

污水泵房安全与安全标志的使用应符合现行国家标准。安全标志牌应设置在易发生事故或危险性较大的工作场所中醒目的位置；安全标志牌不应设在门、窗、架等可移动物体上，标志牌设置的高度应与人眼视线高度一致。

定期展开对周界报警系统的维护与检查；定期检查报警系统的供电设备；接地、接零和防雷设施、系统防区完整性，报警及时性、准确性每月至少检查一次；定期检查系统终端监控计算报警储存完整性、准确性。

6. 信息化指挥运维平台管理

（1）信息化机房日常运维　运行和维护人员应每日对机房环境进行检查，保持机房整洁；每周对机器设备进行至少一次吸尘清洁；设备维护应由专业人员负责，严禁非工作人员进入机房，特殊情况下须经机房负责人批准，填写《机房进出人员登记表》，并在专业维保人员陪同下进入；机房设备须按规定放置，并设有明确的设备标识，严禁放置无关设备；机房内防静电设施应每年检查一次。

（2）信息化平台运维应符合的要求　运行和维护人员应定期检查应用的请求与反馈响应时间、资源消耗情况、进程状态、服务或端口响应情况、会话内容情况、日志和告警信息、数据库与存储连接情况、作业执行情况，发现异常情况应及时维护处理；运行和维护人员应定期开展应用版本升级、日志清理、服务或进程启动或停止、增加或删除用户账号、更新系统或用户密码、建立或终止会话连接、作业提交、软件备份等工作。

实训二 污水提升泵站的巡检与运维控制

污水提升泵站也称为污水泵站,其作用是将上游来水提升至后续处理单元所要求的最高高程处,实现后续处理中污水的重力自流。

实训目标

会对污水提升泵站正确运行管理、会判断实际运行水泵是否正常运行。

实训记录

巡视污水提升泵站,其运行现场场景如图 1-2。根据提升泵站的运行情况,分析水泵机组是否正常运行。日常运行的水泵机组运行维护重点在哪里?

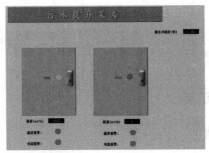

图 1-2 污水提升泵站运行场景

污水提升泵站巡视记录单见表 1-6。

表 1-6 污水提升泵站巡视记录单

记录人:		年　月　日　时
巡视记录单		
时间		上报人员
巡视内容		巡视情况
泵房卫生、照明的环境情况		
配水井液位、流量情况		配水井液位_____,流量_____
各类水阀、开关正常		
各管路设备连接件、密封点无渗漏水现象		
电流表、压力表指示正常		电流表_____,压力_____
各泵控制电源、信号指示正常		
各控制柜各操作开关位置正常		
水泵启动、运转正常,无异味		
水泵轴承声音、温度正常		滚动轴承温度_____,滑动轴承温度_____
电机无发热现象,表面无杂物		
其他重要情况记录		

实训思考

如何判断实际运行水泵是否正常运行?

任务三 沉砂池的运维控制

知识目标

掌握设置沉砂池的作用以及常用沉砂池的类型；掌握沉淀基本法原理；掌握不同沉砂池运行维护与管理的要求。

能力目标

能处理沉砂池异常问题；会对沉砂池进行日常的保养和维护；能进行沉砂池的日常记录；会对沉砂池的运行情况巡察、发现异常问题并提出解决对策。

素质目标

培养岗位意识，培养规范操作意识，强化安全生产意识；培养分析问题，解决问题的能力；树立吃苦耐劳的工匠精神。

知识链接

一、沉砂池的运行控制

1. 沉淀原理

（1）沉淀的概念　沉淀是污水处理中常用的处理方法，在重力的作用下，密度大于水的悬浮物可以通过沉降作用得以分离去除。沉降法的主要去除对象是悬浮液中粒径在 $10\mu m$ 以上的可沉固体，即通常在 2h 左右的自然沉降时间内能从水中分离出去的悬浮固体。废水中的颗粒物通过沉淀去除后，不仅降低了废水中污染物的浓度，同时也保证了整个废水处理系统的正常运行。沉淀过程简单易行，分离效果较好，是水处理的重要方法之一，几乎是所有水处理过程不可或缺的处理单元。

在实际应用中，进行重力沉降分离的构筑物有两种，一个是沉砂池，另一个是沉淀池。沉砂池常位于废水的预处理环节，其主要的功能是从水中分离相对密度较大的无机颗粒，例如砂子、煤渣等。沉砂池一般设在初沉池之前，这样能保护水泵和管道免受磨损，还能使沉砂池中的污泥具有良好的流动性，防止输送管道堵塞。

（2）理想沉淀池的原理　理想沉淀池通常用于分析悬浮颗粒在沉淀池的运动规律与沉淀效果，理想沉淀池的基本假设如下：

① 污水在池内沿水平方向作等速流动，水平流速为 v，从入口到出口的流动时间为 t。

② 在流入区，颗粒沿截面 AB 均匀分布并处于自由沉淀状态，颗粒的水平分速等于水平流速。

③ 颗粒沉到池底即被认为去除。图 1-3 是理想沉淀池示意图。

理想沉淀池分为流入区、流出区、沉淀区和污泥区四个部分。点 A 进入颗粒的运动轨迹是水平流速 v 和颗粒沉速 u 叠加之后的曲线。这些颗粒中，必存在着某一粒径的颗粒，其沉速为 u_0，刚巧能沉淀至池底。故可得关系式，见式(1-1)。

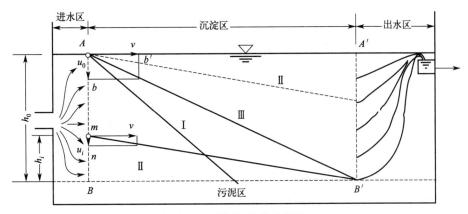

图 1-3 理想沉淀池示意图

$$\frac{u_0}{v} = \frac{H}{L} \tag{1-1}$$

式中 u_0——颗粒沉速,m/s;

v——污水水平流速,m/s;

H——沉淀区水深,m;

L——沉淀区长度,m。

从图 1-3 可知,轨迹 I 所代表的颗粒,沉速 $u_1 \geqslant u_0$ 的颗粒都可在 B' 点前沉底去除。沉速为 u 的颗粒,是否能被去除需视其在流入区所处位置而定,若处在靠近水面处,则不易被去除,如轨迹 II 实线所代表的颗粒;同样的颗粒若处在靠近池底的位置,就能被去除,如轨迹 II 虚线所代表的颗粒。根据理想沉淀池的原理,颗粒在池内的沉淀时间见式(1-2)。

$$t = \frac{L}{v} = \frac{H}{u_v} \tag{1-2}$$

设处理水量为 Q(m^3/s),沉淀池水面面积 $A=BL$(m^2),沉淀池容积 $V=Qt=HBL$(m^3),因此得出式(1-3),如下:

$$\frac{Q}{A} = u_0 = q \tag{1-3}$$

上式中的 $\frac{Q}{A}$ 是沉淀池设计和运行的一个重要参数,表示单位时间内通过沉淀池单位表面积的流量,称为水力负荷,通常以 q 表示,单位 $m^3/m^2 \cdot h$,可简化为 m/h。由上式可知,表面负荷的数值等于颗粒沉速。若需要去除的颗粒的沉速 u_0 确定后,则沉淀池的表面负荷 q 也被确定。

2. 沉砂池的运行管理

(1) 平流沉砂池 其类似一个加宽加深的水流通过渠道,当污水流过时,由于过水断面增大,水流速度下降,污水中夹带的无机颗粒在重力的作用下下沉,从而达到分离无机颗粒的目的。

初沉池的检查

平流沉砂池具有工作稳定、构造简单的特点。池的上部近似于一个加宽的明渠,两端设有闸门以控制水流,在池的底部设置1~2个贮砂斗,下接排砂管重力排砂,也可用射流泵或螺旋泵排砂。平流沉砂池的结构如图 1-4 所示。

平流沉砂池运行操作要点是控制污水在池内的水平流速和停留时间,主要参数如下:

① 池内水平流速最大为 0.30m/s,最小应为 0.15m/s;

② 在池内停留时间一般为 30~60s,最大流量时停留时间不应小于 30s;

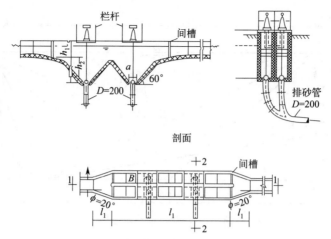

图 1-4　平流沉砂池结构示意图（单位：mm）

③ 有效水深不应大于 1.2m，每格宽度不宜小于 0.6m。

水流流速的具体控制取决于沉砂粒径的大小。若沉砂组成以大砂砾为主，水平流速应大些，使有机沉淀最少；反之，必须放慢流速才可以使砂粒沉淀下来，这时大量有机物也随即一起沉淀下来。具体到每单位沉砂池流速的最佳范围，运行人员应根据实际运行的除砂率和有机物沉淀情况确定。

(2) 曝气沉砂池　是一长形渠道，池表面呈矩形，池底一侧有 0.1～0.5 的坡度，坡向另一侧的集砂槽，曝气沉砂池的断面如图 1-5 所示。采用曝气沉砂池可以在一定程度上减少沉砂中的有机物含量。

曝气沉砂池的曝气装置设在集砂槽一侧，通常距池底 0.6～0.9m。曝气会使池内水流呈现旋流运动，一方面这样的水流会增加无机颗粒之间的碰撞与摩擦，将表面的有机物去除，

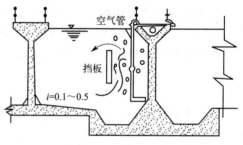

图 1-5　曝气沉砂池

另一方面旋流产生的离心力会分离不同密度无机颗粒外层的有机物，密度较大的无机物颗粒甩向外层而下沉，密度较小的有机物旋至水流的中心部位随水被带走。通过上述水力条件，曝气沉砂池的沉砂中有机物含量会降低至 10%，小于普通平流式沉砂池沉砂 15% 的有机物比例。沉砂处理因为有机物的增加难度也会增加，因此曝气沉砂池沉砂更利于后续处理。另外，由于池中设有曝气设备，它还具有预曝气、脱臭、防止污水厌氧分解、除泡、加速污水中油类分离等作用。

曝气沉砂池的运行操作主要是控制污水在池中的旋转流速和旋转圈数。一般采用如下运行参数：

① 水流最大时的停留时间为 1～3min，水平流速为 0.1m/s；

② 池中空气量应保证池中水的旋转速度在 0.3m/s 左右，污水处理的曝气量为 0.1～0.2m³/m³，有效水深为 2～3m，宽深比为 1:1.5。

旋转速度与沙砾粒径、沉砂池的几何尺寸、扩散器的安装位置和曝气强度等因素有关。沙砾粒径越小，需要的旋转速度越大，但旋流速度不能过大致使沉降沙砾重新翻起。

旋转圈数与曝气强度及污水在池内的水平流速有关，曝气强度越大，旋转圈数越多，沉

曝气沉砂池有机物含量偏高的处理

砂效率越高；反之沉砂效率降低。旋转速度和旋转圈数这两个参数在正常运行中不易测量，在实际工作中常采用曝气强度作为控制指标。

（3）旋流沉砂池　这是一种利用机械外力控制水流状态与流速，加速砂粒的沉淀，实现砂砾与废水分离的装置。旋流沉砂池具有池型简单、占地小、运行费用低、除砂效果好的优点，其结构如图1-6所示。

污水由流入口沿切线方向进入旋流沉砂池的沉砂区，在转盘和斜坡式叶片的旋转作用产生的离心力下，实现砂砾与废水的分离，密度较大的砂粒由池壁下落到砂斗，沙砾上剥落下来的有机物则回到污水中，与污水一同进入到下一道废水处理工序。沉砂效果可通过调节转盘和叶片的转速来实现。

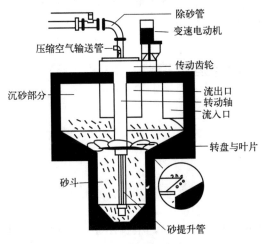

图1-6　旋流沉砂池

旋流沉砂池排砂有两种形式：一种是靠砂泵排砂，其优点在于设备少、操作简便，但砂泵的磨损问题较严重；另一种是通过压缩空气气提排砂，其优点在于系统可靠、耐用，但设备相对较多。

旋流沉砂池为圆形，采用切线方向进水、切线方向出水。进水流速一般为1m/s，水力停留时间约为1min。

二、沉砂池的维护管理

1. 沉砂池运行参数

沉砂池运行参数包括水力停留时间、流速、表面负荷、曝气强度等。各类沉砂池运行参数应符合设计要求，也可参考表1-7所示。

表1-7　各类沉砂池运行参数

沉砂池类型	停留时间/s	流速/(m/s)	曝气强度/(m^3 气/m^3 水)	表面负荷/($m^3/m^2 \cdot h$)
平流式沉砂池	30～60	0.13～0.30	—	—
竖流式沉砂池	30～60	0.02～0.10	—	—
曝气沉砂池	120～240	0.06～0.12（水平流速） 0.25～0.30（旋流流速）	0.1～0.2	150～200
比式沉砂池	>30	0.60～0.90	—	150～200
钟式沉砂池	>30	0.15～1.2	—	—

2. 沉砂池日常维护管理

各类沉砂池均应根据池组的设置与水量变化情况，调节进水闸阀的开启度。沉砂池的排砂时间和排砂频率应根据沉砂池类别、污水中含砂量及含砂量的变化情况设定。曝气沉砂池的空气量应根据水量的变化进行调节。沉砂量应有记录统计，并定期对沉砂颗粒进行有机物含量分析。当采用机械除砂时应符合下列规定：
① 除砂机械应每日至少运行一次；操作人员应现场监视，发现故障，及时处理；
② 应每日检查吸砂机的液压站油位，并应每月检查除砂机的限位装置；
③ 吸砂机在运行时，同时在桥架上的人数，不得超过允许的重量荷载。

对沉砂池排出的砂粒和清捞出的浮渣应及时处理或处置。对沉砂池应定期进行清池处理并检修除砂设备。对沉砂池上的电气设备应做好防潮湿、抗腐蚀处理。旋流沉砂池的搅拌器应保持连续运转,并合理设置搅拌器叶片的转速。当搅拌器发生故障时,应立即停止向该池进水。采用气提式排砂的沉砂池,应定期检查储气罐安全阀、鼓风机过滤芯及气提管,严禁出现失灵、饱和及堵塞的问题。沉砂颗粒中的有机物含量宜小于30%。

● 实训三　沉砂池的巡检与运维控制 ●

实训目标

掌握旋流式沉砂池的日常巡检和运营维护的要求。

实训记录

(1) 旋流式沉砂池的日常巡视过程中发现以下异常(图1-7),根据图1-7,分析下列场景属于哪些异常情况,并填写表1-8。

场景1　　　　　　　　　　　　　　场景2

图1-7　旋流式沉砂池的日常巡视场景

表1-8　沉砂池异常情况处理

分析该场景1的情况,沉砂池有什么异常,如何解决?	分析该场景2的情况,沉砂池有什么异常,如何解决?
场景1解决方案:	场景2解决方案:

(2) 预处理系统现场检查的内容有哪些?

实训思考

旋流式沉砂池的日常运营维护要求主要有哪些方面?

匠心筑梦

让污水变清流的环保"魔术师"

工作15年来,他从一名初出茅庐的大学生成长为善解污水处理难题的行家里手,帮助公司建立了完善的生产运行管理制度和运行信息远程监控系统，解决了乡镇污水厂点多分散、难以监管的难题，让蒙城县每天产生的近10万吨生活污水变成汩汩清流……他就是安徽省劳动模范、蒙城县清流污水处理厂生产部主任王帅，作为蒙城县污水处理事业的见证者、参与者和推动者，为当地环保事业和人民群众的身体健康做出了重要贡献。

走进蒙城县清流污水处理厂，几个"大水池"里哗哗哗地流淌着污水。污水在处理厂里经过生化、沉淀、过滤、消毒处理，最终变成达标排放的"中水"，被用作环卫绿化用水，多余的会排进涡河作为生态补水。全县每天产生的生活污水接近10万吨，如果全部排进涡河里，涡河早已变成臭水沟。王帅说，15年前他刚上班时，污水是直排进涡河里的。

为解决污水直排污染河流的问题，2007年，蒙城县第一家污水处理厂建成，面向社会招聘专业人才。正在安徽大学读大四的王帅看到招聘消息后，毅然报名考试并被录取，他就是蒙城人，而且学的是微生物专业，算是专业对口。

王帅回忆，涡河当时的水质已经变成了劣五类。但是，他从小就生活在涡河岸边，在他的印象中涡河水是清澈的，河里都是鱼虾，从那时起，他就下定决心，一定要治理好污水，让涡河水再次清澈起来。

进厂后，王帅被安排在生产运行一线，从事运行、化验、机修等岗位，凭借勤恳务实的工作态度和刻苦钻研的学习能力，很快掌握了工作要领，建立完善生产运行管理制度、资料报表模板规范、设备设施操作规程，为刚投产的污水处理厂稳定运行奠定了基础。

随着污水处理事业的不断进步，蒙城县城区基本实现生活污水全部集中处理，出水稳定达标排放。

王帅注重科技创新，利用先进技术为生产服务，潜心组织生产创新，积极进行污水处理设施信息化改造，提高生产运行水平。

蒙城县除了城区污水处理厂，还有分布在乡镇的20个污水处理站。由于污水处理站点多分散，靠人工每天去收集水质、水量等数据显然是不现实的，而这些数据对全县的污水处理系统正常运行又有着重要影响。

为解决乡镇污水处理站监管难题，王帅带领技术人员主导开发乡镇污水厂运行信息远程监控系统，系统具备实时数据上传、自动生成数据报表、数据超标自动报警等功能。

王帅带领污水处理厂生产运行班组先后获得亳州市"工人先锋号"和安徽省"工人先锋号"等集体荣誉，清流污水处理厂获得省政府"污染减排超额完成奖"奖项，他先后获得亳州市和安徽省劳动模范荣誉称号。

从初出茅庐的大学生到省劳动模范，王帅凭着过硬的知识技术和踏实肯干的工作作风，坚持科技创新，努力提高全县污水处理科技含量，提升了整体污水处理水平，他也由此成为善解污水处理难题的行家里手，一名污水处理领域的"好师傅"。

项目二 生化处理工艺的运维

任务一 活性污泥工艺的运维控制

知识目标

掌握活性污泥工艺的作用、类型和原理，掌握活性污泥工艺运行维护与管理的要求。

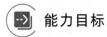 **能力目标**

能判断活性污泥工艺的类型；能识别活性污泥池的结构及附属设备；能判断活性污泥池的运行情况；能分析活性污泥池运行异常的原因并采取合理措施排除运行故障。

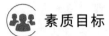 **素质目标**

强化岗位意识和责任意识，树立规范操作和安全生产意识；养成分析问题、解决问题的能力。

 知识链接

活性污泥是一种以好氧菌为主体的生物絮凝体，一般呈褐色或茶褐色。其中含有大量的活性微生物，包括细菌、真菌、原生动物、后生动物以及一些无机物、未被微生物分解的有机物和微生物自身代谢的残留物。活性污泥结构疏松，表面积很大，对有机污染物有着吸附凝聚、氧化分解和絮凝沉降的性能。在活性污泥中，各种微生物构成了一个生态平衡的生物群体，而起主要作用的是细菌及原生动物。

一、活性污泥系统的组成

1. 主要生物种类

（1）细菌类　在污水处理所利用的生物群中，细菌是体型最微小、最主要的一种微生物。适应性强，增长快，世代期仅为 20～30min。它具有吸收各种有机物并进行氧化分解的能力。在污水生物处理中起作用的菌种有菌胶团、硝化菌、脱氮菌、聚磷菌等几种。

① 菌胶团。活性污泥和生物膜形成生物絮体的主要生物，是活性污泥结构和功能的中心，有较强的吸附和氧化有机物的能力，在水生物处理中具有重要作用。活性污泥性能的好坏，主要可根据所含菌胶团数量、大小及结构的紧密程度来确定。菌胶团为异养菌。

② 硝化菌。一种好气性细菌，包括亚硝化菌和硝化菌。它是在好氧条件下，将氨氮化为亚硝酸盐，再将亚硝酸盐化为硝酸盐的细菌。硝化菌为自养菌。

③ 脱氮菌。在无氧条件下，能利用硝酸盐来氧化分解有机物，将亚硝酸盐或硝酸盐还原为氮气。脱氮菌为异养菌。

④ 聚磷菌。传统活性污泥工艺中一类特殊的兼性细菌，在好氧或缺氧状态下能将污水中的磷吸入体内，使体内的含磷量超过一般细菌体内含磷量的数倍，这类细菌被广泛地用于生物除磷。聚磷菌为异养菌。

（2）丝状菌　污水处理过程中的丝状细菌主要有球衣细菌、丝状硫磺细菌和放线菌。球衣菌和丝状菌等丝状微生物在活性污泥工艺中过度繁殖，可使污泥膨胀，导致污泥沉降性能恶化。

① 球衣细菌。菌体排成一列，呈丝状，通常为白色或灰色，是最常见的一类菌种，在活性污泥中大量繁殖，会使活性污泥膨胀，给污水处理带来危害。球衣细菌为异养菌。

② 丝状硫磺细菌。生存于含硫的水中，能将 H_2S 氧化为 S。主要有两个属，即贝氏硫菌属和发硫菌属，前者丝状体游离，后者丝状体通常固着于固体基质上。丝状硫磺细菌属自

养菌。

③ 放线菌。在适宜条件下，通过一些特殊的生理活动可形成空间网状丝体。活性污泥工艺中的诺卡氏菌即为放线菌的一个属类。诺卡氏菌的增殖会使曝气池内形成的大量生物泡沫，严重干扰活性污泥的正常运行。

（3）原生动物　是单细胞的好氧性生物，与污水处理有关的原生动物有肉足类、鞭毛类和纤毛类，具有吞食污水中的有机物、细菌，使其在体内迅速氧化分解的能力，因此，在活性污泥法和生物膜法中，它除了能除去有机物，加快有机物的分解速率外，还能使生物膜的表面吸附能力再生。原生动物在活性污泥中发挥着重要作用，它们既能捕食游离的细菌，进一步提高沉降效果，又能起到指示性作用。在活性污泥工艺系统中存在的原生动物绝大部分为钟虫，钟虫数量及生物特征的变换，可以有效地预测活性污泥的状态及趋势。

（4）藻类　是植物，主要有绿藻、蓝藻、硅藻和褐藻等，含有叶绿素。当叶绿素吸收二氧化碳和水进行光合作用而生成碳水化合物时，能放出大量的氧气于水中。因此生物稳定塘处理工艺中，就是利用藻类这种氧来氧化污水中的有机物。但当水体富营养化时，藻类大量繁殖，水体恶化。

（5）后生动物　由多个细胞组成，种类很多。在污水处理中常见的是轮虫和线虫。轮虫和线虫在活性污泥和生物膜中都能观察到，其生理特征及数量的变化具有一定的指示作用。它们的存在，指示处理效果较好；但当轮虫数量剧增时，污泥老化，结构松散并解体，预兆污泥膨胀。

2. 影响微生物生长的因素

（1）营养物平衡　营养物包括有机物、N、P、Na、K、Ca、Mg、Fe、Co、Ni 等。一般要求进水 BOD：N：P＝100：5：1。

（2）溶解氧（DO）　研究表明，当 DO 高于 0.1～0.3mg/L 时，单个悬浮细菌的好氧代谢不受 DO 影响，但对成千上万个细菌粘结而成的絮体，要使其内部 DO 达到 0.1～0.3mg/L 时，其混合液中 DO 浓度应保持不低于 2mg/L。

（3）pH 值　pH 值在 6.5～7.5 最适宜，经驯化后，以 6.5～8.5 为宜。

（4）水温（t）　以 20～30℃为宜，超过 35℃或低于 10℃时，处理效果下降。故宜控制在 15℃～35℃；北方温度低，应考虑将曝气池建于室内。

（5）有毒物质　包括重金属五毒、酚、醇、醛、氰、钠、铝盐，氨等对微生物有抑制作用。

3. 活性污泥系统的基本原理

活性污泥法就是以含于废水中的有机污染物为培养基，在有溶解氧的条件下，连续地培养活性污泥，再利用其吸附凝聚和氧化分解作用净化废水中的有机污染物。普通活性污泥基本流程如图 1-8 所示。

污水经过一级处理后，进入生物反应池——曝气池，同时从二次沉淀池回流的活性污泥作为接种污泥，与反应器内的活性污泥混合。此外，从空压机站送来的压缩空气，通过铺设在曝气池底部的空气扩散装置，以微小气泡的形式进入污水中，其作用除向污水充氧外，还使曝气池内的污水、污泥处于剧烈搅动状态，形成以污水、微生物、胶体、可降解和不可降解的悬浮物以及惰性物质组成的混合液悬浮固体，即活性污泥混合液，经过足够时间的曝气反应后，将混合液送到二次沉淀池，在其中进行活性污泥与水的分离，澄清后的污水作为处

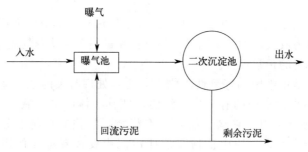

图 1-8　活性污泥基本流程图

理水排出系统。经过沉淀浓缩的污泥从二次沉淀池底部排出，一部分回流到曝气池，以维持反应器内微生物浓度，一部分作为剩余污泥排出。

4. 活性污泥系统的组成

活性污泥系统主要由曝气池、曝气系统、二次沉淀池、污泥回流系统和剩余污泥排放系统组成。

（1）曝气池　这是活性污泥工艺的核心。活性污泥与污水中的有机物在曝气池内充分混合接触后，有机物被吸收和分解。根据曝气池内混合液的流态可将曝气池分为推流式、完全混合式和循环混合式三种类型。

曝气池的检修

① 推流式曝气池。废水和回流污泥利用窄长形曝气池，从曝气池一端流入，水平推进，从另一端流出，再经二次沉淀池进行固液分离。在二次沉淀池沉淀下来的污泥，一部分以剩余污泥的形式排到系统外，另一部分回流到曝气池首段与待处理的废水一起进入曝气池。回流污泥的流量和浓度决定池内混合液悬浮固体浓度（MLSS）浓度，如图 1-9 所示。推流式的特点是池子不受大小限制，不易发生短流，有助于生成絮凝好、易沉降的污泥，出水水质好。如果废水中含有毒物或抑制性有机物，在进入曝气池首段之前，应将其去除或加以调节。在曝气池终端时，其已得到了完全处理，氧的利用率接近内源呼吸水平。因此城市污水处理一般可采用推流式。在推流池中改进废水与回流污泥接触的方式可实现生物脱氮。如在曝气池出口端分割出一个区域，其容积约占曝气池总容积的 15%，用低能量液面下的机械装置加以搅拌，即可控制缺氧条件。如在曝气池出口端分割出一个区域，其容积约占曝气池总容积的 15%，利用机械搅拌控制缺氧条件。在产生硝化反应的情况下，硝化混合液从曝气末端进入该池池首缺氧区，这样就能够实现污水的大量脱氮。

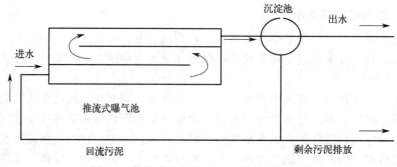

图 1-9　推流式活性污泥法的基本工艺流程

② 完全混合式曝气池。污水和回流污泥一进入曝气池就立即与池内其他混合液均匀混合，有机物浓度因稀释而立即降至最低值。为使曝气池内混合液能完全混合，需要适当选择池子的几何尺寸，并适当安排进料和曝气设备。通过完全混合，能使全池容积的内需氧率固定不变，而且混合液固体浓度均匀一致。水力负荷和有机负荷的瞬时变化在这类系统中也得到了缓冲。如图 1-10 所示。完全混合式的特点是池子受池型和曝气手段的限制，池容不能太大，当搅拌混合效果不佳时易产生短流，易出现污泥膨胀。但进水和回流污泥在不同地点加入曝气池，抗冲击负荷能力大，对入流水质水量的适应能力较强。因此完全混合式广泛应用于工业废水处理。但完全混合式易出现污泥膨胀，可以通过加设一个预接触区予以避免，该预接触区的设计参数随废水而异，一般要求能使回流混合液承受高浓度的基质，水力停留时间应有 15min，以便达到最大的生物吸附效果。

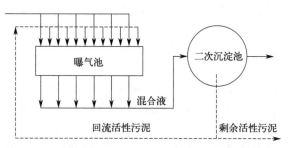

图 1-10　完全混合式活性污泥法的基本工艺流程

③ 循环混合式曝气池。主要指氧化沟。氧化沟是平面呈椭圆形或环形的封闭沟渠，混合液在闭合的环形沟道内循环流动，混合曝气。入流污水和回流污泥进入氧化沟中参与环流并得到稀释和净化，与入流污水及回流污泥总量相同的混合液从氧化沟出口流入二沉池。处理水从二沉池出水口排放，底部污泥回流至氧化沟。基本工艺流程如图 1-11 所示。氧化沟不仅有外部污泥回流，而且还有极大的内回流。因此，氧化沟是一种介于推流式和完全混合式之间的曝气池形式，结合了推流式与完全混合式的优点。氧化沟不仅能够用于处理生活污水和城市污水，也可处理工业废水。其处理深度也在加深，不仅能用于生物处理，也能用于二级强化生物处理且类型很多，在城市污水处理中，采用较多的有卡鲁塞尔氧化沟、奥贝尔氧化沟。

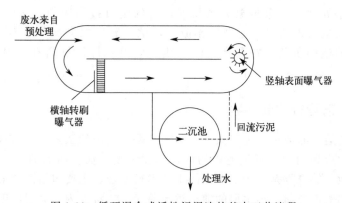

图 1-11　循环混合式活性污泥法的基本工艺流程

(2) 曝气系统　作用是向曝气池供给微生物生长及分解有机污染物所必需的氧气，并起混合搅拌作用，使活性污泥与有机污染物质充分接触。根据曝气系统的曝气方式可将曝气池分为鼓风曝气活性污泥法、机械曝气活性污泥法两种类型。

① 鼓风曝气活性污泥法。利用鼓风机供给空气，通过空气管道和各种曝气器（扩散器），以气泡形式分布至曝气池混合液中，使气泡中的氧迅速扩散转移到混合液中，供给活性污泥中的微生物，达到混合液充氧和混合的目的。鼓风曝气系统主要由空气净化系统、鼓风机、管路系统和空气扩散器组成。城市污水处理厂大多采用离心式鼓风机，扩散器的布置形式大多都采用池底满布方式。空气管线上一般应设空气计量和调节装置，以便控制曝气量。

② 机械曝气活性污泥法。依靠某种装设在曝气池水面的叶轮机械的旋转，剧烈地搅动水面，使液体循环流动，不断更新液面并产生强烈的水跃，从而使空气中的氧与水滴或水跃的界面充分接触，达到充氧和混合的要求。因此机械曝气也称作表面曝气。根据机械曝气器驱动轴的安装方位，又分为纵（竖）轴式活性污泥法和横（水平）轴式活性污泥法。纵轴式机械曝气器多用于完全混合式的曝气池，转速一般为 20～100r/min，并可有两级或三级的速度调节。属于此类的曝气器有平板叶轮曝气器，泵型叶轮曝气器、倒伞形叶轮曝气器以及漂浮式曝气器等。横轴式机械曝气器一般用于氧化沟工艺，属于此类的曝气器有转刷曝气器及转碟曝气器等。

（3）二次沉淀池　作用是使活性污泥与处理完的污水分离，并使污泥得到一定程度的浓缩。二沉池内的沉淀形式较复杂，沉淀初期为絮凝沉淀，中期为拥挤沉淀，而后期则为压缩沉淀，即污泥浓缩。

二次沉淀池要完成泥水分离并回收污泥，关键是获得较高的沉淀效率，均匀配水是其中的首要条件。它使各池进水负荷相等，并在允许的表面负荷和上升流速内运行，以得到理想的出水效果及回流污泥。

（4）污泥回流系统　是为了保持曝气池的 MLSS 在设计值内，把二次沉淀池的活性污泥回流到曝气池内，以保证曝气池有足够的微生物浓度。回流污泥系统包括回流污泥泵和回流污泥管或渠道。回流污泥泵有离心泵、潜水泵、螺旋泵，近年来出现的潜水式螺旋浆泵是较好的一种选择。回流污泥渠道上一般应设置回流量的计量及调节装置，以准确控制及调节污泥回流量。回流污泥系统应采用污泥量调节容易，不发生堵塞等故障的构造。

（5）剩余污泥排放系统　随着有机污染物质被分解，曝气池每天都净增一部分活性污泥，这部分活性污泥称之为剩余活性污泥。由于池内活性污泥不断增殖，MLSS 会逐渐升高，污泥沉降比（SV）会增加，为保持一定 MLSS，增殖的活性污泥应以剩余污泥的形式排出。有的污水处理厂用泵排放剩余污泥，有的则直接用阀门排放。可以从回流污泥中排放剩余污泥，也可以从曝气池直接排放。从曝气池直接排放可减轻二沉池的部分负荷，但增大了浓缩池的负荷。在剩余污泥管线上应设置计量及调节装置，以便准确控制排泥数量。

二、活性污泥工艺运行控制参数

活性污泥工艺运行参数可分为三大类。第一类是曝气池的工艺运行参数，主要包括污水在曝气池内的水力停留时间、曝气池内的活性污泥浓度、活性污泥的有机负荷、污泥沉降比、污泥容积指数。第二类是关于二沉池的工艺运行参数，主要包括混合液在二沉池内的停留时间、二沉池的表面负荷、出水堰的堰板溢流负荷、二沉池内污泥层深度、固体表面负荷（在任务四中介绍）。第三类是关于整个工艺系统的运行参数，包括入流水质水量、回流污泥量和回流比、回流污泥浓度、剩余污泥排放量、污泥龄。

1. 曝气池的工艺运行参数

(1) 曝气池内的水力停留时间 是指污水在曝气池内的水力停留时间,也称污水的曝气时间,一般用 T_a 表示。T_a 与入流污水量及池容的大小有关,计算公式如式(1-4)所示。对于一定流量的污水,必须保证足够的池容,以便维持污水在曝气池内足够的停留,否则有可能将处理尚不彻底的污水排出曝气池,影响处理效果。传统活性污泥工艺的曝气池水力停留时间一般为 6～9h,而实际停留时间则取决于回流比。

$$T_a = \frac{V_a}{Q + Q_R} \tag{1-4}$$

曝气池的危险源识别

式中 T_a——曝气池水力停留时间,s;
V_a——曝气池体积,m^3;
Q——污水流量,m^3/d;
Q_R——回流污泥量,m^3/d。

(2) 活性污泥微生物浓度

① 混合液悬浮固体浓度(MLSS) 曝气池单位容积混合液内所含有的活性污泥固体物的总重量(mg/L)。它能间接反映混合液中所含微生物量。对传统活性污泥法,MLSS 为 1500～3000mg/L,对延时活性污泥法或氧化沟法,MLSS 为 2500～5000mg/L。

② 混合液挥发性悬浮固体浓度(MLVSS) 指混合液活性污泥中有机固体物质的浓度,更能反映污泥的活性。对城市生活污水,MLVSS/MLSS 一般取 0.7～0.8。

(3) 活性污泥的有机负荷 是指曝气池内单位质量的活性污泥,在单位时间内保证一定的处理效果时所能承受的有机污染物量,单位为 $kg(BOD_5)/[kg(MLVSS) \cdot d]$,也称 BOD 负荷。通常用 F/M 表示有机负荷。有机负荷可用式(1-5)计算:

$$F/M = \frac{Q \times BOD_5}{MLVSS \times V_a} \tag{1-5}$$

式中 Q——入流污水量,m^3/d;
BOD_5——入流污水的 BOD_5 浓度,mg/L;
V_a——曝气池的有效容积,m^3;
MLVSS——曝气池内活性污泥浓度,mg/L。

F/M 表示微生物量的利用率和污泥的沉降性能。F/M 较大时,由于食物较充足,活性污泥中的微生物增长速率较快,有机污染物被去除的速率也较快,但活性污泥的沉降性能较差。反之,F/M 较小时,由于食物不太充足,微生物增长速率较慢或基本不增长,甚至也可能减少,有机污染物被去除的速率也较慢,但活性污泥的沉降性能较好。传统活性污泥工艺的 F/M 一般在 $0.2～0.4 kgBOD_5/(kgMLSS \cdot d)$ 之间。

(4) 混合液溶解氧浓度

传统活性污泥工艺主要采用好氧过程,因而混合液中必须保持好氧状态,即混合液内必须维持一定的溶解氧(DO)浓度。传统活性污泥法曝气池出水溶解氧的浓度最好维持在 2～3mg/L 的范围。

(5) 污泥沉降比(settling velocity,SV) 是指混合液经 30min 静置沉淀后所形成的沉淀污泥容积占原混合液容积的百分率(%)。

SV_{30} 是相对反映污泥数量以及污泥的凝聚、沉降性能的指标,SV_{30} 越小,其沉降性能与浓缩性能越好。正常的 SV_{30} 一般在 15%～30%的范围内,以控制排泥量大小和及时发现早期的污泥膨胀。

(6) 污泥容积指数（sludge volume index，SVI） 是指混合液在1000mL的量筒中静置30min后，每克干污泥所形成的沉淀污泥容积（mL），单位为mL/g。可用式(1-6)表示：

$$SVI = \frac{SV_{30}}{MLSS} \times 10000 \tag{1-6}$$

SVI能更准确地评价污泥的凝聚性能和沉降性能，SVI一般在50～150时运行效果最好。SVI过低，说明活性污泥沉降性能好，但吸附性能差，泥粒小，密实，无机成分多；SVI过高，说明活性污泥疏松，有机物含量高，但沉降性能差；当SVI>200时，说明活性污泥将要或已经发生膨胀现象。

2. 工艺系统的运行参数

(1) 入流水质水量 入流污水量Q是整个活性污泥系统运行控制的基础，入流水质也直接影响到该系统的运行控制。传统活性污泥工艺的主要目标是降低污水中的BOD_5浓度，因此，入流污水的BOD_5是工艺调控的一个基础数据。

(2) 回流污泥量和回流比

① 回流污泥量。是从二沉池补充到曝气池的污泥量，常用Q_R表示。Q_R是活性污泥系统一个重要的控制参数，通过有效调节Q_R可以改变工艺运行状态，保证运行的正常。

② 回流比。是回流污泥量与污水量之比，常用R表示，R的计算如式(1-7)：

$$R = Q_R/Q \tag{1-7}$$

在活性污泥法的运行管理中，为了维持反应池混合液中一定的MLSS，除应保证二次沉淀池具有良好的污泥浓缩性能外，还应考虑活性污泥膨胀的对策，以提高回流活性污泥浓度，减少污泥回流比。回流比R可以根据实际运行需要加以调整。传统活性污泥工艺R一般在25%～100%之间。

一般冬天活性污泥的沉降性能变差，所以回流活性污泥浓度低，回流比夏季高；另外，当活性污泥发生膨胀时，回流活性污泥浓度急剧下降。

(3) 回流污泥浓度

① 回流污泥悬浮固体浓度（RSS） 指回流污泥中悬浮固体的浓度，通常用RSS表示，它近似表示回流污泥中的活性微生物浓度。

② 回流污泥挥发性悬浮固体浓度（RVSS） 指回流污泥中挥发性悬浮固体的浓度，通常用RVSS表示。

(4) 剩余污泥排放量（Q_W） 剩余污泥的排放有两种情况，第一种是从曝气池排放剩余活性污泥，此时剩余污泥的排放浓度为混合液的污泥浓度MLSS；第二种是从回流污泥系统内排放剩余活性污泥，此时剩余污泥的排放浓度为RSS。一般污水厂都从回流污泥系统排泥，只有当二沉池污泥浓度严重超负荷时，才考虑从曝气池直接排放。剩余污泥排放是活性污泥系统运行控制中一项最重要的操作，Q_W的大小，直接决定污泥泥龄的长短。

(5) 污泥龄（SRT） 是指活性污泥在反应池、二次沉淀池和回流污泥系统内的平均停留时间，也就是曝气池中活性污泥平均更新一遍所需的时间，一般用SRT表示，又称为生物固体停留时间。它是活性污泥系统设计和运行中最重要的参数之一，可用式(1-8)表示：

$$SRT = \frac{系统内活性污泥量(kg)}{每天从系统排出的活性污泥量(kg/d)} \tag{1-8}$$

由于活性微生物基本上"包埋"在活性污泥絮体中，若忽略二次沉淀池和回流污泥系统内的活性污泥量，污泥龄也就是微生物在活性污泥系统内的停留时间。

世代期是指微生物繁殖一代所需的时间。如果某种微生物的世代期比活性污泥系统的泥龄长，则该类微生物在繁殖出下一代微生物之前，就以剩余污泥的形式排走，该类微生物永远不会在系统内繁殖起来。反之，如果某种微生物的世代期比活性污泥系统的泥龄短，则该种微生物在以剩余活性污泥的形式排走之前，可繁殖出下一代，这种微生物就能在系统内存活下来。因此通过控制污泥龄，可以选择合适的微生物种类，用于处理污水。传统活性污泥工艺一般控制 SRT 在 3～5d。泥龄长，出水水质好；泥龄短，絮凝沉淀性能差，易流失，出水水质较差。

三、活性污泥工艺系统的控制

1. 曝气系统的控制

（1）鼓风曝气系统的控制　即控制曝气池所需要供给的风量。传统活性污泥工艺是好氧过程，因而必须供给活性污泥充足的溶解氧。这些溶解氧应既能满足活性污泥在曝气池内分解有机污染物的需要，也能满足活性污泥在二沉池及回流系统内的需要。另外，曝气系统还应充分起到混合搅拌的作用，保证活性污泥絮体与污水中的有机污染物充分混合接触，并保持悬浮状态。传统活性污泥法一般控制曝气池出口混合液的 DO 为 2～3mg/L，以防止污泥在二沉池内厌氧上浮。

风机风量与溶解氧的调节

曝气系统的控制参数是曝气池污泥混合液的溶解氧 DO 浓度，控制变量是鼓入曝气池内的空气量 Q_a。Q_a 越大，曝气量越多，混合液的 DO 也越高。大型污水处理厂一般都采用计算机控制系统自动调节 Q_a。保持 DO 恒定在某一数值。Q_a 的调节可通过改变鼓风机的投运台数以及调节单台风机的风量来实现，小型处理厂则一般人工调节。在运行控制中，可用式(1-9)估算实际曝气量：

$$Q_a = \frac{f_0 \times (\text{BOD}_i - \text{BOD}_e) \times Q}{300 E_a} \tag{1-9}$$

式中，E_a 为曝气效率；f_0 为耗氧系数，指单位 BOD 被去除时所消耗的氧量，与 F/M 有关，当 F/M＜0.15kg(BOD)/kg(MLVSS)·d 时，f_0 取 1.1～1.2；当 F/M 在 0.2～0.5kg(BOD)/kg(MLVSS)·d 时，f_0 取 1.0；

通过检测出口的 DO 浓度进行供风量的调节，称为 DO 调节法。DO 调节法是为维持出口一定 DO 浓度而调节鼓风量的方法，一般按照出口 DO 浓度为 2～3mg/L 进行控制。

（2）表面曝气系统的控制　表面曝气系统是通过调节转速和叶轮淹没深度调节曝气池混合液的 DO 浓度。同鼓风机系统相比，表曝系统的曝气效率受入流水质、温度等因素的影响较小。为满足混合要求，应控制输入每立方米混合液中的搅动功率大于 10W，否则易造成污泥沉积。

2. 污泥回流系统的控制

污泥回流系统的控制有三种方式：①保持回流量 Q_R 恒定；②保持回流比 R 恒定；③定期或随时调节回流量 Q_R 及回流比 R，使系统状态处于最佳。每种方式适合于不同的情况。

（1）保持回流量 Q_R 恒定　只适用于入流污水量 Q 相对恒定或波动不大的情况。因为 Q 的变化会导致活性污泥量在曝气池和二沉池内重新分配。一方面，当 Q 增大时，部分曝气池的活性污泥会转移到二沉池，使曝气池内 MLSS 降低，而曝气池内实际需要的 MLSS 更多，才能充分处理增加的污水量，MLSS 的不足会严重影响处理效果。另一方面，Q 增加导致二沉池内水力表面负荷和污泥量均增加，泥位上升，进一步增大了污泥的流失。反之，当 Q 减小时，部分活性污泥会从二沉池转移到曝气池，使曝气池 MLSS 升高，但曝气池实际需要的 MLSS 量减少，因为入流污水量减少，进入曝气池的有机物也减少。目前大部分污水处理厂采用保持回流量 Q_R 恒定的调节方法。

（2）保持回流比 R 恒定　如果保持回流比 R 恒定，在剩余污泥排放量基本不变的情况下，可保持 MLSS、F/M 以及二沉池内泥位 L_S 基本恒定，不随入流污水量 Q 的变化而变化，从而保证相对稳定的处理效果。

（3）定期或随时调节回流量 Q_R 及回流比 R　这种方式能保持系统稳定运行，但操作量较大，一些处理厂实施较困难。

3. 剩余污泥排放系统的控制

剩余污泥排放是活性污泥工艺控制中最重要的一项操作，由于池内活性污泥在不断增殖，系统内总的污泥量增多，MLSS 会逐渐升高，SV 会增大，所以，为保持一定 MLSS，增殖的活性污泥应以剩余污泥的形式排除。通过排放剩余活性污泥，可以改变活性污泥中微生物种类的增长速率，改变需氧量，改善污泥的沉降性能，从而改变活性污泥系统的功能。

（1）用 MLSS 控制排泥　该系统指在维持曝气池混合液污泥浓度恒定的情况下，确定排泥量。传统活性污泥工艺的 MLSS 一般在 1500～3000mg/L 之间。当实际 MLSS 比要控制的 MLSS 值高时，应通过排泥降低 MLSS 值。排泥量可用式（1-10）计算：

$$V_W = \frac{(MLSS - MLSS_0) \times V_a}{RSS} \tag{1-10}$$

式中，MLSS 为实测值，mg/L；$MLSS_0$ 为要维持的浓度值，mg/L；V_a 曝气池容积，m^3。

一般来说，活性污泥排泥是一个渐进过程，不可能连续一次排放 $400m^3$ 的污泥，因此在控制总排泥量前提下，每次尽量少排勤排。如有可能，应连续排泥。

用 MLSS 控制排泥仅适用于进水水质、水量变化不大的情况。当入流 BOD_5 增加 50% 时，MLSS 必然上升，此时如果仍通过排泥保持恒定的 MLSS 值，则泥污负荷实际上增加一倍，会导致出水质量下降。

（2）用 SRT 控制排泥　这是目前最可靠最准确的一种排泥方法。这种方法的关键是正确选择 SRT 和准确地计算系统内的污泥总量 M_T。应根据处理要求、环境因素和运行实践综合比较分析，选择合适的 SRT 作为控制排泥的目标。每天的排泥量可用式（1-11）计算：

$$V_W = \frac{MLSS}{RSS} \times \frac{V_a}{SRT} - \frac{SSe}{RSS} \times Q \tag{1-11}$$

式中，SSe 为二沉池出水悬浮固体浓度，mg/L；RSS 为回流污泥浓度，mg/L；Q 为入流污水量，m^3。

在用 SRT 控制排泥的实际操作中，可以采用一周或一月内 SRT 的平均值。保持一周或一月内 SRT 的平均值基本符合要控制的 SRT 值的前提下，可在一周或一月内作些微调。当通过排泥改变 SRT 时，应逐渐缓慢地进行，一般每次不要超过总调节量的 10%。

（3）用 SV_{30} 控制排泥　SV_{30} 在一定程度上，既反映污泥的沉降浓缩性能，又反映污泥浓度的大小。当沉降浓缩性能较好时，SV_{30} 较小，反之较高。当污泥浓度较高时，SV_{30} 较大，反之则较小。当测得污泥 SV_{30} 较高时，可能是污泥浓度增大，也可能是沉降性能恶化，不管是哪种原因，都应及时排泥，降低 SV_{30}。采用该法排泥时，也应逐渐缓慢地进行，一次排泥不能太多。如通过排泥要将 SV_{30} 由 50% 降至 30%，可利用一周的时间逐渐实现，每天少排一部分泥，使 SV_{30} 下降，逐渐逼近 30%。

四、活性污泥运行异常问题与对策

1. 污泥状况甄别

判别活性污泥性状是否异常，是何种异常，首先需要观察曝气池及二沉池中活性污泥的状态，并进行甄别，这有助于进一步分析污泥性质指标，确定问题类型。

① 膨胀污泥。污泥体积指数（SVI）能较好地表示活性污泥的沉降性能，一般规定污泥体积指数（SVI）在 200mL/g 以上，并且量筒内污泥浓度从 5000mg/L 起变为压密相的污泥成为膨胀污泥。污泥膨胀一种是由丝状菌过量繁殖引起的，另一种是由非丝状菌生理活动异常引起的。

② 反硝化污泥。上浮污泥色泽较淡，有时带铁锈色。造成的原因是曝气池内硝化程度较高，含氮化合物经氨化作用及硝化作用被转化成硝酸盐，$NO_3^- $-N 浓度较高，此时若沉淀池因回流比过小或回流不畅等原因使泥面升高，污泥长期得不到更新，沉淀池底部污泥因缺氧而使硝酸盐反硝化，产生的氮气呈小气泡状集结于污泥上，最终污泥大块上浮。

③ 腐化污泥。若没有发生硝化和反硝化过程，但沉淀下去的污泥很快再次上浮，可能是由于已经沉淀的污泥变成了厌氧状态，产生了 H_2S、CH_4、CO_2、H_2 等气体，这些气体附着在污泥上使污泥密度减小而上浮。

④ 解絮污泥。混合液进行沉淀时，虽然大部分污泥容易沉淀，但上清液仍显浑浊，显微镜观察发现指示生物为变形虫属和简便虫属等肉足类。此种现象通常认为是由于温度的急剧变化、废水 pH 值突变或有毒物质进入等冲击造成污泥絮体解絮。通过减少污泥回流量，可以使现象得到某种程度的控制。

⑤ 污泥发黑。活性污泥颜色发黑，最常见的原因是 DO 较低，有机物产生不同程度的厌氧分解，可采取增加供氧和加大回流污泥量的办法控制。

⑥ 污泥变白。活性污泥颜色发白，生物镜检会发现丝状菌或固着型纤毛虫大量繁殖，如果进水 pH 过低，曝气池 pH 小于 6，只要提高进水 pH 就能改善。若不是，则参照污泥膨胀。

⑦ 过度曝气污泥。由于曝气使细小气泡粘附于活性污泥絮体上，几分钟后上浮的污泥与气泡因分离而再次沉淀下来。沉淀池中，污泥再次沉淀之前可能随水流失。可以采取减少曝气量的方法来加以解决。

⑧ 微细絮体。活性污泥混合液进行沉淀时，上清液有一些肉眼可见的小颗粒分散其中。出现微细絮体时，污泥体积指数 SVI 非常小，可以适当投加化学絮凝剂加以解决。

⑨ 云雾状污泥。污泥在沉淀池中呈云雾状，此种状态是由沉淀池内的水流、密度流和污泥搅拌机的搅拌引起的。若出现此种现象，应该降低沉淀池内的污泥面，减少进水流量。

2. 生物相异常

生物相系指活性污泥微生物的种类、数量及活性状态的变化。正常的活性污泥呈絮状结构，棕黄色，无异臭，吸附沉降性能良好，沉降时有明显的泥水分界面，镜检可见菌胶团生长好，指示生物有变形虫、鞭毛虫、草履虫、钟虫、轮虫、线虫等。正常运行的传统活性污泥工艺系统中，存在的微型动物绝大部分为钟虫，还存在一定量的轮虫。

在工艺控制不当或入流水质水量突变时，会造成生物相异常现象。

(1) 钟虫或轮虫状态异常　正常运行的活性污泥工艺系统中，指示微生物为钟虫，同时还存在一定量的轮虫。

在 DO 为 1~3mg/L 时，钟虫能正常发育。如果 DO 过高或过低，钟虫头部端会突出一个空泡，俗称"头顶气泡"，此时应立即检测 DO 值并予以调整。当 DO 太低时，钟虫大量死亡，数量锐减。当进水中含有大量难降解物质或有毒物质时，钟虫体内将积累一些未消化的颗粒，俗称"生物泡"，此时应立即测量耗氧速率（SOUR），检查微生物活性是否正常，并检测进水中是否存在有毒物质，并采取必要措施。当进水的 pH 值发生突变，超过正常范围，可观察到钟虫呈不活跃状态，纤毛停止摆动。此时应立即检测进水的 pH 值，并采取必要措施。如果钟虫发育正常，但数量锐减，预示活性污泥将处于膨胀状态，应采取污泥膨胀控制措施。

当轮虫缩入甲壳内，指示进水 pH 发生突变。当轮虫数量剧增时，则指示污泥老化，结构松散并解体。一些污水处理厂发现，轮虫增多往往是污泥膨胀的预兆。

(2) 变形虫大量出现　当入流污水量增大对系统造成污染冲击负荷时，如入流工业废水比例增大或污泥处理区的上清液、滤液大量回流对系统造成污染冲击负荷时，变形虫会大量出现。一般在构成活性污泥絮体的微生物群落发生变化，或该类微生物在污水管路中大量增殖时，活性污泥出现这种现象的可能性很大。当变形虫占优势时，对污水很少或基本没有处理效果。

(3) 微生物数量骤减或运动性差的微生物大量出现　有害物质的流入：重金属类、氰化物、酚类等对微生物有害的污泥物质大量流入，会导致微生物大量死亡，活性污泥解体。此外，处理水中将大量出现浮游性解体污泥。有害物质的种类不同，造成的结果也不同，如会对特定微生物造成影响或刺激丝状菌的大量繁殖等。但是如果进水量较小，污泥即便是受到暂时的冲击，也能通过驯化使问题得以解决。

(4) 丝状菌大量出现　当废水中碳水化合物浓缩、营养物质不足、BOD 负荷大、溶解氧浓度低等情况发生时，丝状菌大量出现。

3. 活性污泥颜色变化

活性污泥颜色变化可分为入流污水引起和系统内因引起。由于异常污水流入，活性污泥有时可能变为黑色、红色或白色。

(1) 活性污泥发黑　活性污泥发黑有以下 3 种情况。

① 硫化物的累积：一般曝气池都有硫化氢臭味。这有可能是因为进水中硫化物含量过高，如含硫化物工业废水流入、沉淀池、初淀池堆积污泥的流入、污泥处理回流水大量流入等；也可能是因为曝气池或二次沉淀池产生硫化氢，如曝气不足、曝气池内部厌氧化、曝气池内部污泥堆积（形成死水区）、二次沉淀池中污泥堆积、有机负荷与曝气不均衡造成曝气池厌氧化。

② 氧化锰的积累：氧化锰的积累几乎不会引起水质和气味的异常。在运转初期负荷较低、SRT 较长的活性污泥中可以看到这种现象。一般在处理水质非常好时，才出现氧化锰的沉积，进水量增大时会自然解决。

③ 工业废水的流入：一般由印染厂使用的染料引起，此时处理水也会带有特殊的颜色。

(2) 活性污泥发红　原因主要是进水中含大量铁，污泥中积累了高浓度氢氧化铁而使污泥带有颜色。此时，对处理水质不会产生什么影响，只是在大量铁流入时会使处理水浑浊。进水中的铁可能来自下水道破损导致的地下水侵入、污水管路施工时的排水、工业废水排入、大量使用井水等。

(3) 活性污泥发白　主要是由进水 pH 过低引起的。曝气池内 pH 若小于 6，会引起丝状霉菌大量繁殖，使活性污泥显现白色，此时生物镜检会发现大量丝状菌或固着型纤毛虫。只要提高进水 pH 值，活性污泥发白的问题就能改善。

4. 污泥上浮

污泥上浮主要发生在二沉池内，有以下 2 种情况。

(1) 腐化污泥上浮　曝气池曝气量不足，使二次沉淀池由于缺氧而发生污泥腐化，有机物厌氧分解产生 H_2S、CH_4 等气体，气泡附着在污泥表面使污泥密度减小而上浮。

解决对策：确保及时排泥，不使污泥在二沉池内停留太久，避免发生污泥腐化。或在曝气池末端增加供氧，使进入二沉池的混合液内有足够的溶解氧，保持污泥不处于厌氧状态。

(2) 反硝化污泥上浮　曝气池曝气时间长或曝气量大时，池中将发生高度硝化作用，使进入二沉池的混合液中硝酸盐浓度较高。这时，在沉淀池中可能由于缺氧发生反硝化反应而产生大量 N_2 或 NH_3，气泡附着在污泥表面使污泥密度减小而上浮。

解决对策：对于反硝化造成的污泥上浮，可以增大剩余污泥的排放，降低 SRT 控制硝化过程，以达到控制反硝化过程的目的。

5. 活性污泥解体

活性污泥絮体变为颗粒状，处理水非常浑浊，其 SV 和 SVI 特别高，这种现象称作活性污泥解体。

(1) 活性污泥解体的原因

① 曝气池曝气量过度。曝气池曝气量过度时，活性污泥及回流污泥长期处于"饥饿"状态，从而使污泥絮体解体。

② 污泥负荷降低。当运行中污泥负荷长时间低于正常控制值时，活性污泥被过度氧化，活性微生物难以凝聚，菌胶团松散，使污泥被迫解体。

③ 有害物质流入。进水中含有毒物质造成活性污泥代谢功能丧失，活性污泥失去净化活性和絮凝活性。

(2) 解决对策　为防止活性污泥解体，应采取减少鼓风量，调节 MLSS 等相应措施。如果是有害物质或高含盐量污水流入引起，应调查排污口，去除隐患。

6. 异常发泡

泡沫是活性污泥系统运行过程中常见的运行现象，分为两种，一种是化学泡沫，一种是生物泡沫。

(1) 化学泡沫　是由污水中的洗涤剂以及一些工业用表面活性物质在曝气的搅拌和吹脱作用下形成的。化学泡沫主要存在于活性污泥培养初期，这是因为初期活性污泥尚未形成，所有产生气泡的物质在曝气作用下都形成了泡沫。随着活性污泥的增多，大量洗涤剂表面物质会被微生物吸收分解掉，泡沫也会逐渐消失。正常运行的活性污泥系统中，由于某种原因造成污泥大量流失，导致 F/M 剧增，也会产生化学泡沫。

泡沫问题与出水 BOD 超标问题的处理

化学泡沫的主要特征：泡沫为白色、较轻；用烧杯等采集后薄膜很快消失；曝气池出现气泡时，二次沉淀池溢流堰附近同样会存在发泡现象。

解决对策：用回流水喷淋消泡，也可以加消泡剂。

(2) 生物泡沫　是由称作诺卡氏菌的一类丝状菌形成的。这种丝状菌为树枝状丝体，其细胞中蜡质的类脂化合物含量高达 11%，细胞质和细胞壁中都含有大量类脂物质，具有较强的疏水性,密度较小。在曝气作用下,菌丝体能伸出液面,形成空间网状结构,俗称"空中菌丝"。诺卡氏菌死亡之后,丝体也能继续漂浮在液面上,形成泡沫。生物泡沫在曝气池上可堆积很高,并进入二沉池随水流走,还能随排泥进入泥区,干扰浓缩池及消化池的运行。如果采用表曝设备,生物泡沫还能阻止正常的曝气充氧,使混合液 DO 降低。用水冲无法冲散生物泡沫,消化剂作用也不大。

生物泡沫的主要特征:泡沫为暗褐色,脂状,较轻,黏性较大;用烧杯等采集泡沫后消退极慢;曝气池发泡时,二次沉淀池也同时产生浮渣;对泡沫进行镜检可观察到放线菌特有的丝状体。

解决对策:增大排泥,降低 SRT。因为诺卡氏菌世代期绝大部分都在 9d 以上,因而超低负荷的活性污泥系统中更易产生生物泡沫。生物泡沫控制的根本措施是从根源上入手,以防为主。控制进水中油脂类物质的含量,同时加强沉砂池的除油功能,适当调节曝气量,利于油水分离。

(3) 泡沫问题现象判别与解决

现象一:在曝气池表面产生白色、黏稠的空气泡沫,有时出现较大的水花。

对策:白色泡沫主要是化学泡沫,观察其他曝气池中是否有泡沫,如果只有某几个曝气池中产生泡沫,则应检查各池配气是否均匀,进入各池的回流污泥是否均匀。若某池进入的污水多,回流污泥少,则该池容易出现泡沫。如果曝气池中均产生泡沫,应检查 MLVSS 是否降低,如果是二沉池出水造成 MLVSS 下降,则应分析原因并解决,如果是排泥过多造成 MLVSS 下降,应减少排泥。

现象二:在曝气池表面形成细微的暗褐色泡沫。

对策:检查系统 F/M 是否过低,SRT 是否太长,排泥是否不足。此种泡沫一般为污泥过氧化所致,适当增加排泥,即可消失。

现象三:脂状,暗褐色泡沫异常强烈,并随之进入二沉池。

对策:一般是由诺卡氏菌一类的丝状菌形成的生物泡沫。首先应对上游油脂类物质加强管理,其次加强初沉池浮渣的清除和除油,适当调节曝气量,利于油水分离。

7. 活性污泥膨胀

活性污泥膨胀系指活性污泥由于某种因素的改变,产生沉降性能恶化,不能在二沉池内进行正常的泥水分离,污泥随出水流失的现象。污泥膨胀时 SVI 异常升高,二沉池出水的 SS 将大幅增加,也导致出水的 COD 和 BOD_5 上升。严重时造成污泥大量流失,生化池微生物量锐减,导致生化系统处理性能大大下降。

活性污泥膨胀总体上分为两大类,即丝状菌膨胀和非丝状菌膨胀。前者系活性污泥絮体中的丝状菌过度繁殖导致的膨胀,后者系菌胶团细菌本身生理活动异常产生的膨胀。

(1) 活性污泥丝状菌膨胀 正常的活性污泥中都含有一定量的丝状菌,它是形成污泥絮体的骨架材料。活性污泥中丝状菌数量太少或没有,则形不成大的絮体,沉降性能不好;丝状菌过度繁殖,则形成丝状菌污泥膨胀。当水质、环境因素及运转条件满足菌胶团的生长环境时,菌胶团的生长速率大于丝状菌,不会出现丝状菌的生理特征。当水质、环境因素及运转条件偏高或偏低时,丝状菌由于其表面积较大,抵抗"恶劣"环境的能力比菌胶团细菌强,其数量会超过菌胶团细菌,从而过度繁殖导致丝状菌污泥膨胀。

① 活性污泥丝状菌膨胀的原因:进水中有机物质太少,导致微生物饲料不足;进水中氮、磷营养物质不足;pH 太低,不利于微生物生长;曝气池内 F/M 太低,微生物食料不足;混合液内溶解氧 DO 太低,不能满足需要;进水水质或水量波动太大,对微生物造成冲

击；入流污水"腐化"、产生出较多的 H_2S（超过 $1\sim2mg/L$），导致丝状硫磺细菌（丝硫菌）的过量繁殖，引起丝硫菌污泥膨胀；丝状菌大量繁殖的适宜温度一般在 $25\sim30℃$，因而夏季易发生丝状菌污泥膨胀。

② 临时解决对策：加入絮凝剂，增强活性污泥的凝聚性能，加速泥水分离，但投加量不能太多，否则可能破坏微生物的生物活性，降低处理效果。向生化池投加杀菌剂，投加剂量应由小到大，并随时观察生物相和测定 SVI 值，当发现 SVI 值低于最大允许值或观察到丝状菌已溶解时，应当立即停止投加。

③ 永久性控制措施：对现有的生化池进行改造，在生化池前增设生物选择器，防止生化池内丝状菌过度繁殖，避免丝状菌在生化系统成为优势菌种，确保沉淀性能良好的菌胶团、非丝状菌占有优势。

(2) 活性污泥非丝状菌膨胀　非丝状菌膨胀系由于菌胶团细菌生理活动异常，导致活性污泥沉降性能的恶化。这类污泥膨胀又可以分为两种。一种是黏性膨胀，由于进水中含有大量的溶解性有机物，使污泥负荷 F/M 太高，而进水中又缺乏足够的氮、磷等营养物质，或者混合液内溶解氧不足，使活性污泥的结合水高达 400%（正常污泥结合水为 100% 左右），呈黏性的凝胶状，使活性污泥在二沉池内无法进行有效的泥水分离及浓缩。另一种非丝状菌膨胀，由于进水中含有较多的毒性物质，导致活性污泥中毒，使细菌不能分泌出足够量的黏性物质，形不成絮体，从而也无法在二沉池内进行泥水分离。

解决对策包括：增加 N、P 的比例，引进生活污水以增加蛋白质的成分，调节水温不低于 5℃。控制进水中有毒物质的排入，避免污泥中毒，可以有效地克服污泥膨胀。

五、活性污泥的培养与驯化

1. 活性污泥的培养

① 低负荷连续培养。将曝气池注满污水，停止进水，闷曝 1d。然后连续进水连续曝气，进水量控制在设计水量的 1/2 或更低。待污泥絮体出现时，开始回流，取回流比 25%。至 MLSS 超过 1000mg/L 时，开始按设计流量进水，MLSS 至设计值时，开始以设计回流比回流并开始排放剩余污泥。

② 满负荷连续培养。将曝气池注满污水，停止进水，闷曝 1d。然后按设计流量进水，连续曝气，待污泥絮体形成后，开始回流，MLSS 至设计值时，开始排放剩余污泥。

③ 间歇培养法。将曝气池注满水，然后停止进水，开始曝气。只是曝气而不进水称为"闷气"。闷气 $2\sim3d$ 后，停止曝气，静沉 1h，然后进入部分新鲜污水，这部分污水约占池容的 1/5 即可。以后循环进行闷曝、静沉和进水三个过程，但每次进水量应比上次有所增加，每次闷曝时间应比上次缩短，即进水次数增加。当污水的温度为 $15\sim20℃$ 时，采用该种方法，经过 15d 左右即可使曝气池中的 MLSS 超过 1000mg/L。此时可停止闷曝，连续进水连续曝气，并开始进行污泥回流。最初的回流比不要太大，可取 25%。随着 MLSS 的升高，逐渐将回流比增至设计值。为了缩短上述时间，可考虑用同类污水处理厂和剩余污泥进行接种，向混合液中投加适当的粪便稀释液，也能够加快培养过程。该法适用于生活污水所占比例较小的城市污水处理厂。

④ 接种培养。将曝气池注满污水，然后大量投入其他处理厂的正常污泥，开始满负荷连续培养，该种方法能大大缩短污泥培养时间。在同一处理厂内，当一个系列或一条池子的污泥培养正常以后，可以大量为其他系列接种，从而缩短全厂总的污泥培养时间。该法一般仅适于小处理厂。

为了加快培养速率，减少培养时间，可考虑污水不经初沉池处理，直接进入曝气池，在不产生泡沫的前提下，大量供养，以保证向混合液提供足够的溶解氧，并使其充分混合。也可以由同类的正在运行的污水处理厂提供一定数量的污泥进行接种。

在活性污泥的培养驯化期间，必须考虑满足并保持微生物的营养物质平衡。对城市污水来说，这个条件是容易具备的，但是对某些工业废水来说，就要考虑投加某些营养物质。此外，这期间还要进行废水、混合液、处理水以及活性污泥的分析测定，项目有：SV，MLSS，SVI，溶解氧，处理水的透明度，原废水及处理水的BOD、COD以及SS等。

2. 污泥培养的其他问题

① 为提高培养速率，缩短培养时间，应在进水中增加营养。小型处理厂可投入足量的粪便，大型处理厂可让污水跨越初沉池。

② 温度对培养速率影响很大。温度越高培养越快。因此，污水处理厂一般应避免在冬季培养污泥，但实际中也应视具体情况。如污水处理厂恰在冬季完工，具备培养条件，也可以开始培养，以便尽早发挥环境效益。例如，北京高碑店污水处理厂在冬季利用1月左右时间也成功培养出了活性污泥。

③ 污泥培养初期，由于污泥尚未大量成型，产生的污泥也处于离散状态，因而曝气池量不一定太大，一般控制在正常曝气池的1/2即可。否则，污泥絮体不易形成。

④ 培养过程中应随时观察生物相，并测量SV、MLSS等指标，以便根据情况对培养过程随时做出调整。

⑤ 并不是培养出了污泥或MLSS达到设计值，就完成了培养工作，而应该是出水水质达到设计要求，排泥量、回流量、泥龄等指标全部在要求的范围内时，才完成了培养工作。

⑥ 待MLSS达到1000~1500mg/L时，可回流；待MLSS大于2500mg/L时，适量排泥。

3. 活性污泥的驯化

对于工业废水来说，除培养外，还应对活性污泥加以驯化，使其适应所处理的废水。驯化方法可分为异步驯化法和同步驯化法两种。异步驯化法是先培养后驯化，即先用生活污水或粪便稀释水将活性污泥培养成熟，此后再逐步增加工业废水在混合液中的比例，以逐步驯化污泥。同步驯化法则是在用生活污水培养活性污泥的开始，就投加少量的工业废水，以后则逐步提高工业废水在混合液中的比例，逐步使污泥适应工业废水的特性。

● 实训一　活性污泥工艺运行异常及排故　●

活性污泥微生物的种类和数量一般并不是恒定的，会受到进水水质、水温、运转管理条件等影响。工艺控制不当，进水水质变化以及环境变化等原因会导致活性污泥出现质量问题。如生物相异常、活性污泥颜色变化、污泥上浮、污泥解体、出现泡沫及污泥膨胀等问题，若不立即解决，最终都会导致出水质量的降低。

实训目标

能识别活性污泥池运行异常的原因，会分析并采取合理措施排除异常。

实训记录

(1) 根据给出的某污水处理厂的活性污泥图片（图 1-12），判断活性污泥工艺运行状态。分析污泥状况是否正常，说明理由。如有异常，如何解决？

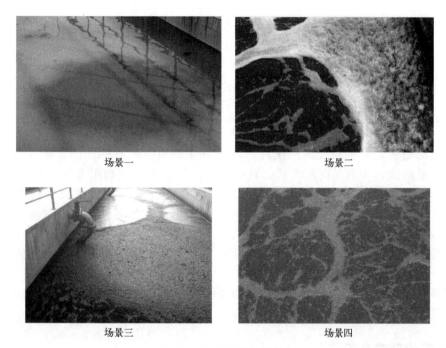

图 1-12　活性污泥运行场景

(2) 某厂是 AB 工艺的污水处理厂，最近在现场巡视过程中发现曝气池表面褐色泡沫多，SVI 值居高不下，而且沉降性差，二沉池表面有大块的絮状污泥上浮。上周也采取了加大排泥和加大曝气的手段，略有好转。但周末又有所反弹，比上次更严重。同时，MLSS 值变化大，早晨是 1200，中午是 900，下午是 3000，没有规律性，让人无从下手。请判定该工艺运行工况有哪些异常，并采取合理措施排除异常。

 实训思考

对照【知识链接】中活性污泥运行异常问题，分析 AAO 工艺中污水厂常见的异常问题有哪些，并采取合理措施排除运行故障。

● 任务二　生物膜工艺的运维控制 ●

知识目标

掌握生物膜工艺的作用、类型和原理，掌握生物膜工艺运行维护与管理的要求。

能力目标

能判断生物膜工艺的类型，能识别生物膜构筑物的结构及附属设备，能判断生物膜工艺的运行情况，能分析生物膜运行异常的原因并采取合理措施排除运行故障。

素质目标

强化岗位意识和责任意识，强化规范操作和安全生产意识，进一步提升分析问题、解决问题的能力。

知识链接

生物膜法是一大类生物处理的统称，可分为好氧和厌氧两种，目前所采用的生物膜法多数是好氧形式，少数是厌氧形式。它们的共同特点是微生物附着在介质——"滤料"表面上，形成生物膜，污水同生物膜接触后，溶解性有机污染物被微生物吸附转化为H_2O、CO_2、NH_3和微生物细胞物质，污水得到净化，所需氧气一般直接来自大气。污水如含有较多的悬浮固体，应先用沉淀池去除大部分悬浮固体后再进入生物膜法处理构筑物，以免引起堵塞，并减轻其负荷。老化的生物膜不断脱落下来，随水流入二沉池被沉淀去除。

生物膜法主要依靠固着于载体表面的微生物膜来净化有机物，而活性污泥法是依靠曝气池中悬浮流动着的活性污泥来分解有机物的。

一、生物膜的形成及工艺

1. 生物膜的形成

生物膜法处理废水就是使废水与生物膜接触，进行固、液相的物质交换，利用膜内微生物将有机物氧化，使废水获得净化，同时，生物膜内微生物不断生长与繁殖。生物膜在载体上的生长过程是这样的：让含有营养的污水与载体（固体惰性物质）接触，并提供充足的氧气（空气），污水中的微生物和悬浮物就吸附在载体表面，微生物利用营养物生长繁殖，在载体表面形成黏液状微生物群落。这层微生物群落进一步吸附分解水中溶解态的营养物和少量悬浮物及胶体物质，不断增殖而形成一定厚度的生物膜。这层生物膜具有生物化学活性，又进一步吸附、分解废水中悬浮、胶体和溶解状态的污染物。

构成生物膜的物质是无生命的固体杂质和有生命的微生物。状态良好的生物膜是细菌、真菌、藻类、原生动物、后生动物及固体杂质等构成的生态系统。在这个生态系统中细菌占主导地位，正是由于细菌等微生物的代谢作用使水质得以净化。

2. 生物膜的成熟

由于生物膜的吸附作用，在膜的表面存入一个很薄的水层（附着水层）。污水流过生物膜时，有机物等经附着水层向膜内扩散。膜内的微生物将有机物转化为细胞物质和代谢产物。代谢产物（CO_2、H_2O、NO_3^-、SO_4^{2-}、有机酸等）从膜内向外扩散进入水相和大气。随着时间的推移，在生物膜上由细菌及其他各种微生物组成的生态系统以及生物膜对有机物的降解功能都将达到平衡和稳定。

生物膜从开始形成到成熟，一般需要 30d 左右（城市污水，20℃），成熟的生物膜一般厚度为 2mm。其中好氧层 0.5~2.0mm，去除有机物主要靠好氧层的作用。污水浓度高，好氧层厚度减小，生物膜总厚度增大；污水流量增大，好氧层厚度和生物膜总厚度皆增大；改善供氧条件，好氧层厚度和生物膜总厚度也都会增大。过厚的生物膜会堵塞载体间的空隙，造成短流，影响正常通风，处理效率下降。所以，要控制滤池的进水浓度和流量，防止载体堵塞。污水浓度较高时，可采用回流的方式加大滤池的水力负荷和冲刷作用，防止滤料堵塞。生物膜的基本结构如图 1-13 所示。

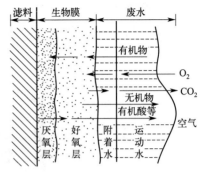

图 1-13　生物膜的基本结构

3. 生物膜的更新与脱落

随着有机物的降解，细胞不断合成，生物膜不断增厚。达到一定厚度时，营养物和氧气向深处扩散受阻，在深处的好氧微生物死亡，生物膜出现厌氧层而老化，老化的生物膜附着力减小，在水力冲刷下脱落，完成一个生长周期。老化的生物膜脱落后，载体表面生物膜又可重新吸附、生长、增厚直至重新脱落。"吸附—生长—脱落"的生长周期不断交替循环，系统内活性生物膜量保持稳定。

4. 生物膜法的流程

生物膜法的基本流程如图 1-14 所示。污水经初次沉淀池去除悬浮物后进入生物膜反应池，去除有机物。生物膜反应池出水进入二沉池（部分生物膜反应池后无须接二沉池）去除脱落的生物体，排放澄清液。污泥浓缩后运走或进一步处理。

图 1-14　生物膜法基本流程

与活性污泥相比，生物膜法的特点包括：微生物相复杂，能去除难降解有机物，微生物量大、净化效果好，剩余污泥少，污泥密实、沉降性能好，耐冲击负荷、能处理低浓度污水，操作简单、运行费用低，不易发生污泥膨胀，载体材料比表面积小、设备容积负荷有限、空间效率较低，投资费用较大。

二、典型生物膜工艺

按生物膜与水接触的方式不同，生物膜可分为充填式和浸没式两类。充填式生物膜法的填料（载体）不被污水淹没，自然通风或强制通风供氧，污水流过填料表面或盘片旋转浸过污水，如生物转盘等。浸没式生物膜法的填料完全浸没于水中，一般采用鼓风曝气供氧，如接触氧化和生物滤池等。

1. 生物滤池

生物滤池一般由钢筋混凝土或砖石砌筑而成，池平面有矩形、圆形或多边形，其中以圆形居多，主要由滤料、池壁、池底排水系统、上部布水系统组成。其结构见图1-15。

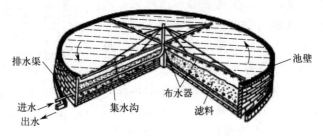

图1-15 生物滤池的一般构造

（1）生物滤池的分类　根据有机负荷率的不同，可将生物滤池分为普通生物滤池（低负荷生物滤池）、高负荷生物滤池（回流式生物滤池）、塔式生物滤池和曝气生物滤池。

① 普通生物滤池。在较低负荷率下运行的生物滤池叫作低负荷生物滤池或普通生物滤池。普通生物滤池处理城市污水的有机负荷率为 $0.15\sim0.30kgBOD_5/(m^3\cdot d)$。普通生物滤池的水力停留时间长，净化效果好（城市污水 BOD_5 去除率 85%～95%左右），出水稳定，污泥沉降性能好，剩余污泥少。但因其滤速低，占地面积大，水力冲刷作用小，易堵塞和短流，易生长灰蝇，散发臭气，卫生条件差，目前已趋于淘汰。

② 高负荷生物滤池。在高负荷率下运行的生物滤池叫作高负荷生物滤池，或回流式生物滤池。高负荷生物滤池处理城市污水的有机负荷率为 $1.1kgBOD_5/(m^3\cdot d)$ 左右。在高负荷生物滤池中，微生物营养充足，生物膜增长快。为防止滤料堵塞。高负荷生物滤池的去除率较低，处理城市污水时 BOD_5 去除率 75%～90%左右。与普通生物滤池相比，高负荷生物滤池剩余污泥量多，稳定度小。高负荷生物滤池占地面积小，投资费用低，卫生条件好，适于处理浓度较高、水质水量波动较大的污水。

③ 塔式生物滤池。塔式生物滤池的负荷也很高，由于塔式生物滤池生物膜生长快没有回流，为防止滤料堵塞，采用的滤料面积较小，以获得较高的滤速。其滤料体积是一定的，相对于普通生物滤池，面积缩小使其高度增大而形成塔状结构，故称为塔式生物滤池。

与普通生物滤池和高负荷生物滤池相比，塔式生物滤池对城市污水的 BOD_5 去除率为65%～85%。塔式生物滤池占地面积小，投资运行费用低，耐冲击负荷能力强，适于处理浓度较高的污水。

④ 曝气生物滤池（BAF）。使用一种新型的球形陶粒填料，在其表面及开口内腔空间生长有微生物膜，污水由下向上流经滤料层时，微生物膜吸收污水中的有机污染物作为其自身新陈代谢的营养物质，并在滤料层下部提供曝气供氧的条件下，气、水同为向上流态，使废水中的有机物好氧降解，并进行硝化脱氮。它定期利用处理后的出水对滤池进行反冲洗，排除滤料表面增殖的老化微生物膜，以保证微生物膜的活性。其构造如图1-16所示。

曝气生物滤池是利用反应器内滤料上所附生物膜中微生物氧化分解作用，滤料及微生物膜的吸附阻留作用和沿着水流方向形成的食物链分级捕食作用以及微生物膜内部微环境的反硝化作用进行处理的。

曝气生物滤池是集生物降解、固液分离于一体的污水处理设施，与给水处理的快滤池相

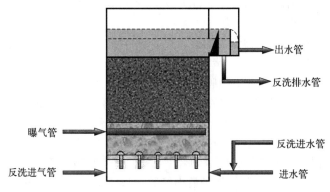

图 1-16 曝气生物滤池构造示意图

类似，但在滤池承托层增设了曝气用的空气管及空气扩散装置，处理水集水管也设置在承托层内兼作反冲洗水管。曝气生物滤池作为一种生物膜法污水处理新工艺，与传统活性污泥法和接触氧化法相比，具有以下特点：

a. 具有较高的生物浓度和较高的有机负荷。曝气生物滤池采用的为粗糙多孔的球状滤料，为微生物提供了较佳的生长环境，易于挂膜及稳定运行，可在滤料表面和滤料间保持较多的生物量，单位体积内微生物量远远大于活性污泥法中的微生物量（可达 10~15g/L），高浓度的微生物量使得 BAF 的容积负荷增大，进而减少了池容积和占地面积，使基建费用大大降低。

b. 工艺简单、出水水质好。由于滤料的机械截留作用以及滤料表面的微生物和代谢中产生的黏性物质形成的吸附作用，出水的 SS 很低，一般不超过 10mg/L，因此可省去二沉池工艺，进而降低基建费用。因进行周期性的反冲洗，生物膜得以有效更新，表现为生物膜较薄、活性较高。有时即使生物处理发生故障，短期内其物理作用仍可保证高质量的出水。BAF 的处理出水不但可以满足排放标准，同时可用于回用。

c. 抗冲击负荷能力强。由于整个滤池中分布着较高浓度的微生物，其对有机负荷、水力负荷的变化不像传统活性污泥那么敏感，同时无污泥膨胀问题。

d. 氧的传输效率高。曝气生物滤池中氧的利用率可达 20%~30%，曝气量明显低于一般生物处理。其主要原因有以下几点：一是因滤料粒径小，气泡在上升过程中不断被切割成小气泡，加大了气液接触面积，提高了氧的利用率；二是气泡在上升过程中，由于滤料的阻挡和分割作用，气泡必须经过滤料的缝隙，延长了其停留时间，同样有利于氧的传质；三是理论研究表明，BAF 中的氧气可直接渗入生物膜，因而加快了氧气的传输速率，减少了供氧量。

e. 脱氮效果好。通过不同功能的滤池组合或同一滤池中的不同功能区分布，滤池在除碳的同时可进行硝化和反硝化。其原理是通过对两组滤池或同一座滤池内分别人为地造成好氧、兼氧的生物环境，不仅能去除一般有机物和悬浮固体，而且具有较好脱氮功能。

为了实现硝化、反硝化，必须在各段滤池中连续测定溶解氧数值，并加以控制调节。在 C/N 池和 N 池中的曝气阶段需要不断调节溶解氧水平，使溶解氧达到较高水平（约 2~3mg/L）。

(2) 影响生物滤池性能的主要因素　包括负荷、处理水回流和供氧。

① 负荷。是影响生物滤池性能的主要参数。通常分有机负荷和水力负荷两种。有机负荷系指每天供给单位体积滤料的有机物量，单位是 $kg/m^3 \cdot d$（BOD_5/滤料）。由于一定的滤料具有一定的比表面积，滤料体积可以间接表示生物膜面积和生物数量，所以有机负荷实质上表征了 F/M。普通生物滤池的有机负荷范围为 $0.15~0.3kg/m^3 \cdot d$；高负荷生物滤池

在 1.1kg/m³·d 左右。在此负荷下，BOD_5 去除率可达 80%～90%。为了达到处理目的，有机负荷不能超过生物膜的分解能力。

② 出水回流。在高负荷生物滤池的运行中，多用出水回流，其优点是：a. 增大水力负荷，促进生物膜的脱落，防止滤池堵塞；b. 稀释进水，降低有机负荷，防止浓度冲击；c. 可向生物滤池连续接种，促进生物膜生长；d. 增加进水的溶解氧，减少臭味；e. 防止滤池滋生蚊蝇。但缺点是：a. 缩短废水在滤池中的停留时间；b. 降低进水浓度，减慢生化反应速率；c. 回流水中难降解的物质会产生积累；d. 冬天使池中水温降低等。

可见，出水回流对生物滤池性能的影响是多方面的，采用时应作周密分析和试验研究。一般认为在下述三种情况下应考虑出水回流：a. 进水有机物浓度较高（如 COD＞400mg/L）；b. 水量很小，无法维持水力负荷在最小经验值以上时；c. 废水中某种污染物在高浓度时可能抑制微生物生长。

③ 供氧。向生物滤池供给充足的氧是保证生物膜正常工作的必要条件，也有利于排除代谢产物。影响滤池自然通风的主要因素是滤池内外的气温差以及滤池的高度。温差愈大，滤池内的气流阻力愈小（亦即滤料粒径大、孔隙大）、通风量也就愈大。

供氧条件与有机负荷密切相关。当进水有机物浓度较低时，自然通风供氧是充足的。但当进水 COD 大于 400～500mg/L 时，则出现供氧不足，生物膜好氧层厚度减小的情况。为此，有人建议限制生物滤池进水 COD 小于 400mg/L。当入流浓度高于此值时，采用回流稀释或机械通风等措施，以保证滤池供氧充足。

2. 生物转盘

生物转盘的主要组成单元有：盘片、接触反应槽、转轴与驱动装置等，见图 1-17。生物转盘在实际应用上有各种构造形式，最常见是多级转盘串联，以延长处理时间、提高处理效果。但级数一般不超过四级，级数过多，处理效率提高不大。根据圆盘数量及平面位置，可以采用单轴多级或多轴多级式的生物转盘。与生物滤池相同，生物转盘也无污泥回流系统，为了稀释进水，可考虑出水回流，但是，生物膜的冲刷不依靠水力负荷的增大，而是通过控制一定的盘面转速来达到。

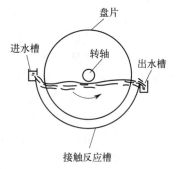

图 1-17 生物转盘的一般构造

与活性污泥法相比，生物转盘在使用上具有以下优点：

① 操作管理简便，无活性污泥膨胀现象及泡沫现象，无污泥回流系统，生产上易于控制。

② 剩余污泥数量小，污泥含水率低，沉淀速度大，易于沉淀分离和脱水干化。已有的生产运行资料显示，转盘污泥形成量通常为 0.4～0.5kg/kg（BOD_5）（去除），污泥沉淀速度可达 4.6～7.6m/h。一旦开始沉淀，底部即开始压密。所以，一些生物转盘将氧化槽底部作为污泥沉淀与贮存用，从而省去二次沉淀池。

③ 设备构造简单，无通风、回流及曝气设备，运转费用低，耗电量低。一般耗电量为 0.024～0.03kW·h/kg(BOD_5)。

④ 可采用多层布置，设备灵活性大，可节省占地面积。

⑤ 可处理高浓度的废水，承受 BOD_5 可达 1000mg/L，耐冲击能力强。根据所需的处理程度，可进行多级串联，扩建方便。国外还将生物转盘建成去除 BOD_5—硝化—厌氧脱氮—曝气充氧组合处理系统，以提高废水处理水平。

⑥ 废水在氧化槽内停留时间短，一般在 1～1.5h，处理效率高，BOD_5 去除率一般可达

90%以上。

3. 生物接触氧化池

生物接触氧化池是生物接触氧化处理系统的核心处理构筑物。生物接触氧化池是由池体、填料、支架及曝气装置、进出水装置以及排泥管道等部件组成。生物接触氧化池构造见图1-18。

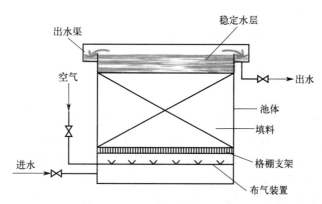

图1-18 生物接触氧化池构造图

生物接触氧化法的特征如下。

(1) 净化效果好 该工艺可使用多种形式的填料。由于曝气，在池内形成液、固、气三相共存体系，有利于氧的转移，溶解氧充沛，适于微生物存活增殖。生物膜上微生物种类是丰富的，除细菌和多种种属的原生动物和后生动物外，还能够生长氧化能力较强的球衣菌属的丝状菌，而无污泥膨胀之虑。在生物膜上能形成稳定的生态系统和食物链。

填料表面布满生物膜，形成了生物膜的主体结构，丝状菌的大量滋生，有可能形成一个立体结构的致密的生物网，污水在其中通过起到类似"过滤"的作用，能够有效地提高净化效果。

总体而言，接触氧化法填料的比表面积大，充氧效果好，氧利用效率高。所以，单位容积的微生物量比活性污泥法和生物滤池大，容积负荷高，耐冲击负荷能力强，净化效果好。

(2) 占地面积小，管理方便 由于进行曝气，生物膜表面不断地接受曝气吹脱，这样有利于保持生物膜的活性，抑制厌氧膜的增殖，也易于提高氧的利用率，保持较高的活性生物量。因此，生物接触氧化处理技术能够接受较高的有机负荷率，处理效率较高，有利于缩小池容，减小占地面积。

生物接触氧化法容积负荷高，氧化池容积小，又可以取较大的水深，所以占地面积比活性污泥法、生物滤池和生物转盘都小。由于没有污泥回流、出水回流、污泥膨胀、防雨保温和机械故障等问题，所以运行管理方便。

(3) 污泥产量低 由于单位体积的微生物量大，容积负荷大时，污泥负荷仍较小，所以污泥产量低。

(4) 功能丰富 生物接触氧化处理技术具有多种功能，除有效地去除有机污染物外，如运行得当还能够用以脱氮，因此，可为深度处理技术。

(5) 动力消耗比自然通风生物膜法大 由于采用强制通风供氧，所以动力消耗比一般的生物膜法大。

(6) 污泥沉降性能差 与活性污泥法和生物滤池法相比，接触氧化出水中生物膜的老化程度高，受水力冲击变得很细碎，污泥沉降性能差。在二沉池设计时要采用较小的上升流速，取 1.0m/h 比较适宜。

（7）污泥膨胀的可能性比生物滤池大　接触氧化法一般不发生污泥膨胀，但当污水的供氧、营养、水质（毒物、pH 值）和温度等条件不利时，生物膜的性能（生物相、附着能力、沉降性能等）变差，在剧烈的水力冲刷作用下脱落，随水流失，发生污泥膨胀的可能性比生物滤池大。

生物接触氧化处理技术的主要缺点是：如设计运行不当，填料可能堵塞；此外，布水、布气、曝气不易均匀，可能在局部部位出现死角。

三、生物膜运行工艺及控制

1. 常规运行控制

（1）布水与布气　对于各种生物膜处理设施来说，为了保证其中生物膜的均匀增长，防止污泥堵塞填料，保证处理效果的均匀，应对处理设施均匀布水和布气。由于设计上不可能保证布水和布气的绝对均匀，运行时应利用布水、布气系统的调节装置，调节各池或池内各部分的配水或供气，保证均匀布水、布气。

布水管及其喷扎或喷嘴（尤其是池底配水系统）使废水在填料中分配不匀，结果填料受水量影响发生差异，导致生物膜的不均匀生长，进一步又会造成布水布气的不均匀，最后使处理效率降低。解决布水管孔堵塞的方法包括：提高初沉池对油脂和悬浮物的去除率，保证布水孔嘴足够的水力负荷，定期对布水管道及孔嘴进行清洗。

由于布水、布气管淹没于污水中，因为水质、污泥、制作或运行的原因，某些孔眼会堵塞，也会使生物膜生长不均匀，降低处理效果。应针对以上原因采取解决办法，如保证曝气孔或曝气头的光滑、均匀，降低池底污泥的沉积层，进行预处理以改善水质等。正常运行时，应按具体情况调节管道阀门，使供气均匀，并定期进行清洗。

（2）填料

① 预处理：多孔颗粒类填料装入氧化池或滤池之前，须对其进行破碎、分选、浸洗等处理，以提高颗粒的均匀性，并去除尘土等杂质。对于塑料或玻璃钢类硬质填料，安装前应检查其形状、质量的均匀性，安装后应清除残渣（粘于填料上的）。对于束状的软性填料应检查安装后的均匀性。

② 运行观察与维护：填料在生物膜处理设施中正常运行时，应定期观察其生物膜生长和脱膜情况，观察其是否损坏。有很多原因可能造成生物膜生长不均匀，这会表现在生物膜着色、生物膜脱落的不均匀。一旦发现这些问题，应及时调整布水、布气的均匀性，并调整曝气强度来改变。颗粒填料比较容易发生污泥堵塞，可能需要加大水力负荷或空气强度来冲洗，或换出填料晾晒、清洗。硬质塑料或玻璃钢类填料可能会发生填料老化、坍塌等情况，这就需要及时更换，并找出造成坍塌的原因（如污泥附着不均匀），及时调整。束状软性填料可能易发生纤维束缠绕、成团、断裂等现象。缠绕、成团可能是安装不利造成的，也有可能是污泥生长过快、纤维束中心污泥浓度太高形成的，可适当加大水力负荷和曝气强度来解决。纤维使用时间过长可能造成纤维束断裂，应及时更换。某些情况下，如水温或气温过低，应对于生物滤池、生物转盘增加保温措施。

（3）生物相观察　城市污水处理厂生物膜处理设施的生物膜，前一级厚度约为 2.0～3.0mm，后一级可能为 1.0～2.0mm，生物膜外观粗糙，具有黏性，颜色是泥土褐色。生物膜法处理系统的生物相特征与活性污泥工艺有所区别，主要表现在微生物种类和分布方面。

一般来说，由于水质的逐级变化和微生物生长环境条件的改善，生物膜系统存在的微生物种类和数量均较活性污泥工艺多，尤其是丝状菌、原生动物、后生动物种类增加，厌氧菌和兼性菌占有一定比例。在分布方面的特点，主要是沿生物膜厚度和进水流向（采用多级处理时）呈现出不同的微生物种类和数量。例如，在多级处理的第一级，或生物膜的表层，或填料的上部（对于水流为下向流），生物膜往往以菌胶团细菌为主，膜亦较厚；而随着级数的增加，生物膜或向内层发展，或向填料下部发展，由于水质的变化，生物膜中会逐渐出现丝状菌、原生动物及后生动物，生物的种类不断增多，但生物量即膜的厚度减少。依废水水质的不同，每一级都有不同特征的生物类群。

水质的变化，会引起生物膜中微生物种类和数量的变化。在进水浓度增高时，可看到原有特价性层次的生物下移的现象，即原先在前级或上层的生物可在后级或下层出现。因此，可以通过这一现象来推断废水浓度和污泥负荷的变化情况。

（4）回流　生物膜处理设施一般不需要将二沉池污泥回流，但在挂膜过程中可能会需要。处理后的污水常常需要回流。出水的回流的作用包括：降低进水的浓度，回流液中挟带的微生物可增加氧化池有益微生物的数量，增加水力负荷，容易脱膜避免生物膜过厚，降低污水和生物膜的气味，防止滤池蝇虫的出现。

回流时回流比的大小应由运行试验来确定。回流方式一般有连续回流和浓度高或水量小时回流，处理出水可回流至初沉池或某级生物膜处理设施前配水井中。

总体而言，生物膜法的操作简单，一般只要控制好进水量、浓度、温度及所需投加的营养（N、P）等，处理效果一般比较稳定，微生物生长情况良好。在废水水质变化，形成负荷冲击情况下，出水水质恶化，但很快就能够恢复，这是生物膜法的优点。

2. 日常管理注意事项

（1）防止生物膜生长过厚　生物滤池负荷过高，使生物膜增长过多过厚，内部厌氧层随之增厚，可能会使硫酸盐还原，污泥发黑发臭，使微生物活性降低，大块黏厚的生物膜脱落，并使填料局部堵塞，造成布水不均匀、不堵塞的部位流量及负荷偏高，出水水质下降。

解决办法一般有以下三种：
① 加大回流水量，借助水力冲脱过厚的生物膜；
② 两级滤池串联、交替进水；
③ 低频加水，使布水器转速减慢。

（2）维持较高的 DO　提高生物膜系统内的 DO，可减少生物膜系统中厌氧层的厚度，增大好氧层在生物膜中的比例，提高生物膜内氧化分解有机物的好氧微生物的活性。

对于淹没式生物滤池，DO 的提高主要采取加大曝气量的方式，气量加大所产生的剪切力有助于老化生物膜脱落；同时增加反应池内气、液、固三相的混合，提高氧、有机物及微生物代谢产物的传递速率，也能加快生物反应速率。

但曝气量过大，电耗增加，生物膜易过量脱落，产生负面影响。

（3）减少出水悬浮物（ESS）　在设计生物膜系统的二次沉淀池时，参数选取应适当保守一些，表面负荷小些。在必要时，还可投加低剂量的絮凝剂，以减少出水悬浮物，提高处理效果。

（4）其他注意事项　生物滤池的运行中还应注意检查布水装置及滤料是否有堵塞现象。布水装置堵塞往往是由于管道锈蚀或者是由于废水中悬浮物沉积所致，滤料堵塞是由于膜的增长量大于排出量所形成的。所以，对废水水质、水量应严格控制。膜的厚度一般与水温、水力负荷、有机负荷和通风量等有关。水力负荷应与有机负荷相配合，使老化的生物膜能不断被冲刷下来，被水带走。当有机负荷高时，可加大风量，在自然通风情况下，可提高喷淋水量。

当发现滤池堵塞时，应采用高压水表面冲洗，或停止进入废水，让其干燥脱落。有时也可以加入少量酚或漂白粉，破坏滤料层部分生物膜。

生物转盘一般没有堵塞现象，但也可以加大转盘转速控制膜的厚度。

在正常运转过程中，除了应开展有关物理、化学参数的测定外，应对不同层厚、级数的生物膜进行微生物检验，观察分层及分级现象。

生物膜设备检修或停产时，应保持膜的活性。对生物滤池来说，只需保持自然通风，或打开各层的观察孔，保持池内空气流动即可；生物转盘，可以将其氧化槽放空，或用人工营养液循环。停产后，膜的水分会大量蒸发，一旦重新开车，可能有大量膜质脱落，因此，开始投入工作时，水量应逐步增加，防止干化生物膜脱落过多。一旦微生物适应后，生物膜功能即可恢复。

3. 运行异常问题及解决对策

（1）生物膜严重脱落　在生物膜挂膜过程中，膜状污泥大量脱落是正常的，尤其是采用工业污水进行驯化时，脱膜现象会更严重。但在正常运行阶段，膜大量脱落是不允许的。大量脱膜主要是水质的问题（如抑制性或有毒性污染物浓度太高，pH 值突变等），解决办法是改善水质。

（2）气味　生物滤池、生物转盘及某些情况下的生物接触氧化池，由于污水浓度高，污泥局部发生厌氧代谢，可能会有臭味产生。解决的办法包括：处理出水回流；减少处理设施中生物膜的累积，让生物膜正常脱膜，并排出处理设施；保证曝气设施或通风口的正常；根据需要向进水中短期少量投加液氯；避免高浓度或高负荷废水的冲击。

（3）处理效率降低　整个处理系统运行正常，且生物膜处理效果较好，仅是处理效率有所下降时，一般不会是水质的剧烈变化或有毒污染物的进入所造成的，如废水 pH 值、DO、气温骤变或短时间超负荷（负荷增加幅度也不太大）运行等。如果处理效率降低的程度可以接受，即使不采取其他措施，系统也会在一段时间后恢复正常。也可以采取一些局部调整措施，例如保温、进水加热、酸或碱中和、调整供气量等。

（4）污泥的沉积　污泥沉积是指生物膜处理设施（氧化槽）中过量存积污泥。当预处理或一般处理沉降效果不佳时，大量悬浮物会在氧化槽中沉积积累，其中有机污泥在存积时间过长后会出现腐坏现象，散发出臭气。解决办法是提高预处理和一级处理的沉淀去除效果，或设置氧化槽临时排泥措施。

4. 生物膜的培养与驯化

（1）挂膜　使具有代谢活性的微生物污泥在处理系统填料上固着生长的过程称为挂膜。挂膜也就是生物膜处理系统中膜状污泥的培养和驯化过程。

挂膜过程所采用的方法，一般有直接挂膜法和分步挂膜法两种。

生活污水、城市污水、与城市污水相接近的工业废水，可以采用直接挂膜法。即在合适的环境条件（水温、DO 等）和水质条件（pH、BOD、C/N 等）下，让处理系统连续正常运行，一般经过 7~10d 就可以完成挂膜过程。挂膜过程中，宜让氧化池出水和池底污泥回流。

在各种形式的生物膜处理设施中，生物接触氧化池和塔式生物滤池，由于具有曝气系统，且填料量和填料空隙均较大，可以采用直接挂膜法，而普通生物滤池、生物转盘等适合采用分步挂膜法。

不易生物降解的工业废水，或是使用普通生物滤池和生物转盘等设施处理废水时，为了顺利挂膜，可通过预先培养驯化相应的活性污泥，然后再投加到生物膜系统中的方式进行挂膜，也就是分步挂膜。

将培养的活性污泥与工业废水混合，在生物膜法处理装置中循环运行，形成生物膜后，通水运行，并加入要处理的工业废水。可先投配20%的工业废水，经分析进出水水质，使生物膜具有一定处理效果后，再逐步加大工业废水的比例，直到工业废水全部加入为止。也可用掺有少量（20%）工业废水的生活污水直接培养生物膜，挂膜成功后再逐步加大工业废水比例，直到工业废水全部加入为止。

工业废水的挂膜，其中必然有膜状污泥适应水质的过程，这与活性污泥法培菌过程，即污泥驯化一样。

多级处理的生物膜处理系统中，使各级培养驯化出优势微生物，完成挂膜所用的时间，可能要比一般挂膜过程（城市污水仅两级处理）长2～3周。这是因为不同种属细菌对水质适应性和世代时间不一样。

(2) 培养和驯化的注意事项　开始挂膜时，进水流量应小于设计值，可按设计流量的20%～40%启动运转。观察到已有生物膜生成时，流量可提高到60%～80%，待出水效果达到设计要求时，即可提高流量到设计标准。

在生物转盘法中，用于硝化的转盘，挂膜时间要增加2～3周，并注意进水BOD应低于30mg/L，因自养性硝化细菌世代时间长，繁殖生长慢，若进水有机物过高，可使膜中异养细菌占优势，从而抑制了自养细菌的生长。

出水中出现亚硝酸盐表明生物膜上硝化作用已开始；出水中亚硝酸盐下降，并出现大量硝酸盐则表明硝化细菌在生物膜上已占优势，挂膜工作宣告结束。

挂膜所需的环境条件与活性污泥培菌法相同，进水要具有合适的营养、温度、pH等，尤其是氮、磷等营养物质必须充足（COD：N：P=100：5：1），同时避免毒物的大量进入。

因初期膜量较少，反应器内充氧量可稍少（生物转盘转速可稍慢），使溶解氧不过高；同时采用小负荷进水的方式，减少对生物膜的冲刷作用，增加填料或滤料的挂膜速度。

在冬季时挂膜的整个周期比温暖季节延长2～3倍。

在生物膜培养挂膜期间，由于刚刚长成的生物膜适应能力较差，生物膜往往会出现膜状污泥大量脱落的现象，这可以说是正常的，尤其是采用工业废水进行驯化时，脱膜现象会更严重。

要注意控制生物膜的厚度，保持在2mm左右，不使厌氧层过分增长，通过调整水力负荷（改变回流量）等形式使生物膜的脱落均衡进行。同时随时进行镜检，观察生物膜生物相的变化情况，注意特征微生物的种类和数量变化情况。

● 实训二　生物膜工艺运行异常及排故 ●

生物膜法是利用附着生长于某些固体物表面的微生物（即生物膜）进行有机污水处理的方法。生物膜是由高度密集的好氧菌、厌氧菌、兼性菌、真菌、原生动物以及藻类等组成的生态系统，其附着的固体介质称为滤料或载体。

实训目标

能判断生物膜工艺的运行情况。

 实训记录

（1）根据给出的某污水处理厂的生物膜现象，判断生物膜工艺运行状态。

现象一：接触氧化池内的局部区域容易出现生物膜过厚的情况，并且过厚的生物膜经常出现粘连。

现象二：接触氧化池内的生物填料上，有时会出现生物膜发白的情况，而非正常的棕黄色。

现象三：接触氧化池内偶尔会出现大规模红虫爆发的现象，肉眼可见，常出现在夏季水温较高时。

分析生物膜状况是否正常，说明理由。如有异常，如何解决？

（2）接触氧化池停曝气时，整个池体很浑浊，池体上层有大量细小污泥，无法看到挂膜的填料。系统启动时，可通过投加面粉，闷曝后缓慢进水。然而系统启动1个多月后，池内还有偏暗的白色泡沫。请判定该工艺运行工况有哪些异常，并采取合理措施排除异常。

 实训思考

分析生物膜运行异常的原因并采取合理措施排除运行故障。

● 任务三　生物脱氮除磷工艺的运维控制 ●

 知识目标

掌握生物脱氮除磷工艺的作用、类型和原理，掌握生物脱氮除磷工艺运行维护与管理的要求。

 能力目标

能判断生物脱氮除磷工艺的类型，能识别生物脱氮除磷构筑物的结构及附属设备，能判断生物脱氮除磷工艺的运行情况，能分析生物脱氮除磷工艺运行异常的原因并采取合理措施排除运行故障。

 素质目标

强化安全意识和责任意识，进一步提升分析问题、解决问题的能力，提升团队协作能力。

知识链接

一、A^2/O 工艺的运行管理

A^2/O 工艺是厌氧—缺氧—好氧生物脱氮除磷工艺的简称，是传统活性污泥工艺、生物

硝化及反硝化工艺和生物除磷工艺的综合。A^2/O工艺在厌氧—好氧除磷工艺（A/O工艺）的基础上开发，在厌氧—好氧除磷工艺（A/O工艺）基础上加一缺氧池，将好氧池流出的一部分混合液回流至缺氧池前端，以达到硝化脱氮的目的。该工艺能够在去除有机物的同时脱氮除磷，可用于二级污水处理；后续增加深度处理后，可作为中水回用，具有良好的脱氮除磷效果。

1. A^2/O工艺流程及特点

（1）A^2/O工艺流程 A^2/O生物脱氮除磷工艺流程如图1-19所示。

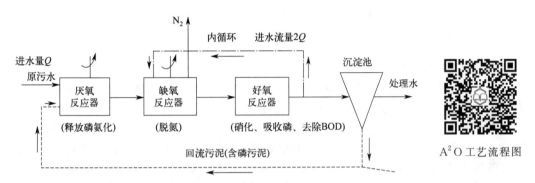

图1-19 A^2/O生物脱氮除磷工艺流程

(图中，实线代表废水处理工艺，虚线代表污泥处理工艺，点画线代表混合液。)

首段厌氧池（DO<0.2mg/L）主要进行磷的释放，回流污泥带入的聚磷菌将体内的聚磷分解，此为释磷，所释放的能量一部分可供好氧的聚磷菌在厌氧环境下维持生存，另一部分供聚磷菌主动吸收挥发性有机物，并合成能源物质PHB在体内储存，污水中P的浓度升高。溶解性有机物被细菌吸收而使污水中有机负荷（BODs）浓度下降；另外NH_3-N因其细胞的合成而被去除一部分，污水中NH_3-N浓度下降，但NO_3^--N浓度没有变化。

在缺氧池（DO<0.5mg/L）中，反硝化菌利用污水中的有机物作碳源，将从回流混合液中带入的大量NO_3^--N和NO_2^--N还原为N_2释放至空气中，因此BOD_5浓度继续下降，NO_3^--N浓度大幅度下降，而磷的浓度变化很小。

在好氧池（DO为2~4mg/L），中，有机物被微生物生化降解后浓度继续下降；有机氮被氨化继而被硝化，使NH_3-N浓度显著下降，但随着硝化过程的进行，NO_3^--N的浓度增加；聚磷菌除了吸收利用污水中残留的易降解的BOD_5外，主要分解体内储存的PHB产生能量供自身生长繁殖，并主动吸收环境中的溶解磷，此为吸磷，并以聚磷的形式在体内储存，P也将随着聚磷菌的过量摄取，以较快的速率下降。

最后，混合液进入沉淀池，进行泥水分离，上清液作为处理水排放，沉淀污泥的一部分回流至厌氧池，另一部分作为剩余污泥排放。

（2）A^2/O工艺的特点 A^2/O工艺能同时完成有机物的去除、脱氮、除磷等功能，工艺有以下特点。

① 厌氧、缺氧、好氧三种不同的环境条件和不同种类生物的配合，使该工艺同时具有去除有机物、脱氮除磷的功能。

② 在同步脱氮除磷去除有机物的工艺中，该工艺流程最为简单，总的水力停留时间也少于同类其他工艺，运行稳定，出水水质可保证。

③ 在厌氧—缺氧—好氧交替运行下，丝状菌不会大量繁殖，SVI 一般低于 100mL/g，不会发生污泥膨胀。

④ 硝化过程消耗的碱度由缺氧过程补充，系统可保持碱度平衡。

⑤ 污泥中磷含量高，一般为 2.5% 以上，具有较高肥效。

⑥ 运行过程中无须投药，厌氧、缺氧池只需轻搅拌，使之混合，以不增加溶解氧为度。

⑦ 进入沉淀池的处理水要保持一定浓度的溶解氧，减少停留时间，防止产生厌氧、缺氧状态，以避免聚磷菌释放磷而降低出水水质，以及反硝化产生 N_2 而干扰沉淀；但溶解氧浓度也不宜过高，以防循环混合液对缺氧反应器的干扰。

⑧ 脱氮效果受混合液回流比大小的影响，除磷效果则受回流污泥中携带 DO 和硝酸态氧的影响，因而脱氮除磷效率不可能同时很高。

2. A^2/O 工艺的影响因素

(1) 污水中可生物降解有机物　可生物降解有机物对脱氮除磷有着十分重要的影响，其对 A^2/O 工艺中的三种生化过程影响复杂、相互制约。

在厌氧池中，聚磷菌本身是好氧菌，其运动能力很弱，增殖缓慢，只能利用低分子的有机物，是竞争能力很差的软弱细菌。但聚磷菌能在细胞内贮存 PHB 和聚磷酸基，当它处于不利的厌氧环境下时，能将贮藏的聚磷酸盐中的磷通过水解而释放出来，并利用其产生的能量吸收低分子有机物而合成 PHB，成为厌氧段的优势菌群。因此，污水中可生物降解有机物对聚磷菌厌氧释磷起着关键性的作用，如果污水中能快速生物降解的有机物很少，厌氧段中聚磷菌无法正常进行磷的释放，则会导致好氧段也不能更多地吸收磷。经实验研究，厌氧段进水溶解性磷与溶解性 BOD_5 之比应小于 0.06 才会有较好的除磷效果。

在缺氧段，当污水中的 BOD_5 浓度较高，有充分的可生物降解的溶解性有机物，即污水中 C/N 较高时，此时 NO_3^--N 的反硝化速率最大，缺氧段的水力停留时间为 0.5～1.0h 即可；如果 C/N 低，则缺氧段水力停留时间需 2～3h。对于低 BOD_5 浓度的城市污水来说，C/N 较低时，脱氮率不高。一般来说，COD/TN 大于 8 时，氮的总去除率可达 80%。

在好氧段，当有机物浓度高时污泥负荷也较大，降解有机物的异养型好氧菌超过自养型好氧硝化菌，使氨氮硝化不完全，出水中 NH_4^+ 浓度急剧上升，氮的去除效率大幅降低。所以要严格控制进入好氧池污水中有机物的浓度，在满足好氧池需要有机物含量的情况下，使进入好氧池的有机物浓度较低，以保证硝化细菌在好氧池中占优势生长，并使硝化作用完全。

由此可见，在厌氧池要有较高的有机物浓度；在缺氧池应有充足的有机物；而在好氧池的有机物浓度应较小。

(2) 泥龄　A^2/O 工艺污泥系统的污泥龄受两方面的影响。

一方面是好氧池中因自养型硝化菌比异养型好氧菌的增殖慢得多，要使硝化菌存活并成为优势菌群，则污泥龄要长，一般 20～30d 为宜。

但另一方面，A^2/O 工艺中磷的去除主要是通过排出含磷高的剩余污泥而实现，如泥龄过长，则每天排出含磷高的剩余污泥量太少，达不到较高的除磷效率。同时过高的污泥龄会造成磷从污泥中重新释放，更降低了除磷效果。

权衡上述两方面的影响，A^2/O 工艺的污泥龄一般宜为 15～20d。

(3) 溶解氧　在好氧段，DO 升高，硝化反应速率增大，但当 DO>2mg/L 后其硝化反应速率增长减缓，高浓度的 DO 会抑制硝化菌的硝化反应。同时，好氧池过高的溶解氧会随污泥和混合液分别回流至厌氧段和缺氧段，影响厌氧段聚磷菌的释放和缺氧段 NO_3^--N 的反硝化，对脱氮除磷均不利。相反，好氧池的 DO 浓度太低也限制了硝化菌的生长，维持其生长的最低 DO 浓度为 0.5～0.7mg/L，否则将导致硝化菌从污泥系统中淘汰，严重影响脱氮效果。因此，好氧池的 DO 在 2mg/L 左右为宜，太高太低都不利。

在缺氧段，DO 浓度对反硝化脱氮有很大影响。由于溶解氧与硝酸盐竞争电子供体，同时抑制硝酸盐还原酶的合成和活性，影响反硝化脱氮，因此要求缺氧段 DO<0.5mg/L。

在厌氧段严格的厌氧环境下，聚磷菌从体内大量释放出磷而处于饥饿状态，为好氧段大量吸收磷创造了前提。但由于回流污泥将溶解氧和 NO_3^--N 带入厌氧段，很难保持严格的厌氧状态，所以一般要求 DO<0.2mg/L，对除磷效果影响不大。

(4) 污泥负荷率　好氧池中污泥负荷率应在 0.18kg(BOD_5)/kg(MLSS)·d 之下，否则异养菌数量会大大超过硝化菌，使硝化反应受到抑制。而在厌氧池，污泥负荷率应大于 0.10kgBOD_5/(kgMLSS·d)，否则除磷效果将急剧下降。所以，在 A^2/O 工艺中，污泥负荷率控制范围很小。

(5) 污泥回流比和混合液回流比　脱氮效果与混合液回流比有很大关系，回流比高，则效果好，但动力费用增大，反之亦然。A^2/O 工艺适宜的混合液回流比一般为 200%。

A^2/O 工艺适宜的污泥回流比为 25%～100%，回流比太高，污泥将带入太多 DO 和硝态氮进厌氧池，影响其厌氧状态（DO<0.2mg/L），使释磷不利；如果太低，则维持不了正常的反应池污泥浓度（2500～3500mg/L），影响生化反应速率。

(6) 水力停留时间　试验和运行经验表明，A^2/O 工艺总的水力停留时间一般为 6～8h，厌氧段水力停留时间一般为 1～2h，缺氧段水力停留时间一般为 1.5～2.0h，好氧段水力停留时间一般为 6h。

(7) 温度　好氧段硝化反应温度在 5～35℃时，其反应速率随温度升高而加快，适宜的温度范围为 30～35℃。当低于 5℃时，硝化菌的生命活动几乎停止。

缺氧段的反硝化反应可在 5～27℃下进行，反硝化速率随温度升高而加快，适宜的温度范围为 15～25℃。

厌氧段温度对聚磷菌厌氧释磷的影响不太明显，在 5～30℃除磷效果均很好。

(8) pH 值　在厌氧段，聚磷菌厌氧释磷的适宜 pH 值是 6～8；在缺氧反硝化段，反硝化菌脱氮适宜的 pH 值为 6.5～7.5；在好氧硝化段，硝化菌适宜的 pH 值为 7.5～8.5。

3. A^2/O 工艺的运行管理

(1) 污泥回流点的改进与泥量的分配　为了减少厌氧段的硝酸盐含量，应控制加入厌氧段的回流污泥量，在保证回流比不变的前提下，回流污泥分两点加入，回流污泥部分加入厌氧段，其余物质回流到缺氧段以保证脱氮的正常进行。

(2) 减少磷释放的措施　A^2/O 工艺系统中剩余污泥含磷量较高，在其消化过程中重新释放和溶出磷，且经硝化工艺系统排出的剩余污泥由于沉淀性能良好，可直接脱水。如果采用污泥浓缩的方式，运行过程中要保证脱水的连续性，减少剩余污泥在浓缩池的停留时间，否则易使磷释放至上清液，回流至系统。

(3) 好氧段污泥负荷的确定　在好氧段，污泥负荷应小于 0.18kg(BOD_5)/kg(MLSS)·d，而在除磷厌氧段，污泥的负荷应控制在 0.10kg(BOD_5)/kg(MLSS)·d 以上。

(4) 溶解氧 DO 的控制　在好氧段，DO 应控制在 2.0mg/L 以上，在缺氧段，DO 应控制在 0.5mg/L 以下，在厌氧段，DO 的控制应在 0.2mg/L 以下。

(5) 混合液回流系统的控制　混合液回流比（即内回流比）对除磷的影响不大，因此混合液回流比的调节主要影响脱氮效果。混合液回流比高，则脱氮效果好，但动力费用增大。A^2/O 工艺适宜的混合液回流比一般为 200%。

（6）剩余污泥排放的控制　剩余污泥排放宜根据泥龄来控制，泥龄的大小决定系统是以脱氮为主还是以除磷为主。当泥龄控制在 8～15d 时，脱氮效果较好，还有一定的除磷效果；如果泥龄小于 8d，硝化效果较差，脱氮效果不明显，而除磷效果较好；当泥龄大于 15d，脱氮效果良好，但除磷效果较差。

（7）BOD_5/TN 与 BOD_5/TP 的校核　运行过程中应定期核算污水入流水质是否满足 BOD_5/TN 大于 4.0、BOD_5/TP 大于 20 的要求，否则应补充碳源。

（8）pH 值控制及碱度的核算　污水的混合液的 pH 值应控制在 7.0 以上，如果 pH 小于 6.5，应投加石灰，以弥补碱源的不足。

溶解氧偏高或偏低的处理

4. A^2/O 工艺问题解决对策

（1）脱氮和除磷的泥龄矛盾问题及对策　A^2/O 工艺很难同时取得好的脱氮和除磷的效果，当脱氮效果好时，除磷效果则较差，反之亦然。其原因是：为了使系统维持在较低的污泥负荷下运行，以确保硝化过程的完成，要求采用较大的回流比（一般为 60%～80%，最低为 40%），才能使系统硝化作用良好。该过程回流污泥全部进入厌氧段，由于回流污泥也将大量硝酸盐带回厌氧池，而磷必须在混合液存在有快速生物降解溶解性有机物及厌氧状态的条件下，才能被聚磷菌释放出来。但当厌氧段存在大量硝酸盐时，反硝化菌会以有机物为碳源进行反硝化，等脱氮完全后才开始磷的厌氧释放，使得厌氧段进行磷厌氧释放的有效容积大为减少，从而使得除磷效果较差，脱氮效果较好。反之，如果好氧段硝化作用较差，则随回流污泥进入厌氧段的硝酸盐减少，改善了厌氧段的厌氧环境，使磷能充分地厌氧释放，除磷的效果较好，但由于硝化不完全，故脱氮效果不佳。所以，A^2/O 工艺在脱氮除磷方面不能同时取得较好的效果。

解决对策：将厌氧池上清液排出，并辅以化学除磷的方法。根据聚磷菌的特性，在污水处理工艺中将磷酸盐富集在厌氧段的上清液中，通过排出富磷上清液达到除磷的目的，同时可以有效克服污泥龄对硝化效果的负面影响，而且富磷上清液可通过化学法处理而实现磷的回收。这样做的优点一是除磷效果不依赖于泥龄，剩余污泥减少，可以降低污泥处理费用；二是保证了硝化菌的生长条件，实现在长泥龄条件下除磷脱氮的同步进行。

（2）硝酸盐干扰释磷问题的工艺对策　在 A^2/O 工艺中，回流污泥含有大量硝酸盐，回流到厌氧区后优先利用进水中的易降解碳源进行反硝化，导致厌氧释磷所需碳源不足，影响了系统充分释磷，进而影响聚磷菌在好氧池中的吸磷量，最终使得除磷量减少，降低系统除磷效率。

① 对策一：改变污泥回流点。

将 A^2/O 工艺中的污泥回流由厌氧区改到缺氧区，使污泥经反硝化后再回流至厌氧区，减少了回流污泥中硝酸盐和溶解氧含量，此工艺为 UCT 工艺，如图 1-20 所示。

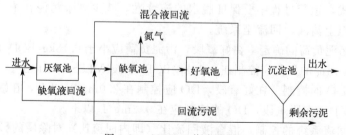

图 1-20　UCT 工艺流程图

UCT 工艺将回流污泥首先回流至缺氧段，回流污泥带回的 NO_3^--N 在缺氧段被反硝化脱氮，然后将缺氧段的出流混合液部分再回流至厌氧段。缺氧池的反硝化作用使得缺氧混合液回流带入厌氧池的硝酸盐浓度很低，这样就避免了 NO_3^--N 对厌氧段聚磷菌释磷的干扰，使厌氧池的功能得到充分发挥，既提高了磷的去除率，又对脱氮没有影响，该工艺对氮和磷的去除率都大于 70%。

UCT 工艺减小了厌氧反应器的硝酸盐负荷，提高了除磷能力，达到脱氮除磷的目的。但由于增加了回流系统，操作运行复杂，运行费用相应提高。

② 对策二：在 A^2/O 工艺前增加预缺氧段。

在 A^2/O 工艺前增加预缺氧段，即改良型 A^2/O 工艺。回流活性污泥直接进入预缺氧区，微生物利用部分进水中的有机物反硝化去除回流的硝态氮，消除硝态氮对厌氧池释磷的不利影响，从而保证厌氧池的稳定性，有利于聚磷菌的释磷，并为好氧段的吸磷提供更大的潜力。同时，增加了污泥反硝化过程，有助于提高进水中总氮的去除效率。改良型 A^2/O 工艺流程图如图 1-21 所示。

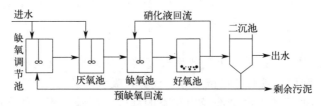

图 1-21 改良型 A^2/O 工艺流程图

在厌氧池之前增设缺氧调节池，来自二沉池的回流污泥和 10% 左右的进水首先进入缺氧调节池，停留时间为 20~30min，微生物利用约 10% 的进水中有机物还原回流的 NO_3^--N，消除其对厌氧池的不利影响，从而保证厌氧池的稳定性，提高除磷效果。90% 的进水和缺氧调节池出水混合后进入厌氧池进行释磷。改良 A^2/O 工艺尤其适宜低 C/N 城市生活污水的处理，通过实践得出了最优操作条件为：缺氧调节池回流污泥比为 15%，硝化液回流比为 250% 时，TN 去除率为 65.3%，TP 去除率为 89.51%。

(3) 聚磷菌和反硝化菌争夺碳源问题的工艺对策

① 对策一：补充碳源。

补充碳源可分为两类，一类是包括甲醇、乙醇、丙酮和乙酸等可用作外部碳源的化合物。另一类是易生物降解的有机碳源，可以是初沉池污泥发酵的上清液、其他酸性消化池的上清液或是某种具有大量易生物降解组分的有机废水，例如麦芽工业废水、水果和蔬菜加工工业废水和果汁工业废水等。

碳源的投加位置可以是缺氧反应器，也可以是厌氧反应器，在厌氧反应器中投加碳源不仅能改善除磷效果，还能增加硝酸盐的去除潜力，因为投加易生物降解的有机物能使起始的脱氮速率加快，并能运行较长的一段时间。

② 对策二：改变进水方式。

取消初次沉淀池或缩短初次沉淀时间，使出水中所含大颗粒有机物直接进入生化反应系统，即进水的有机物总量增加了，部分地缓解了碳源不足的问题，在提高除磷脱氮效率的同时，降低运行成本。对功能完善的城市污水处理厂而言，这种碳源易于获取又不额外增加费用。

③ 对策三：采用倒置 A^2/O 工艺。

传统 A^2/O 工艺厌氧、缺氧、好氧布置在碳源分配上总是优先照顾释磷的需要。把厌氧区放在工艺的前部，缺氧区置后的做法是以牺牲系统的反硝化速率为前提。但释磷本身并不是除磷脱氮工艺的最终目的。因此针对常规脱氮除磷工艺，采用一种新的碳源分配方式，将缺氧池置于厌氧池前面，来自二沉池的回流污泥和全部进水或部分进水，以及好氧池混合液均回流进入缺氧段，将碳源优先用于脱氮，即所谓的倒置 A^2/O 工艺，如图 1-22 所示。

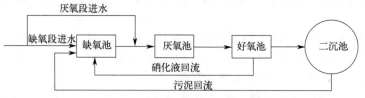

图 1-22　倒置 A^2/O 工艺流程图

缺氧池内碳源充足，回流污泥和混合液在缺氧池内进行反硝化反应，去除硝态氧，再进入厌氧段，保证了厌氧池的厌氧状态，强化除磷效果。由于污泥回流至缺氧段，缺氧段污泥浓度较好氧段高出 50%，单位池容的反硝化速率明显提高，反硝化作用能够得到有效保证。A^2/O 工艺缺氧池内碳源不足导致反硝化反应受到限制，倒置 A^2/O 工艺优先利用进水中的碳源进行反硝化，系统脱氮效果优于 A^2/O 工艺。

倒置 A^2/O 工艺特点如下：

a. 聚磷菌厌氧释磷后直接进入生化效率较高的好氧环境，其在厌氧条件下形成的吸磷动力可得到更充分的利用，具有"饥饿效应"优势，吸收磷的效果更好。

b. 允许所有参与回流的污泥全部经历完整的释磷、吸磷过程，故在除磷方面具有"群体效应"优势，有利于磷的去除。

c. 缺氧段位于工艺的首端，可使反硝化优先获得碳源，故进一步加强了系统的脱氮能力。

d. 工程上采取适当措施可将回流污泥和内循环合并为一个外回流系统，因而工艺流程简洁，易于推广。

（4）二沉池出水异常问题

① 问题一：二沉池出水 SS 增高。

活性污泥膨胀使污泥沉降性能变差，泥水界面接近水面。部分污泥碎片经出水堰溢出。对策是通过分析污泥膨胀的原因，逐一排除。

刮泥工作状况不好（刮泥机停止），造成二沉池污泥或水流出现短流现象，局部污泥不能及时回流，部分污泥在二沉池停留时间过长，污泥缺氧腐化解体后随水溢出。对策是及时修理刮吸泥机，调节刮吸泥机各吸泥管吸泥的均衡，使其恢复正常工作状态。

活性污泥在二沉池停留时间过长，污泥因缺氧腐化解体后随水流溢出。对策是加大回流污泥量，在二沉池中缩短停留时间。

② 问题二：氨氮升高。

进水中有机物少，导致细菌有机营养跟不上，需要调整污泥浓度等参数。

好氧池溶解氧不足，硝化反应不完全，应加大曝气风量，提高好氧段溶解氧。

肉制品、食品等含油类废水、高浓度氨氮废水进入生物池，隔绝氧气，造成生物池超负荷运转，应投加溢油吸附剂或利用隔油池。

工业废水中氨氮浓度过高，微生物的营养失去平衡，抑制微生物生长，须严格控制进入污水厂的工业废水水质。

③ 问题三：总磷升高。

污泥低负荷运行，加之泥龄过长，导致出水 TP 升高，须加强排泥（少量多次有规律操作）缩短污泥龄。

在进行水处理过程中，添加含磷的药品或处理剂，容易导致出水总磷高于进水的情况。若生物除磷效果差，或进水 C/P 的比例失衡，应投加化学辅助除磷药剂，投加碳源补充微生物能量。

④ 问题四：总氮升高。

好氧池溶解氧浓度过高，氨氮全被氧化成硝态氮回流进入缺氧池，使缺氧池 DO 浓度过高，影响反硝化效果，应控制好氧池 DO 浓度在 2~3mg/L。

进水的有机物浓度低，氮的浓度较高，C/N 小于 5:1 时，反硝化碳源不足，不能将 NO_3^--N 完全转化成 N_2，使出水总氮升高。粪便水虽为营养液，但此时投加会造成氮含量更高，C/N 进一步失衡，此时应投加甲醛、乙醛等可作外部碳源的化合物。

泥龄过短，大量硝化菌随剩余污泥排出，导致脱氮效率低。应减小排泥，增加泥龄。

二、氧化沟工艺的运行管理

氧化沟又名连续循环曝气池，是活性污泥法的一种变形，工作原理与活性污泥法相同，但运行方式不同。氧化沟工艺采用延时曝气的方式，水力停留时间长，有机物负荷低，同时兼具去除有机物及脱氮除磷的功能。曝气池为封闭的沟渠形，污水和活性污泥在池中连续循环流动，因此也称为"环形曝气池"或"连续循环曝气池"。

氧化沟技术目前已成为城市污水处理系统的主流工艺。它是一种工艺简单，管理方便，投资省，运行费用低，稳定性高，出水水质好的污水处理技术。氧化沟对高浓度工业废水有很强的稀释能力，能够承受水质、水量的冲击负荷。更为重要的是，氧化沟在处理有机物的同时能将污水中的氮、磷去除，使出水水质能够满足对污水排放中氮、磷的高标准要求。

1. 氧化沟工艺过程及特点

氧化沟是一种改良的活性污泥法，属于混合延时曝气过程。由于具有较长的水力停留时间、较低的有机负荷和较长的污泥龄，污水中的有机物在氧化沟中就能达到较高的去除率，且污泥较稳定，因此相比传统活性污泥法，可以省略调节池、初沉池、污泥消化池，使得工艺流程比较简单。氧化沟工艺流程图如图 1-23 所示。

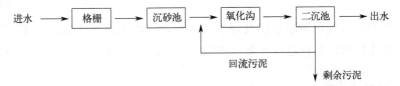

图 1-23 氧化沟处理工艺流程图

实践表明，氧化沟处理的出水水质好，能够完全去除有机化合物，可以进行硝化作用，运行维护方便，性能可靠，与传统的活性污泥法相比，有如下特点。

（1）操作单元少　氧化沟水力停留时间和污泥龄长，有机物的去除效率高，排出的剩余污泥稳定，原水经格栅、沉砂池后，即可进入氧化沟，而不需在系统中设初沉池和调节池，还可以考虑不单设二沉池，合建氧化沟和二沉池，省去污泥回流装置，此外，氧化沟工艺污泥不需要进行厌氧消化。

（2）构造形式多样性　氧化沟的基本形式为封闭的沟渠形，而沟渠的形状和构造则多种多样。沟渠可以呈圆形和椭圆形等形状，可以是单沟或多沟，多沟系统可以是一组同心的互相连通的沟渠（如奥贝尔氧化沟），也可以是互相平行、尺寸相同的一组沟渠（如三沟式氧化沟），有与二沉池分建的氧化沟，也有合建的氧化沟。

（3）氧化沟在水流混合方面既具有完全混合的特征又具有推流的特征，有利于克服短流和提高缓冲能力通常在氧化沟曝气区上游安排入流，在入流点的上游点安排出流。入流通过曝气区在循环中被很好地混合和分散，混合液再次循环。这样，氧化沟在短期内（如一个循环）呈推流状态，而在长期内（如多次循环）又呈混合状态。这两者的结合，既使入流至少经历一个循环而基本避免短流，又可以提供很大的稀释倍数而提高了缓冲能力。同时为了防止污泥沉积，必须保证沟内有足够的流速（一般平均流速大于 0.3m/s），而污水在沟内的停留时间又较长，这就要求沟内有较大的循环流量（一般是污水进水流量的数倍乃至数十倍），进入沟内污水立即被大量的循环液所混合稀释，因此氧化沟系统具有很强的耐冲击负荷能力，对不易降解的有机物也有较好的处理能力。

（4）脱氮除磷效果好　氧化沟具有明显的溶解氧浓度梯度，特别适用于硝化—反硝化生物处理工艺。氧化沟从整体上说是完全混合的，而液体流动又保持推流的特征前进，因此，混合液在曝气区内溶解氧浓度是上游高，然后沿沟长逐步下降，出现明显的浓度梯度，到下游区溶解氧浓度就很低，基本上处于缺氧状态。氧化沟设计可按要求安排好氧区和缺氧区实现硝化—反硝化工艺，不仅可以利用硝酸盐中的氧满足一定的需氧量，而且可以通过反硝化补充硝化过程中消耗的碱度。这些有利于节省能耗和减少甚至免去硝化过程中需要投加的化学药品数量。可在不外加碳源的情况下在同一沟中实现有机物和总氮的去除。

（5）节能　氧化沟的整体功率密度较低，可节约能源。氧化沟的混合液被加速到沟中的平均流速，混合液在沟内循环仅需克服沟内水力损失，因而氧化沟可比其他系统以低得多的整体功率密度来维持混合液流动和活性污泥悬浮状态。一般氧化沟比常规的活性污泥法能耗降低 20%～30%。

（6）处理效果好，出水水质稳定　由于氧化沟设计的水力停留时间长、有机物负荷低，泥龄长，沟内好氧、厌氧交替，不仅可去除 BOD_5，还能脱氮除磷，处理效果好，同时耐冲击负荷能力强，因此出水水质稳定。

（7）污泥产泥率低，剩余污泥较稳定　由于氧化沟工艺延时曝气，水力停留时间达 10～24h，泥龄长达 20～30d，有机物得到了较彻底的降解，因此剩余污泥量少，且性质稳定，使污泥不需要消化处理即可直接脱水，处理经济方便。

（8）适用范围广　氧化沟不仅能处理生活污水，还能处理工业废水；不仅能用于温暖的南方地区，也适用于相对寒冷的北方地区。

A^2O 内外回流异常的处理

2. 氧化沟的运行方式

氧化沟按运行方式可分为连续工作式、交替工作式和半交替工作式三大类型。

连续工作氧化沟进、出水流向不变，氧化沟只作曝气池使用，系统设有二沉池，常见的有卡鲁塞尔氧化沟、奥贝尔氧化沟和帕斯韦尔氧化沟。

交替工作氧化沟是在不同时段内，氧化沟系统的一部分交替轮流作为沉淀池，不需要单独设立二沉淀，常见的有三沟式氧化沟（T型氧化沟）。

半交替工作氧化沟系统设有二沉池，使曝气池和沉淀完全分开，故能连续式工作，同时根据要求，氧化沟又可分段处于不同的工作状态，具有交替工作运行的特点，特别利于脱氮，常见的有 DE 型氧化沟。

（1）卡鲁塞尔（Carroussel）氧化沟　是 1967 年由荷兰的 DHV 公司开发研制的。它是一个由多渠串联组成的氧化沟系统。废水与活性污泥的混合液在氧化沟中不停地流动，在沟的一端设置曝气器，在曝气机的上、下游形成好氧区和缺氧区，使其具有生物脱氮的处理功能。常见卡鲁塞尔氧化沟的构型如图1-24。

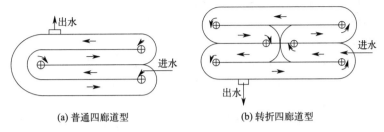

(a) 普通四廊道型　　(b) 转折四廊道型

图1-24　卡鲁塞尔氧化沟基本构型

氧化沟影响因素如下。

① 影响除磷的因素。主要是污泥龄、硝酸盐浓度、污水浓度。污泥龄为8~10d时活性污泥中的最大磷含量为其干污泥量的4%，为异养菌体质量的11%，但当污泥龄超过15d时污泥中最大磷含量明显下降，反而达不到最大除磷效果。因此，污泥龄宜控制在8~15d的范围内。

② 影响脱氮的因素。主要因素是DO、硝酸盐浓度及碳源浓度。研究表明，氧化沟内存在溶解氧浓度梯度（即好氧区DO达到3~3.5mg/L，缺氧区DO达到0~0.5mg/L）是发生硝化反应及反硝化反应的前提条件。同时，充足的碳源及较高的C/N有利于脱氮的完成。

从昆明市第一污水厂、长沙市第二污水净化中心及漯河市漯西污水处理厂采用卡鲁塞尔氧化沟的运行效果可见：BOD_5、COD、SS的去除率均达到了90%以上，TN的去除率达到了80%，TP的去除率也达到了90%。

(2) 奥贝尔（Orbal）氧化沟　该工艺是1970年由南非的休斯曼研发的。奥贝尔氧化沟一般由三条同心圆形或椭圆形渠道组成，各渠道之间相通，进水先引入最外的渠道，在其中不断循环的同时，依次进入下一个渠道，相当于一系列完全混合反应池串联在一起，最后从中心的渠道排出。曝气设备多采用曝气转盘。沟道宽度一般不大于9m，有效水深4.0m左右，沟内流速在0.3~0.9m/s之间。图1-25为典型的奥贝尔氧化沟。

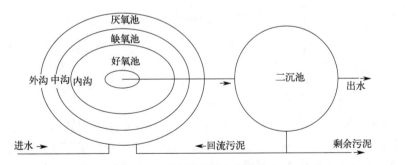

图1-25　典型的奥贝尔氧化沟

污泥井的应急救援

在奥贝尔氧化沟中，从外到内，外沟的容积为氧化沟总容积的50%~55%，中沟为30%~35%，内沟为15%~20%。运行时，应保持外沟、中沟、内沟的溶解氧分别为0mg/L、1mg/L、2mg/L左右。外沟中可同时进行硝化和反硝化，由于外沟中氧的吸收率很高，外沟的供氧量占总供氧量的90%，但溶解氧的含量极低，一般处于缺氧的状态之中。在中沟和内沟中，氧的吸收率比较低，中沟和内沟的供氧量尽管只占总供氧量的10%左右，但溶解氧的含量保持在较高的水平。

外沟的功能主要是高效完成碳源氧化、反硝化及大部分硝化，容积通常占氧化沟容积的50%～55%，可去除80%左右的有机物，溶解氧浓度一般在0～0.5mg/L之间，在沟内形成交替好氧和缺氧环境，进行硝化和反硝化，脱氮效果明显，氨氮的去除率可高达90%；同时，由于沟中溶解氧在0～0.5mg/L之间，氧传递作用是在缺氧条件下进行的，氧的转移速率高，节能效果明显。

中沟是联系外沟与内沟的过渡段，使二者进行互补调节，进一步去除剩余的有机物并继续完成氨氮硝化，中沟容积一般占氧化沟总容积的25%～30%，溶解氧浓度控制在1.0mg/L左右。

内沟主要是为了确保氧化沟出水水质，溶解氧浓度控制在2.0mg/L左右，以保证有机物和氨氮有较高的去除率，同时保证出水带有足够的溶解氧进入二沉池，抑制磷的释放。内沟道容积约占氧化沟总容积的15%～20%。

从溶解氧的分布来看，外沟、中沟、内沟的溶解氧呈0～1～2mg/L的梯度分布，仅内沟的溶解氧值控制在2mg/L左右，与普通氧化沟要求一致，外沟及中沟的溶解氧均低于普通氧化沟。由于混合液溶解氧浓度低时氧的转移速率高，故在奥贝尔氧化沟的外沟、中沟中，氧的转移速率将高于普通氧化沟，这样充氧量可相应减少，奥贝尔氧化沟较普通氧化沟更为节能，一般节能15%～20%。

污水和回流污泥可根据需要进入外、中、内三个沟道内，通常进入外沟道。出水自内沟道经中心岛内的堰门排出，进入沉淀池。当脱氮要求较高时，可以增设内回流系统（由内沟道回流到外沟道），提高反硝化程度。

(3) DE型氧化沟　该氧化沟为双沟半交替工作式氧化沟，具有独立的二沉池和污泥回流系统，两个池容相等的氧化沟相互连通，两沟串联交替作为好氧池和缺氧池。两沟可交替进、出水，沟内曝气转刷高速运行时曝气充氧，低速运行时只推动水流，不充氧。其具有良好的生物脱氮功能，主要用于BOD_5的去除和硝化。如在氧化沟前增设厌氧池，则可达到脱氮除磷的目的。DE型氧化沟工艺流程见图1-26。

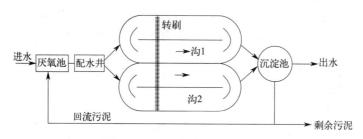

图1-26　DE型氧化沟工艺流程

DE氧化沟内两个氧化沟相互连通，串联运行，交替进水。沟内设双速曝气转刷，高速工作时曝气充氧，低速工作时只推动水流，基本不充氧，这样可使两沟交替处于厌氧和好氧状态，从而达到脱氮的目的。若在DE氧化沟前增设一个缺氧段，可实现生物除磷，形成脱氮除磷的DE型氧化沟工艺。该工艺的运行分为四个阶段，工艺过程如图1-27所示。其中，转刷曝气的位置为好氧段，远离转刷曝气的位置为缺氧段。

① A阶段：污水与二沉池回流污泥均流入缺氧池，经池中的搅拌器作用使其充分混合，避免污泥沉淀，混合液经配水井进入Ⅰ沟。Ⅰ沟在前一阶段已进行了充分的曝气和硝化作用，微生物已吸收了大量的磷，在该阶段，Ⅰ沟内转刷以低转速运转，仅维持沟内污泥悬浮状态下环流，所供氧量不足，此系统处于厌氧状态，反硝化菌将上阶段产生的硝态氮还原成氮气逸出。Ⅱ沟的出水堰自动降低，处理后的污水由Ⅱ沟流入二沉池。在A阶段的末了时，

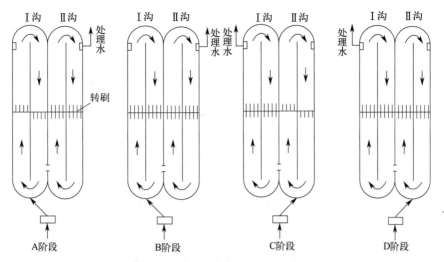

图 1-27 DE 型氧化沟工艺运行控制过程

由于Ⅰ沟处于缺氧状态，吸收的磷将释放到水中，因此此沟中磷的浓度将会升高。而Ⅱ沟内转刷在整个阶段均以高速运行，污水污泥混合液在沟内保持恒定环流，转刷所供氧量足以氧化有机物并使氨氮转化成硝态氮，微生物吸收水中的磷，因此该沟中磷的浓度将下降。

② B 阶段：污水与二沉池回流污泥配水后进入Ⅰ沟，此时Ⅰ沟与Ⅱ沟的转刷均高速运转充氧，进水中的磷与阶段 A 时Ⅰ沟释放的磷进入好氧的Ⅱ沟中，Ⅱ沟中混合液磷含量低，处理后污水由Ⅱ沟进入二沉池。

③ C 阶段：C 阶段与 A 阶段相似，Ⅰ沟和Ⅱ沟的工艺条件互换，功能刚好相反。

④ D 阶段：D 阶段与 B 阶段相似，B 阶段与 D 阶段是短暂的中间阶段。Ⅰ沟和Ⅱ沟的工艺条件相同。两个沟中转刷均高速运转充氧，使吸收磷的微生物和硝化菌有足够的停留时间。但Ⅰ沟和Ⅱ沟的进出水条件相反。

从上述的运行过程来看，通过适当调节处理过程的不同阶段，可以得到具有低浓度的 TP 和 TN 的出水。

DE 型氧化沟的优点包括：由于两沟交替硝化与反硝化，缺氧区和好氧区完全分开，污水始终从缺氧区进入，因此可保持较好的脱氮效果，且不需要混合液内回流系统。单独设置二沉池，提高了设备的利用率和池体容积的利用率。同时两沟池体和转刷设备的交替运转均可通过自控程序进行控制运行。

DE 型氧化沟的缺点包括：DE 氧化沟沟深较浅，因此占地面积较大。由于工艺为了满足两沟交替硝化与反硝化的功能需要，曝气设备按照双电机配置，投资和运行费用较高，并且增加了设备投资和运行检修的复杂性。

（4）T 型氧化沟　该氧化沟属于交替工作式氧化沟，由三个相同的氧化沟组建在一起作为一个单元运行，三个氧化沟之间相互双双联通，每个池都配有可供污水和环流（混合）的转刷，每池的进口均与经格栅和沉砂池处理的出水通过配水井相连接，两侧氧化沟可起曝气和沉淀双重作用，中间的池子则维持连续曝气。T 型氧化沟结构如图 1-28，不设二沉池和回流装置，具有去除 BOD_5 和硝化脱氮的功能，工作周期一般为 8h，曝气转刷的利用率可提高到 60% 左右。

三沟式氧化沟可通过改变曝气转刷的运转速度，来控制池内的缺氧、好氧状态，从而取得较好的脱氮效果。依靠三池工作状态的转换，还可以免除污泥回流和混合液回流，从而大

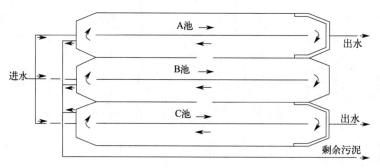

图 1-28　T 型氧化沟结构图

大节省运行费用。但由于三沟进、出水交替运行，所以各沟中的活性污泥量在不断变化，存在明显的污泥迁移现象。同时，在同一沟内由于污泥迁移、污泥浓度有规律地变化必然导致溶解氧也产生规模性地变化。此外，三沟式氧化沟工艺还存在容积利用率低、除磷效率不高等缺点，所以对三沟式氧化沟的设计和运行管理时要考虑沉淀时间、排泥方式等参数影响。

（5）一体化氧化沟　又称合建式氧化沟，是指集曝气、沉淀、泥水分离和污泥回流功能为一体，无须建造单独的氧化沟。一体化氧化沟的优点是不必设单独的二沉池，工艺流程短，构筑物和设备少，所以投资省，占地少。此外污泥可在系统内自动回流，无须回流泵和设置回流泵站，因此能耗低，管理简便容易。但由于沟内需要设分区，或增设侧渠，使氧化沟的内部结构变得复杂，造成检修不便。

根据沉淀器置于氧化沟的不同部位，一体化氧化沟可分为三种：沟内式、侧沟式和中心岛式。沟内式一体化氧化沟将固液分离器设置于氧化沟主沟内，其结构如图 1-29 所示。其主要优点是较为节省占地，但由于主沟水流要从固液分离器的底部组件通过，流态复杂，不利于固液分离与污泥回流。

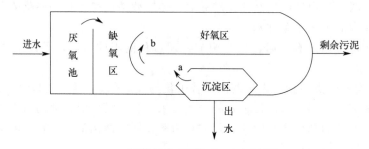

a—无泵污泥自动回流；b—水力内回流

图 1-29　沟内式一体化氧化沟结构

侧沟式一体化氧化沟将固液分离器设置在氧化沟的边墙上或外侧，由于减少了水头损失和主沟紊动对分离器的影响，其水力条件和水流流态都比沟内式一体化氧化沟优越，氧化沟整体效率更高，主要形式有边墙和中心隔墙式、竖向循环式、侧渠式和斜板式等。图 1-30 为侧沟式一体化氧化沟。

中心岛式一体化氧化沟是将固液分离器设置在氧化沟的中心岛处，由于消除了分离器对主沟中流态的影响，减少了水头损失，故节省了曝气设备的能量，同时充分利用了氧化沟中心岛部分的空间，减少了占地面积。

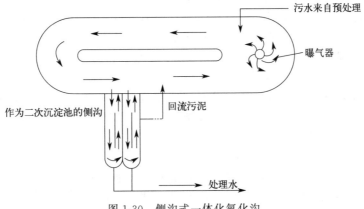

图 1-30 侧沟式一体化氧化沟

3. 氧化沟工艺运行管理

(1) 工艺参数控制　氧化沟工艺是活性污泥法的一种变形，属于延时曝气工艺。它是集有机物降解、脱氮、除磷三种功能于一体的生物处理技术，是一种低负荷、高泥龄工艺，因此该工艺的运行控制应尽可能同时满足各项功能的要求，其工艺控制要求如下。

① 对曝气系统（DO）溶解氧的控制：在氧化沟脱氮除磷工艺中，由于生物除磷本身并不需要消耗氧气，故实际供氧量只需考虑以下 2 个部分：脱氮需氧量、硝化需氧量。在实际运行控制中，各段曝气量一般是根据 DO 的实时监控值，通过调整曝气机台数和单台曝气机曝气量来控制。经长期的运行实践可得出各区 DO 的控制范围：一般控制缺氧区 DO 为 0.3~0.7mg/L；好氧区 DO 控制在 2.0~3.0mg/L，若太低会抑制硝化作用，太高则会使 DO 随回流污泥进入厌氧区，影响聚磷菌的释磷，而且会使聚磷菌在好氧区消耗过多的有机物，从而影响对磷的吸收。从实际的运行效果来看，氧化沟的除磷效果始终能保持较高的水平，得益于对氧化沟各区内 DO 的有效控制，尤其是好氧区。当混合液进入二沉池完成泥水分离后，充足的 DO 保证了聚磷菌能将磷牢牢地聚积于体内而不释放于水中，最终确保了良好的除磷效果。

② 对 MLSS（混合液悬浮固体浓度）的控制：影响氧化沟中 MLSS 值的因素很多。MLSS 取决于曝气系统的供氧能力和二沉池的泥水分离能力。从降解有机物的角度来看，MLSS 值应尽量高一些，但 MLSS 值太高时，混合液的 DO 值也就要求越高。在同样的供氧能力条件下，维持较高的 DO 需要较大的空气量，一般的曝气系统难以达到要求，而且要求二沉池有较强的泥水分离能力。因此，应根据实际情况，确定一个最大的 MLSS 值，以其作为运行控制的基础。氧化沟由于是延时曝气系统，一般的 MLSS 维持在 3000~5000mg/L。

③ 对泥龄和排泥的控制：对于生物脱氮除磷工艺而言，泥龄是个重要的设计和运行参数。生物的脱氮过程一般需要较长的泥龄，以满足世代时间较长的硝化菌生长繁殖的需要；而生物除磷是通过排除富磷的剩余污泥来实现，故为了保证系统的除磷效果，就不得不维持较高的污泥排放量，系统的泥龄也不得不相应降低。显然，硝化菌和聚磷菌在泥龄上存在着矛盾，在污水处理工艺设计和运行中，一般将泥龄控制在一个较窄的范围内，以兼顾脱氮和除磷的需要。基于此，如果仅考虑 BOD_5 的去除效果，泥龄控制在 5~8d；若要兼顾良好的脱氮除磷效果，一般氧化沟系统的泥龄控制在 16~20d。在排泥控制过程中，除了用泥龄核算排泥量外，还需保持系统中稳定的 MLSS 和 MLVSS，一般通过排泥使 MLSS 维持在 3000~5000mg/L。在实际运行中，按上述范围进行操作，均能获得稳定、优良的出水水质。

④ BOD_5/TN 和 BOD_5/TP 的控制：污水的 BOD_5/TN 是影响脱氮的一个重要因素，由于活性污泥中硝化菌所占比例较小，且产率比异养菌低得多，加上两者竞争底物和溶解氧，会抑制对方的生长繁殖，因此硝化菌比例与污水的 BOD_5/TN 相关。从理论上讲，污水中的 $BOD_5/TN>2.86$ 时，有机物可满足反硝化的碳源需要，但由于实际上不是所有的 BOD_5 都能被反硝化菌利用，所以实际运行中控制比值应该更大。

污水生物脱氮除磷工艺中 BOD_5/TP 是影响聚磷菌摄磷效果的一个不可忽视的控制因素。其值越大则释磷效果越好，对后续除磷越有利，尤其是进水中易降解的有机物含量越高越好。运行结果表明，若要出水中磷的质量浓度控制在 1.0mg/L 以下，进水 BOD_5/TP 应控制在 20～30。

(2) 氧化沟专用曝气设备 曝气设备对氧化沟的处理效率、能耗及处理稳定性有关键性影响，其作用主要表现在以下四个方面：a. 向水中供氧；b. 推进水流前进，使水流在池内作循环流动；c. 保证沟内活性污泥处于悬浮状态；d. 使氧、有机物、微生物充分混合。针对以上几个要求，曝气设备也一直在改进和完善。常规的氧化沟曝气设备有横轴曝气装置及竖轴曝气装置，充氧效率一般在 $2.0～2.4kgO_2/KW·h$。

① 横轴曝气装置：包括转刷和转碟。其单独使用通常只能满足水深较浅的氧化沟，有效水深不大于 2.0～3.5m，因此造成传统氧化沟较浅，占地面积较大的弊端。近几年开发的水下推进器配合横轴曝气装置，解决了这个问题，可保证沟内平均流速大于 0.3m/s，沟底流速不低于 0.1m/s，这样氧化沟占地大大减少。转碟曝气机结构见图 1-31。图中 L 为转碟长度，x 为电机安装高度。

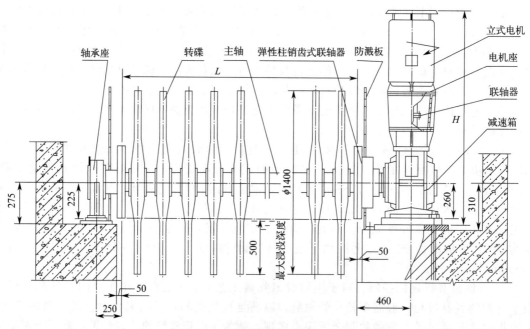

图 1-31 转碟曝气机（单位：mm）

② 竖轴曝气装置：一般安装在沟渠的转弯处，这种曝气装置有较大的提升能力，氧化沟水深可达 4～4.5m，如 1968 年荷兰 PHV 开发的著名卡鲁塞尔氧化沟在一端的中心设具有垂直轴的一定方向的低速表曝叶轮，叶轮转动时除向污水供氧外，还能使沟中水体沿一定方向循环流动。图 1-32 为较常用的倒伞型表面曝气机。H 为倒伞型曝气装置叶轮高度，D 为叶轮直径。

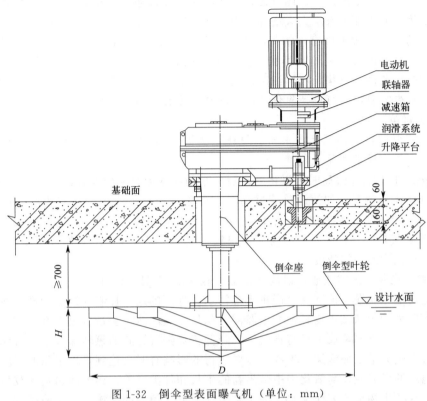

图1-32 倒伞型表面曝气机（单位：mm）

4. 氧化沟工艺问题及解决对策

尽管氧化沟具有出水水质好、抗冲击负荷能力强、脱氮除磷效率高、污泥稳定、能耗省、便于自动化控制等优点。但是，其在实际的运行过程中，仍存在一系列的问题。

(1) 污泥膨胀问题　污泥膨胀体现为丝状菌引起的污泥膨胀。污泥处于膨胀状态时，污泥沉降比 SV_{30} 可达 90% 以上，污泥絮体不再紧密或不能良好地沉降，絮体颗粒随沉淀池出水排出，而沉降性能好的污泥，其沉降比 SV_{30} 为 10%～30%。在极端污泥膨胀情况下，氧化沟中的污泥浓度得不到控制，大量的污泥流出系统，出水不能满足排放要求、消毒要求。

① 污泥膨胀的原因如下。

a. 水质方面。主要原因有：进水水质成分发生改变；废水缺乏某些成分（微量元素）；含重金属等有毒物质；水质腐化；营养盐缺乏，N、P 含量不平衡，BOD_5：N：P 比值高，特别是 N 不足的影响最大；pH 值偏低，pH 值在 4 左右时真菌类能很好地增殖；温度发生变化。污水成分改变、废水缺乏某些成分（微量元素）、重金属等有毒物质排入时都可能造成污泥膨胀，应先检查氮磷的含量（氮磷其中一种缺乏时都会导致污泥膨胀），可通过投加氮肥、磷肥，调整混合液中的营养物质平衡（BOD_5：N：P＝100：5：1），查清楚进水的水质。如果是工业废水引起的，应对工业废水的排入要加以限制。pH 值的波动也是有害的，pH 波动时要通过投加酸、碱来维持氧化沟的 pH 值。由于间歇反复操作，有机物负荷波动也会导致污泥膨胀，可投加石灰调节、漂白粉和液氯（按干污泥的 0.3%～0.6% 投加），能抑制丝状菌繁殖，控制结合水性污泥膨胀。

b. 设计方面。主要原因有 BOD_5 负荷高、供氧不足、混合不好、短流、回流能力不足。废水水温低、溶解氧浓度低而污泥负荷过高时，由于污泥负荷高，细菌吸收了大量营养物，由于温度低、溶解氧浓度低，代谢较慢，有机物来不及代谢，就积蓄起大量高黏性的多糖类物质，这使污泥的表面附着水大大增加，也易形成膨胀污泥。

c. 运行方面。主要原因有溶解氧浓度低、污泥负荷低、回流不足。当曝气量不足、溶解氧浓度偏低时，也易发生丝状膨胀。丝状菌比菌胶团细菌有更高的溶解氧亲和力和忍耐力，因此在低氧条件下丝状菌胶团细菌对氧有更强的竞争力。改变曝气量、减少污水的水力停留时间或减少需氧量，可维持氧化沟的溶解氧浓度在 2mg/L 以上。

② 解决对策 如下。

a. 加强日常监控，检测污水水质、氧化沟内溶解氧浓度、回流污泥浓度、SV 和 SVI，并做镜检等，防止异常情况发生。

b. 当进水的 BOD_5 过高时可以将处理后的水与原水混合来降低其进水 BOD_5 的浓度。

c. 控制污泥回流量，如污泥负荷过高时，可适当提高氧化沟的污泥浓度，调整污泥负荷，一般使 MLSS 值保持在 3000mg/L 左右。必要时还要停止进水，进行"闷曝"。

d. 调节曝气量，保证充足的溶解氧，缺氧时应加大曝气量，或降低进水量以减轻负荷，或适当降低氧化沟的污泥浓度。

e. 投加一些混凝剂如铁盐、铝盐、黏土、硅藻土等以助其沉降。

(2) 生物泡沫问题 该问题会严重干扰污水处理厂的运行控制和维护管理。在氧化沟或二沉池中出现大量丝状微生物，池面上漂浮、积聚大量泡沫，会造成出水有机物浓度和悬浮固体浓度升高、产生恶臭或不良有害气体、降低机械曝气方式的氧转移效率、可能造成后期污泥硝化时产生大量表面泡沫。生物泡沫对运行的影响有时会达到难以想象的程度。

生物泡沫的形成主要与氧化沟中微生物的生长和种类有关，诺卡菌属是导致生物泡沫的主要菌属。这类生物细胞表面疏水，易于粘附气泡形成稳定的泡沫。诺卡菌属含有大量脂类物质（脂类含量达干质量的 35%），比水轻，易漂浮到水面；再加上这类微生物呈丝状或枝状，能大量网捕污水中悬浮固体微粒和气泡等，并形成网，增加了泡沫表面的张力，使其更加稳定，不易破碎。各种因素的影响造成诺卡菌的异样生长，其生长速率高于菌胶团细菌，成为氧化沟中优势菌种而大量增殖，最终导致生物泡沫的产生。

根据生物泡沫形成的机理及其影响因素，可以采用多种物理、化学或生物的方法控制生物泡沫的大量产生。控制生物泡沫的实质并非消除诺卡菌，而是改变生态环境，抑制其在活性污泥中的过度增殖，使丝状菌与正常的微生物絮体保持平衡的比例生长。常用的有以下种处理方法。

① 在预处理段增加撇油装置，减少油脂进入生化系统；严禁餐厨废水、含有大量洗涤剂和表面活性剂的污水排入。

② 向氧化沟液面喷冲清水是一种最常用最简便的物理方法。喷冲的水流或水珠能打碎浮在水面上的气泡，使泡沫无法聚集起来，以减少泡沫的不良影响，但不能从根本上消除泡沫现象，在停止喷洒水之后很快就会再次产生大量的泡沫。

③ 加快氧化沟流速，可以缓解气泡的积累，有助于控制泡沫的产生。氧化沟的正常流速为 0.3m/s 左右，气泡易于浮出水面并最终聚集成成片的泡沫，应加大氧化沟回流比，增加氧化沟流速。

④ 投加化学药剂。很多种化学药剂均能用于控制生物泡沫，双氧水是其中一种较常用的泡沫消除剂。在氧化沟中投加双氧水，浓度控制在 20~25mg/kg(MLSS)，该浓度不足以杀死菌胶团表面伸出的丝状菌，只能氧化部分生物残渣和消除代谢过程产生的毒素，净化菌胶团细菌生长的环境，促进菌胶团细菌优势生长，使菌胶团菌和丝状菌的生长达到新的平衡，从而达到控制生物泡沫的目的，并能保证出水水质不受影响。

⑤ 向生化池中投加消泡剂。常用消泡剂有机油、煤油、硅油，投量为 0.5～1.5mg/L。

⑥ 缩短污泥龄，利用丝状菌生长周期长的特点，抑制丝状菌的过度增殖，污泥龄越短，丝状菌越少，泡沫也越少。

（3）污泥上浮　当废水中含油量过大，经过曝气与混合，油脂会附聚在菌胶团表面，使细菌缺氧死亡，导致密度降低而上浮。

过量的表面活性剂影响细胞质膜的稳定性和通透性，使细胞的某些必要成分流失而导致微生物生长停滞和死亡。当曝气池进水中含有大量表面活性剂时，会产生大量泡沫，这些泡沫很容易附聚在菌胶团上，使活性污泥的密度降低而上浮。

AB工艺污泥上浮与污泥异常问题处理

过量曝气时，微生物因处于饥饿状态而引起自身氧化进入衰老期，池中溶解氧浓度上升；或者由于污泥活性差，曝气叶轮线速度过高，供氧过多。溶解氧浓度上升，短期内污泥活性可能很好，但时间长污泥被打碎，污泥色浅，活性差，污泥体积和污泥指数增高，导致活性污泥密度降低而上浮，处理效果明显降低。

控制污泥上浮的技术措施如下：

① 污泥沉降性差，可投加混凝剂或惰性物质，改善沉降性；如发现污泥腐化，应加大曝气量，清除积泥，并设法改善池内水力条件。

② 如进水负荷大应减小进水量或加大回流量；如污泥颗粒细小可降低曝气机转速；曝气过量，要合理控制好溶解氧浓度。

③ 处理水水回流用以稀释、调节曝气池进水中的有机物浓度，使其稳定在一定范围内，处理水水回流的先决条件是污水处理厂的处理能力必须大于实际进水量。

④ 充分利用好调节池的均质池作用，液位宜控制在 50%～70%。

⑤ 合理投加营养盐。由于工业废水中营养比例失调，常常是碳源充分而氮、磷等营养物不足，因此处理工业废水时须另外补加。一般以尿素和磷酸盐为氮源和磷源，但投加量不宜过量。

⑥ 控制好污泥龄。可降低氧化沟的污泥浓度，采取减少水力停留时间等措施。

（4）流速不均及污泥沉积　在氧化沟中，为了获得其独特的混合和处理效果，混合液必须以一定的流速在沟内循环流动。一般认为，最低流速不宜小于 0.15m/s，不发生沉积的平均流速应达到 0.3～0.5m/s。

氧化沟的曝气设备一般为表曝机、曝气转刷和曝气转盘。转刷的浸没深度为 400mm 左右，转盘的浸没深度为 480～530mm，与氧化沟水深 4.5m 左右相比，转刷只占了氧化沟水深的 1/10，转盘也只占了 1/6，这会造成氧化沟上部流速较大（约为 0.8～1.2m/s，甚至更大），而底部流速很小（特别是在水深的 2/3 或 3/4 以下，混合液几乎没有流速），致使沟底存有大量积泥（有时积泥厚度达 1.0m），大大减少了氧化沟的有效容积，降低了处理效果，影响了出水水质。

加装上、下游导流板是改善流速分布、提高充氧能力的有效方法和最方便的措施。上游导流板安装在距转盘（转刷）轴心 4.0 处（上游），导流板高度为水深的 1/5～1/6，并垂直于水面安装。下游导流板安装在距转盘（转刷）轴心 3.0m 处。导流板的材料可以用金属或玻璃钢，但以玻璃钢为最佳。导流板与其他改善措施相比，不仅不会增加动力消耗和运转成本，而且还能够较大幅度地提高充氧能力和理论动力效率。

另外，通过在曝气机上游设置水下推动器也可以对曝气转刷底部低速区的混合液循环流动起到积极推动作用，从而解决氧化沟底部流速低、污泥沉积的问题。设置水下推动器专门用于推动混合液可以使氧化沟的运行方式更加灵活，这对于节约能源、提高效率具有十分重要的意义。

(5) 出水异常

① 氨氮超标。应检测好氧区的溶解氧,保证好氧区溶氧充足。一般情况下,氧化沟出水溶解氧控制在 $1\sim 2mg/L$,缺氧区溶解氧控制在 $0.2\sim 0.5mg/L$,厌氧区溶解氧小于 $0.2mg/L$。出水氨氮偏高可适当加大曝气量,出水氨氮偏低可适当降低曝气量。分别监测厌氧区、缺氧区、好氧区的氨氮和总氮,适当调整回流量和内回流量,也可调整水力停留时间,确保硝化反应及反硝化反应的充分进行。

② 总磷超标。适当投加除磷药剂,如 PAC(聚合氯化铝)、PFC(聚合三氯化铁)。除磷的同时也可降低出水悬浮物、COD 值,这种方法见效快。此外出水磷超标需加大排泥。

③ COD、BOD_5 超标。控制氧化沟 MLSS、DO 的浓度在正常范围;适当投加一些 PAC、PFC 等化学药剂;适当减少进水量,控制水力停留时间;如果有必要,需重新培泥。

三、MSBR 工艺的运行管理

1. MSBR 工艺的基本流程

(1) MSBR 工艺及其应用

MSBR(modified sequencing batch reactor)是改良式序列间歇反应器,是研究者根据 SBR(序列间歇式活性污泥法)技术特点,结合传统活性污泥法技术,研究开发的一种更为理想的污水处理系统。MSBR 既不需

出水总磷超标的处理

要设初沉池和二沉池,又能在反应器全充满并在恒定液位下连续进水运行。其采用单池多格方式,结合了传统活性污泥法和 SBR 技术的优点,不但无须间断流量,还省去了多池工艺所需要的更多的连接管、泵和阀门。中试研究及生产性应用证明,MSBR 法是一种经济有效、运行可靠、易于实现计算机控制的污水处理工艺。

MSBR 可连续进水,具有高效的污水处理能力,且简单,容积小,单池。在较低的投资和运行费用下,能有效地去除含高浓度 BOD_5、TSS、氮和磷的污水。总之,该工艺系统在低 HRT、低 MLSS 和低温情况下,具有优异的处理能力。

(2) MSBR 工艺的基本原理 MSBR 技术起源于 80 年代,原先为类似于三沟氧化沟的三池系统,目前逐步发展成为多单元组合系统,其系统由 7 个单元格组成。

单元格 1 和单元格 7 是 SBR 池,单元格 2 是污泥浓缩池(泥水分离池),单元格 3 是预缺氧池,单元格 4 是厌氧池,单元格 5 是缺氧池,单元格 6 是主曝气好氧池。

MSBR 工艺流程的实质与传统 A^2/O 工艺一样,其工艺原理如图 1-33 所示。图中实线代表溶液(上清液),虚线代表污泥。由于 MSBR 工艺强化了各反应区的功能,为各优势菌种创造了更优越的环境和水力条件,因此无论从理论上分析,还是从实际的运行结果看,MSBR 工艺都是最理想的污水生物脱氮除磷工艺,同时,MSBR 工艺的厌氧区还可作为系统的厌氧酸化段,对进水中的高分子难降解有机物起到厌氧水解作用,聚磷菌释磷过程中释放的能量,可供聚磷菌主动吸收乙酸、H^+、和 e^-、使之以 PHB 的形式贮存在菌体内,从而促进有机物的酸化过程,提高污水的可生化性和好氧过程的反应速率,厌氧、缺氧、好氧过程的交替进行使厌氧区同时起到优化选择器的作用。

(3) MSBR 工艺的操作步骤 在每半个运行周期中,主曝气格连续曝气,序批处理格(即 SBR 池)中的一个作为澄清池(相当于普通活性污泥法的二沉池),另一个序批处理格则进行以下一系列操作步骤,如图 1-34 所示。

步骤 1:原水与循环液混合,进行缺氧搅拌。在这半个周期的开始,原水进入序批处理格,与被控制回到主曝气格的回流液混合。在缺氧和具有丰富硝化态氮的条件下,序批处理

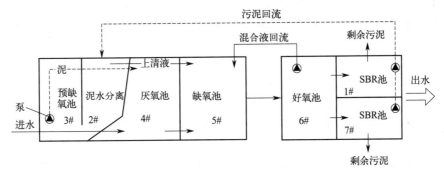

图 1-33 MSBR 工艺流程原理图

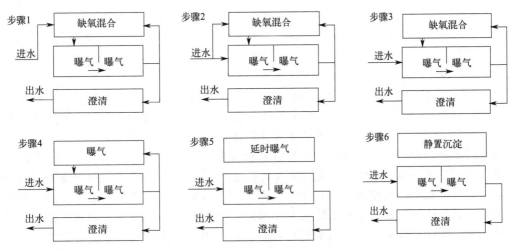

图 1-34 MSBR 工艺的操作步骤

格内的兼性反硝化菌利用硝酸盐和亚硝酸盐作为电子受体,以原水及内源呼吸所释放的有机碳作为碳源,进行无氧呼吸代谢。由于初期序批处理格内 MLSS 浓度较高,硝化态氮浓度较高,因此碳源成为反硝化速率的限制条件。随着原水的加入,有机碳的浓度增加,提高了反硝化的速率。来自曝气格和序批格原有的硝态氮经反硝化得以去除。另外,该阶段运行也是序批处理格中较高浓度的污泥向曝气格回流的过程,以提高曝气格中的污泥浓度。

步骤 2:部分原水和循环液混合,进行缺氧搅拌。随着步骤 1 中原水的不断进入,序批处理格内有机物和氨氮的浓度逐渐增加。为阻止序批处理格内有机物和氨氮的过分增加,原水分别流入序批处理格和主曝气格,使序批处理格内维持一个适当的有机碳水平,以利于反硝化的进行。混合液通过循环,继续使序批处理格原来积聚的 MLSS 向主曝气格内流动。

步骤 3:序批格停止进原水,循环液继续缺氧搅拌。此后中断进入序批处理格的原水。原水在剩下的操作中,直接进入主曝气格。这使得主曝气格降解大量有机碳,并减弱微生物的好氧内源呼吸。序批处理格利用循环液中残留的有机物作为电子供体,以硝化态氮作电子受体,继续进行缺氧反硝化。由于有机碳源的减少,内源呼吸的速率将提高。来自主曝气格的混合液具有较低的有机物和 MLSS 浓度,经循环把序批处理格内残余的有机物和活性污泥推入主曝气格,在此进行曝气反应降解有机物,并维持物质平衡。

步骤 4:曝气,并继续循环。进行曝气,降低最初进水所残余的有机碳、有机氮和氨氮,以及来自主曝气格未被降解的有机物和内源呼吸释放的氨氮,并吹脱在前面缺氧阶段产生的截留在混合液中的氮气。连续的循环增加了主曝气格内的微生物量，同时进一步降低序批处理格中的悬浮固体浓度，有利于其在下半个周期中作为澄清池时减少污泥量以提高沉淀池的效率。

步骤5：停止循环，延时曝气。为进一步降低序批处理格内的有机物和氮浓度，减少剩余的氮气泡，采用延时曝气。这步是在没有循环，没有进出流量的隔离状态下进行的。延时曝气使序批处理格中的BOD_5和TKN（总凯氏氮）达到处理的要求水平。

步骤6：静置沉淀。延时曝气停止后，在隔离状态下，开始静置沉淀，使活性污泥与上清液有效分离，为下半个周期作为澄清池出水做准备。沉淀开始时，由于仍存在剩余的溶解氧，沉淀污泥中的硝化菌继续硝化残余的氨，而好氧微生物继续进行好氧内源呼吸。当混合液中氧减少到一定程度时，兼性菌开始利用硝化态氮作为电子受体进行缺氧内源呼吸，进行程度较低的反硝化作用。在整个半周期过程中，此时序批处理格中上清液的BOD、TKN、氨氮、硝酸盐、亚硝酸盐的浓度最低，悬浮固体总量也最少，因此该序批处理格在下半个周期作为沉淀池能保证出水质量是可靠的。这一步可以从交替序批处理格中排放剩余污泥。步骤6的结束标志着处理运行的下半个循环操作开始。通过两个半周期，改变交替序批处理格的操作形式。第二个半周期与第一个半周期的6个操作步骤相同。

（4）MSBR工艺的运行方式　MSBR系统可以根据不同的水质和处理要求灵活地设置运行方式，以下介绍所采用的装置主要由6种功能池组成，分别为预缺氧池、厌氧池、缺氧池、主曝气池、泥水分离池和两个序批池（SBR池）。

进厂污水经预处理工序后直接进入MSBR反应池的厌氧池与预缺氧池的回流污泥混合，富含磷的污泥在厌氧池进行释磷反应后进入缺氧池，缺氧池主要用于强化整个系统的反硝化效果，由主曝气池至缺氧池的回流系统提供硝态氮。缺氧池出水进入主曝气池经有机物降解、硝化、磷吸收反应后再进入序批池Ⅰ（SBR1）或序批池Ⅱ（SBR2）。如果序批池Ⅰ作为沉淀池出水，则序批池Ⅱ首先进行缺氧反应，再进行好氧反应，或交替进行缺氧、好氧反应。在缺氧、好氧反应阶段，序批池的混合液通过回流泵回流到泥水分离池，分离池上清液进入缺氧池，沉淀污泥进入预缺氧池，经内源缺氧反硝化脱氮后提升进入厌氧池与进厂污水混合释磷，依次循环。

泥水分离池将从SBR池回流的污泥作了2～3倍的浓缩，同时将进入预缺氧池及厌氧池的回流量减少了70%以上，从而强化了系统的除磷效果。当进入预缺氧池的流量减少为原来的1/4时，其实际停留时间增加了3倍，也即其反硝化反应的时间增加了3倍，而当其污泥浓度增加了2倍时，微生物内源降解所带来的反硝化反应速率增加了1倍，也即NO_x-N的总去除率增加至8倍。将预缺氧池的反应体积减小一半后，其NO_x-N的总去除率仍是无泥水分离区的4倍，使得进入预缺氧池的NO_x浓度在最低点，以保证厌氧区的厌氧状态及厌氧区的挥发性脂肪酸（VFA），能被聚磷菌优先使用。

进入厌氧区的NO_x得到控制后，异氧细菌能在厌氧条件下，强化非VFA有机物对VFA的酸化反应。污泥浓度的增加提升了厌氧区异氧细菌的总量，更进一步加快了酸化反应的速率。而进入厌氧区的回流液减少为原来的1/4时，使得厌氧区的实际反应停留时间增加了60%，更进一步增加了酸化反应中VFA的总产量。与此同时，由于回流的污泥几乎不存在任何原废水有机碳源及VFA，当回流液体减少为原来的1/4时，其对厌氧区VFA的稀释效应大大降低了，此效应可将厌氧区的VFA增加至原来的1.6倍。由于厌氧区VFA的浓度是决定聚磷菌释磷速率的关键因素，上述VFA浓度效应的上升大大提高了聚磷菌的整体反应速率，而60%实际反应时间的增加及厌氧区污泥浓度的上升则进一步提升了VFA吸附及PHB转化的总量。

单元格 6 至单元格 7 的回流，可根据反硝化效率要求的高低，通过变速调节回流泵来改变系统的回流量。将曝气池至缺氧池最大回流量设计在 4 倍的进水流量，为避免聚磷菌在预缺氧池中进行吸附释放，预缺氧池至厌氧池的污泥泵可变速调节，以保证预缺氧池的 NO_x-N 控制在 1～2.5mg/L，污泥泵的调节由预缺氧池的硝酸盐在线监测仪控制。

序批池至泥水分离池的回流泵同样可进行变速调节，以保证整个系统的污泥平衡。

2. MSBR 工艺运行管理

MSBR 工艺集合了多种脱氮除磷工艺的原理，兼有传统 A^2/O 工艺空间分隔和 SBR 时间序列的特点，从而使脱氮除磷效果得到多种措施的保障，增加了运行管理的灵活性和出水水质的稳定性。MSBR 工艺的运行管理要求包括如下内容。

（1）对污染物的去除 MSBR 生物反应池的停留时间较长（如水力停留时间 HRT=14h），污染物有充足的时间被降解去除。污水进入厌氧池进行释磷反应后在缺氧池进行反硝化反应，大量的有机碳源被利用；进入好氧池和后续的 SBR 反应池后，混合液中的基质浓度已经很低，这为硝化菌创造了优势生长的条件；在好氧反应期间氨氮转化为硝态氮，同时有机污染物被降解，磷被充分吸收到污泥絮体内；澄清出水时，污染物得到了很好的去除；回流的污泥先经过预缺氧脱氮后才回到厌氧池，这避免了硝酸盐氮对厌氧反应的干扰。因此，MSBR 系统对碳源的分配利用比较合理，前段利用推流式的空间控制、能级分布的特点，后续 SBR 工艺在低能级点运行，以稳定出水水质及进行泥水分离优化了反应速率组合，改善了系统的整体效应。值得一提的是，SBR 池中部设置了底部挡板，它不仅避免了水力射流对出水区域的影响，并且改善了水力状态，使 SBR 池进水端的流态是由下而上，悬浮的污泥床起着截流过滤的作用，大大加强了澄清效果；另外 MSBR 工艺采用空气出水堰潜流出水的技术，很好地去除了水中的 SS，也对水中总磷的去除起了很大的作用。南方某厂的运行数据表明：MSBR 工艺对 COD 的去除率为 86%，出水 BOD_5 和 SS 均在 10mg/L 以下，去除率＞90%，对磷的去除效果更好，出水磷＜0.5mg/L。

（2）浓缩池、预缺氧池的运行管理 MSBR 工艺在厌氧池前设浓缩池（单元格 2）和预缺氧池（单元格 3），单元格 2 的沉降作用不仅提高了回流污泥的浓度，还将富含硝酸盐的上清液分离，单元格 3 主要依靠污泥絮体的内源反硝化作用，尽管对该反应机理的研究尚不充分，但实践表明其效果显著（实测单元格 3 的硝酸盐浓度可达 0.1mg/L 以下）。实际运行中需控制单元格 3 的停留时间，若时间过长，硝酸盐浓度虽可以降得很低，但同时会造成磷的无限释放，因此在管理上需每天监测单元格 3 的污泥浓度（保持其浓度是单元格 6 浓度的 3 倍左右），经常检测上清液的 NO_3^--N 和 TP，并以此为指导调节单元格 1 或单元格 7 至单元格 2、单元格 3 至单元格 4 的回流比。当反硝化不充分时，还可以将单元格 2 的进水阀门打开，适度补充外加碳源。

（3）缺氧池的运行管理 MSBR 工艺设置缺氧池（单元格 5）用于好氧池回流液反硝化脱氮。由于磷的释放反应和反硝化反应竞争碳源（DBOD），所以实际运行时可根据进水碳源来调节运行方式。南方某厂进水 BOD_5 平均为 120mg/L，$DBOD_5$ 为 80～90mg/L，不足以同时满足脱氮除磷的需要，运行时就需根据磷的去除情况来调节单元格 6 到单元格 5 的回流比，或者停用该回流工艺，将单元格 2 的上清液回流到单元格 5，这样既可节省能耗又可以在满足磷释放反应需求的基础上充分利用单元格 5 来脱除硝酸盐和回收碱度。

（4）脱氮的运行管理 脱氮的效果取决于工艺运行条件和进水水质，进水中必须有足够的碱度进行硝化，也必须有足够的碳源完成反硝化。南方某厂进水主要为城市生活污水，总碱度为 180mg/L 左右，可用碱度为 150mg/L 左右，出水碱度一般要减少 50mg/L 左右，因此可供硝化利用的碱度为100mg/L左右。按照《城镇污水处理厂污染物排放标准》（GB 18918—2002），一级B标准的出水氨氮浓度应小于8mg/L，因此至少要减少27mg/L的氨氮，由于硝化反应耗碱量为7.14mg(碱度)/mg(N)，所以进水碱度不足，对氨氮的硝化会造成一定的影响。MSBR工艺设置了预缺氧（单元格3）、缺氧（单元格5）和SBR的缺氧反应三个反硝化段，运行中可灵活设置运行参数，充分利用反硝化作用来回收碱度。若氨氮的去除效果不佳，可以适当投加纯碱（Na_2CO_3）来驯化污泥，实践表明其效果很好，出水氨氮可达到2mg/L以下。

（5）泥龄的确定　除磷工艺要求泥龄短，脱氮工艺则要求泥龄长，因此对于兼有除磷脱氮功能的工艺而言，泥龄的确定很重要。MSBR工艺的设计泥龄为8～12d，实际泥龄则需根据温度、水质、污泥生长速率等因素来具体确定。实际生产中可基本保持其他运行参数不变，调节剩余污泥排放量，考察不同MLSS与脱氮除磷的关系，可以明显观察到随着MLSS的增加（泥龄延长），出水TP上升而NH_3-N下降的趋势，经过多次观察即可找到既能满足除磷又能符合脱氮要求的最佳泥龄范围。以南方某厂的实际运行数据来看，单元格6的MLSS维持在2000～2500mg/L的范围内，该范围内脱氮除磷同时达到较好的效果。

3. MSBR工艺运行异常问题与对策

（1）空气堰的管理　空气堰出水是MSBR工艺的一大特色，使MSBR反应池始终保持满水位、恒水位运行，反应池的容积利用率高。空气堰对自控的要求比较高，由于SBR单元在交替进行反应和出水操作，空气堰必须保证在设定的周期内准确动作，因此直接关系到系统运行的稳定性，是运行管理的重点和难点。空气堰需不断进行进气/放气的操作，即使在不出水时段也需不断补气以满足液位控制要求，因此触点开关动作频繁，需要经常检查和维护。空气堰内的气压控制液位是通过三根电极实现的，电极易因表面的绝缘层腐蚀、破损、被纤维状杂物缠绕等产生误信号，所以需要定期维护。空气堰最大的问题是容易产生虹吸（尤其是在水量大时），造成出水水量不均，池面液位变化以致影响回流量，虹吸结束时易造成空气堰罩的震动等，甚至会造成跑泥，影响出水水质。实际运行中需特别注意这种现象，一旦频繁发生，可通过改变进气方式解决。

（2）曝气管膜的管理　可提升式曝气器为曝气管膜的维护带来了便利，可将曝气架提升到池面上进行维护而无须将反应池放空。曝气管膜表面易长生物膜、被杂物堵塞、破损等可能的原因，都会改变整套曝气器的风压分布，造成出气不均而影响其曝气效率。运行中须定期根据鼓风机风压值、观察池面曝气状态等定期检查维护曝气管膜。美中不足的是，供气环网支口与曝气器进气口之间的软连接长度不够，无法将曝气器提升到接近液面的位置来观察管膜的具体运行状况，难以确切找出破损或漏气的部位。

（3）浮渣的管理　由于MSBR采用空气堰潜流出水，各单元格之间通过底部连通或回流泵回流，所以浮渣一旦进入系统就富集于池面。在设计上单元格3、单元格4、单元格5、单元格1或单元格7都设置了浮渣收集管，但没有刮渣装置，仅仅靠水流推动浮渣进集渣管，效果欠佳。因此对于MSBR工艺应选用除渣效果好的细格栅，在源头减少浮渣，同时改进池面集渣方式并加强池面的保洁工作。

实训三　生物脱氮除磷工艺运行异常及排故

脱氮除磷工艺是一种用于污水处理的先进技术，主要通过控制微生物在不同阶段的活动来实现污水中氮和磷的去除。目前，常用的生物脱氮除磷工艺有A^2/O法、SBR法、氧化沟法等。

实训目标
能判断生物脱氮除磷工艺的运行情况,并采取合理措施排除运行故障。

实训记录
(1) 根据给出的某污水处理厂的出水水质,判断生物脱氮除磷工艺运行状态。

某污水处理厂工艺如下:

自来水进入厂区后先经过粗格栅,拦去水中较大的漂浮物,接着将污水排入调节池,调节完后进入水解酸化池进行预处理。经过水解酸化池的污水接下来就进入 A^2/O 工艺的生化组合池进行厌氧、缺氧、好氧反应,去除水中的 BOD、COD、氮、磷等污染物,再输送至二沉池。在二沉池沉淀后,上清液送至混凝池进行深度处理反应沉淀,接着送入滤布滤池再次过滤,最后进入消毒间消毒,出水,排入河流。处理工艺中部分污泥回流至厌氧池,剩余污泥输送进污泥浓缩池,再进入压滤机房,进行深度脱水(含水量低于 50%)后外运。

设计进出水水质指标如表 1-9 所示。

表 1-9 某污水处理厂设计进出水水质指标　　　　　单位:mg/L

指标	进水	出水
BOD	250	≤10
COD	400	≤50
NH$_3$-N	40	≤5
TP	60	≤15
TN	5	≤0.5
SS	300	≤10

实际运行出水数据如表 1-10 所示。

表 1-10 某污水处理厂实际出水水质指标

pH	COD/(mg/L)	NH$_3$-N/(mg/L)	TP/(mg/L)	TN/(mg/L)
6.96	118.5	17.50	1.146	19.28
6.86	131.1	18.96	3.254	35.70
6.94	161.7	19.52	2.421	41.75
6.90	119.9	20.26	4.067	25.48
6.84	109.5	20.07	2.785	18.08
6.64	90.5	19.37	0.892	17.27
7.01	151.8	17.89	2.847	19.15
6.79	140.6	15.57	1.324	18.27
6.68	102.3	16.43	0.936	18.93
6.82	43.4	14.12	0.722	18.88

分析该工艺运行是否正常,说明理由。如有异常,如何解决?

(2) 对照附录二污水厂运营评价自评表的内容,对污水厂生化系统的运行情况进行自评。

实训思考
从生化系统的运行控制角度分析该厂生物脱氮除磷工艺运行异常的情况及原因。

任务四 二沉池的运维控制

知识目标
掌握二沉池的作用、类型和原理,掌握二沉池运行维护与管理的要求。

能力目标
能判断二沉池工艺的运行情况;能分析二沉池运行异常的原因并采取合理措施排除运行故障。

素质目标
培养吃苦耐劳的精神,牢固树立安全意识和责任意识。

知识链接
二沉池位于生物处理装置后,作用是将活性污泥与处理水分离,并将沉泥加以浓缩,是生物处理的重要组成部分。经生物处理及二沉池沉淀后,处理水中一般可去除70%~90%的 SS 和 65%~95%的 BOD_5。

一、二沉池的工艺运行参数

1. 二沉池内的停留时间

混合液在二沉池内的停留时间一般用 T_c 表示。T_c 要足够大,以保证足够的时间进行泥水分离以及污泥浓缩。传统活性污泥工艺二沉池的停留时间一般在 2~3h 之间,实际停留时间往往取决于回流比的大小。

2. 二沉池的水力表面负荷

二沉池的水力表面负荷是指二沉池在单位时间内通过单位表面积的污水体积,单位为 $m^3/(m^2 \cdot h)$,它是衡量二沉池固液分离能力的一个指标。水力表面负荷可用 q_h 表示。计算如式(1-12):

$$q_h = \frac{Q}{A_c} \tag{1-12}$$

式中,Q 为入流污水量,m^3;A_c 为二沉池的表面积,m^2。

对于一定的活性污泥来说,二沉池的水力表面负荷越小,固液分离效果越好,二沉池出水越清澈。另外,表面水力负荷的控制取决于污泥的沉降性能,污泥的沉降性能较好,水力表面负荷较大,泥水分离效果也较好。反之,如果污泥沉降性能恶化,则必须降低水力表面负荷。传统活性污泥工艺 q_h 一般不超过 $1.2m^3/(m^2 \cdot h)$。

3. 出水堰的堰板溢流负荷

出水堰溢流负荷是指单位时间内单位长度的出水堰板溢流的污水量,单位为 $m^3/(m \cdot$

h)。计算如式(1-13)：

$$q_w = \frac{Q}{n \times L_w} \tag{1-13}$$

式中，n 为二沉池投运数量；L_w 为每座二沉池出水堰板的总长度，m。出水堰溢流负荷不能太大，否则可导致出流不均匀，二沉池内发生短流，影响沉淀效果。另外，溢流负荷太大，还导致溢流流速太大，出水中易挟带污泥絮体。传统活性污泥工艺的二沉池堰板溢流负荷一般控制在不大于 $10m^3/(m \cdot h)$。

4. 二沉池内污泥层深度

二沉池的泥位是指泥水界面的水下深度，一般用 L_s 表示。如果泥位太高，即 L_s 太小，会增大出水溢流漂泥的可能性，运行管理中一般控制泥位恒定。

5. 二沉池的固体表面负荷

二沉池的水力表面负荷是指二沉池在单位时间内单位表面积所能浓缩的混合液悬浮固体，单位为 $kg(MLSS)/(m^2 \cdot d)$，它是衡量二沉池污泥浓缩能力的一个指标。固体表面负荷可用 q_s 表示。计算如式(1-14)：

$$q_s = \frac{(Q + Q_R) \times MLSS}{A_c} \tag{1-14}$$

式中，Q 为入流污水量，m^3；Q_R 为回流污泥量，m^3；MLSS 为混合液悬浮固体浓度，mg/L；A_c 为二沉池的表面积，m^2。

对于一定的活性污泥来说，二沉池的固体表面负荷越小，污泥在二沉池的浓缩效果越好，二沉池排泥浓度越高。污泥的浓缩性能较好，固体表面负荷较大，排泥浓度也较高。反之，如果活性污泥浓缩性能较差，则必须降低固体表面负荷。传统活性污泥工艺 q_s 一般不超过 $100kg(MLSS)/(m^2 \cdot d)$。

二、二沉池常见异常问题分析与对策

1. 短流

进入二沉池的水流，在池中停留的时间通常并不相同，一部分污水的停留时间小于设计停留时间，很快便流出池外；另一部分停留时间大于设计停留时间，这种停留时间不相同的现象叫短流。短流使一部分污水的停留时间缩短，污水得不到充分沉淀，沉池效率降低；另一部分污水的停留时间可能很长，甚至出现水流基本停滞不动的死水区，造成池体有效容积的减少。短流是影响二沉池出水水质的主要原因之一。

形成短流现象的原因很多，如进入二沉池的流速过高、出水堰的单位堰长流量过大、二沉池进水区和出水区距离过近、二沉池水面受大风影响、池水受到阳光照射引起水温的变化、进水和池内水的密度差以及二沉池内存在的柱子、导流壁和刮泥设施等，均可形成短流。

2. 排泥不及时

及时排泥是二沉池运行管理极为重要的工作。污水处理工艺中二沉池中所含污泥量较多，绝大部分为有机物，如不及时排泥，就会产生厌氧发酵，致使污泥上浮，不仅破坏了二沉池的正常工作，而且使出水水质恶化，如出水中溶解性 BOD_5 值上升、pH 值下降等。初次沉池的池排泥周期一般不宜超过 2d，二次沉池排泥周期一般不宜超过 2h，当排泥不彻底时应停池（放空），采用人工冲洗的方法清泥，机械排泥的沉淀池要加强排泥设备的维护管理，一旦机械排泥设备发出水水质故障，应当及时修理，以避免池底积泥过多，影响出水水质。

3. 排泥浓度下降

应经常测定排泥管内的污泥浓度，当达到3‰时需排泥。比较先进的方法是在排泥管路上设置污泥浓度计，当排泥浓度降至设定值时，泥泵自动停止。

4. 浮渣槽溢流

若发现浮渣槽溢流，可能的原因是浮渣挡板淹没深度不够，或刮渣板损坏，或清渣不及时。也有可能浮渣刮板与浮渣槽不密合。

5. 悬浮物去除率低

① 问题：活性污泥膨胀使污泥沉降性能变差，泥水界面接近水面，造成出水大量带泥。对策：找出污泥膨胀原因加以解决。

② 问题：进水负荷突然增加，增加了二沉池水力负荷，流速增大，影响污泥颗粒的沉降，造成出水带泥。对策：均衡水量，合理调度。

③ 问题：生化系统活性污泥浓度偏高，泥水界面接近水面，造成出水带泥。对策：加强剩余污泥的排放。

④ 问题：活性污泥解体造成污泥絮凝性下降，造成出水带泥。对策：查找污泥解体原因，逐步排除和解决。

⑤ 问题：刮（吸）泥机工作状况不好，造成二沉池污泥和水流出现断流。对策：及时检修刮（吸）泥机，使其恢复正常状态。

⑥ 问题：活性污泥在二沉池停留时间太长，污泥因缺氧而解体。对策：增大回流比，缩短其在二沉池的停留时间。

⑦ 问题：水中硝酸盐浓度较高，水温在15℃以上时，二沉池局部出现污泥反硝化现象，氮气裹挟泥块随水流出。对策：加大污泥回流量，减少污泥停留时间。

6. 二沉池出水 BOD_5 和 COD 突然升高

① 问题：进入生化池的污水量突然增大，有机负荷突然升高或有毒、有害物质浓度突然升高，造成活性污泥活性的降低。对策：加强进厂水质监测，使进水均衡，减少有害物质流入。

② 问题：生化池管理不善，活性污泥净化功能降低。对策：加强生化池运行管理，及时调整工艺参数。

③ 问题：二沉池管理不善，使二沉池功能降低。对策：加强二沉池的管理，定期巡检，发现问题及时整改。

7. 藻类滋生

在废水处理中的沉淀池，原水藻类含量较高时，藻类易在池中滋生，尤其在气温较高的地区，沉淀池中加装斜板或斜管时，这种现象可能更为突出。藻类滋生虽不会严重影响沉淀池的运转，但对出水的水质不利。

可在原水中加入 $FeCl_3$ 混凝剂，以抑制藻类生长。对于已经在斜板和斜管上生长的藻类，可以高压水冲洗去除。冲洗时先放去部分池水，使斜板和斜管的顶部露出水面，然后用压力水冲洗，往往一经冲洗即可去除系统附着的藻类。

实训四　二沉池的运行异常及排故

二沉池即二次沉淀池，是活性污泥系统的重要组成部分。二沉池的结构通常包括两圈，内圈为进水沉淀区，外圈为上清液汇集区，另外还包括刮泥机，刮泥机主体设置在内圈的中心。二沉池的作用主要是使污泥分离，使混合液澄清、浓缩和回流活性污泥，其运行效果能够直接影响活性污泥系统的出水水质和回流污泥浓度。

 实训目标

能判断二沉池工艺的运行情况，发现异常问题并提出解决对策。

 实训记录

（1）根据给出的某污水处理厂的二沉池（图 1-35），判断二沉池运行状态。分析二沉池运行状况是否正常，说明理由。如有异常，如何解决？

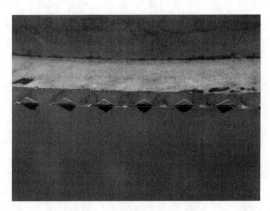

图 1-35　二沉池的运行场景

（2）二沉池现场检查的内容有哪些？
（3）对照附录二污水厂运营评价自评表的内容，对污水厂二沉池的情况进行自评。

 实训思考

二沉池运行异常的原因有哪些，如何采取合理措施排除运行故障。

 匠心筑梦

爱岗敬业，保护长江上游水环境

2004 年，大学刚毕业的胡波入职重庆水务集团所属豪洋水务公司。在职业生涯的起跑线上，不是科班出身的他，并没有什么优势加持，非要说有的话，那就是踏实肯干。很快，他就被调到重庆水务集团区县、镇级、北部等污水项目建设办公室工作，与工程建设打了2年交道，这为他完善知识结构、提升专业能力打下了良好基础。此后，他在豪洋水务公司先后从事过管网管理、生产运行管理、水质管理等工作，并兼任了重庆市万盛、巴南、黔江3个区县排水公司的相关工作，一路学习、一路钻研、一路成熟。

2019年10月，胡波开始主持豪洋水务公司生产技术部工作。他时刻牢记职责使命，爱岗敬业、深入一线，以身作则、无私奉献，总是千方百计采取技术措施提升污水处理设施维护管理水平，消除生态环保风险隐患，确保工艺正常运行和出水持续稳定达标排放。他牵头编制了公司《生产运行精细化管理细则》及配套考核评价办法，指导所属企业"一企一策"地制定了相应管理手册14套98册，自上而下形成了"一细则、一方案、一标准、一手册"的企业生产精细化管理制度体系，做到年度有计划、月度有分解、执行有对比、偏差有纠偏、年底有总结，用量和单耗实时在线、随时可控，降本增效成果明显，实现水质达标与节能降耗"双丰收"。

2020年，有一座污水处理厂运行异常，胡波临危受命蹲点帮扶。通过对外多方协调组织脱水污泥出路，对内进行曝气设备、除磷系统、消毒管路改造，优化葡萄糖碳源、除磷剂投加整改，新增次氯酸钠辅助消毒系统等一系列技术措施，有效改善系统状况，历经30余天调试恢复，使出水水质实现稳定达标。

2021年3月，豪洋水务公司新接收了11座远郊区县污水处理厂。这些污水处理厂分布点多面广，工艺及设施设备存在不同程度的问题，水质不稳定。面对这些困难，胡波牵头编制了《11座污水处理厂交割工作方案》，组织40余名技术骨干组成专项工作组逐一蹲点开展安全隐患、水质风险、设备问题等摸底排查，先后梳理工艺、设备、设施、自控等整改工作小项1121项，组织完成消缺整改项目可研、初设、施工图、技术标书等50余项次技术审查，从投资、技术、施工、工期等方面优化设计方案，节省工程投资300余万元。

胡波积极落实重庆水务集团"高水质、低成本"经营战略目标，组织一众技术管理人员将精细化管理植根于生产运行全过程。他优化运行控制指标与耗用指标，围绕节能降耗开展碳源精准投加、高效沉淀池PAC、PAM和生物池出水分时药剂投加单耗等研究，开展电单耗、碳源药单耗节约分成试点。在出水水质稳定达标的基础上，连续两年实现药剂单耗持续下降，其中2022年实现消毒剂单耗同比下降22.7%、除磷剂单耗同比下降38.5%、补充碳源单耗同比下降12.5%等成效，年可节省药剂费用数百万元，为"双碳"目标作出了积极贡献。

人生十七年，弹指一挥间。攻坚克难，实干笃行，是胡波的日常，在他身上，闪耀着水务人的敬业风范与担当精神。他说，自己只是重庆水务事业的一颗小小"螺丝钉"。正是千千万万像他那样默默无闻却时刻牢记"国之大者"、担当"上游责任"的"螺丝钉"，守护着一江碧水浩浩荡荡向东流，建设着日新月异的"美丽中国"。

项目三　深度处理工艺的运维

任务一　混凝池的运维控制

知识目标

掌握混凝工艺的作用、类型和原理，掌握混凝工艺运行维护与管理的要求。

能力目标

能判断混凝工艺的类型,能识别混凝设备,能判断混凝的运行情况,能分析混凝工艺运行异常的原因并采取合理措施排除运行故障。

素质目标

提升分析问题、解决问题的能力,能举一反三。

知识链接

混凝的目的是向污水中投入一些药剂,经充分混合与反应,使污水中难以沉淀的胶体和细小悬浮物能相互聚合,从而长成大的可沉絮体,再通过自然沉淀去除。其流程如图1-36所示。混凝沉淀工艺可有效地去除二级出水中残留的悬浮态和胶态固体物质,因而可以使污水浊度大大降低,并能有效地去除一些病原菌和病菌。另外,混凝沉淀工艺能高效除磷,去除率在90%以上;对重金属离子、COD、色度等都有不同程度的去除,但混凝沉淀工艺对TKN(总凯氏氮)或NH_3-N基本上没有去除作用。

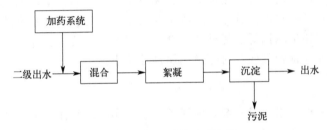

图1-36 混凝沉淀工艺流程

一、混凝过程的机理

城市污水厂二级出水中的杂质与给水处理的水源水不同。前者主要系生物处理过程中产生的在二沉池中未去除的微生物有机体及其代谢产物,而后者则主要是无机黏土或腐殖酸等有机物。因此,二级出水的混凝过程及其机理与给水处理时不同。二级出水中除含有一些二沉池未沉下的针状絮体外,更多的是游离细菌。这些游离细菌单独存在,或"三五成群",无法形成可沉生物絮体。它们在水中以负电荷亲水胶体的状态存在,极其稳定,因而不可能借自身重力沉淀下来。一个或几个细菌可以组成一个胶体颗粒,该颗粒表面带有负电荷,且外围包着一层由极性分子组成的稳定水壳。混凝剂加入到污水中并与污水充分混合以后,一方面混凝剂水解出一系列阳离子(Al^{3+}或Fe^{3+}及其络合离子),可以中和胶体颗粒表面所带的负电荷,另一方面由于这些离子有很强的水化能力(与H_2O结合成络合离子),能夺走胶粒周围的水分子,破坏水壳。通过以上两方面的作用,胶粒将失去原有的稳定性,相互之间发生凝聚,形成较大的矾花,经沉淀去除。二沉池出水中的磷基本上都以PO_4^{3-}的形式存在,磷去除的机理系混凝剂与PO_4^{3-}发生化学反应,产生沉淀而去除。

二、混凝剂的种类及其特点

混凝剂可分为无机类和有机类两大类。无机类应用最广的主要有铝系和铁系金属盐,主要包括硫酸铝、聚合氯化铝、三氯化铁、硫酸亚铁和聚合硫酸铁等。有机类混凝剂主要系指人工合成的高分子混凝剂,如聚丙烯酰胺(PAM)、聚乙烯胺等。污水的深度处理中一般都采用无机类混凝剂,有机类混凝剂常用于污泥的调质。在实际工作中,常常只将无机类混凝剂称为混凝剂,而将有机类混凝剂称为絮凝剂。

1. 硫酸铝

硫酸铝是传统的铝盐混凝剂。常用的硫酸铝一般带18个结晶水,分子式为$Al_2(SO_4)_3 \cdot 18H_2O$,分子量为666.41,相对密度为1.61,外观为白色带光泽的晶体。按照其中不溶物的含量可分为精制和粗制两类。精制硫酸铝一般要求不溶性杂质的含量小于0.3%,硫酸铝含量不小于15%,无水硫酸铝的含量常在50%~52%之间。粗制硫酸铝的无水硫酸铝含量常在20%~25%之间。硫酸铝在20~40℃范围内混凝效果最佳,当水温低于10℃时,效果很差。

2. 聚合氯化铝(PAC)

聚合氯化铝是目前国内广泛使用的高分子无机聚合混凝剂,基本上代替了传统混凝剂的使用。聚合氯化铝对各种水质及其pH的适应性很强,易快速形成大的矾花,投加量少,产泥也少,投药量一般比硫酸铝低。另外,聚合氯化铝对温度的适应性也很强,可在低温下使用,且使用、管理操作都较方便,对管道的腐蚀性也小。

3. 三氯化铁

三氯化铁也是一种常用的混凝剂,为褐色带金属光泽的晶体,分子式为$FeCl_3 \cdot 6H_2O$。其优点是易溶于水,矾花大而重,沉淀性能好,对温度和水质及pH的适应范围宽。其最大缺点是具有强腐蚀性,易腐蚀设备,且有刺激性气味,操作条件较差。

4. 硫酸亚铁

硫酸亚铁为半透明绿色晶体,俗称绿矾,分子式为$FeSO_4 \cdot 7H_2O$。硫酸亚铁形成矾花较快,易沉淀,对温度适应范围宽,但只适用于碱性条件,且会使出水的色度升高。

5. 聚合硫酸铁(PFS)

聚合硫酸铁化学式为$[Fe_2(OH)_n(SO_4)_{(3-n)/2}]_m$。适宜的水温为10~50℃,pH为5.0~8.5。与普通铁盐、铝盐相比,它具有投加剂量小、絮体生成快、对水质的适应范围以及水解时消耗水中碱度小等优点,目前在废水处理中应用广泛。

三、影响混凝效果的主要因素

影响混凝效果的因素很多,对于某一特定的混凝系统来说,主要有以下因素:①二级出水水质及其变化规律;②混凝剂的种类及投加顺序;③混凝过程中污水的温度;④混凝过程中的pH;混凝过程中的搅拌强度和反应时间。

1. 混凝剂的选择

主要取决于胶体和细微悬浮物的性质、浓度,但还应考虑来源、成本和是否引入有害物质等因素。很多情况下，将无机混凝剂与高分子混凝剂并用，可明显提高混凝效果，一般先投加无机混凝剂，再投加高分子混凝剂。

2. 温度

一般来说无机混凝剂水解是吸热过程，水温低，水解反应慢。如硫酸铝，其水温降低10℃，其水解速率常数降低约2～4倍。水温在5℃时，硫酸铝水解速率极其缓慢。另外水温低，水的黏度增大，矾花形成困难，混凝效果下降。这也是冬天混凝剂用量比夏天多的缘故。

3. pH值

pH值对混凝效果影响很大，这是因为每一种混凝剂只有在要求的pH范围内，才能形成氢氧化物，以胶体的形态存在，从而发挥其混凝作用。混凝过程中最佳pH值可以通过试验测定。硫酸铝要求的最佳pH范围为6.5～7.5；硫酸亚铁要求的最佳pH范围为8.1～9.6；三氯化铁要求的最佳pH范围为6～10；无机高分子混凝剂对pH的适应范围都很宽，这是因为在混凝剂的生产工艺中，发挥混凝作用的胶状分子结构已经形成，例如聚合氯化铝允许的pH范围为5～9之间。混凝剂种类不同，pH值对混凝效果的影响程度也不同。以铁盐和铝盐混凝剂为例，pH值不同，生成水解产物不同，混凝效果亦不同，且由于水解过程中不断产生H^+，这时需要污水中有足够的碱度去缓冲这些H^+，防止pH下降。碱度不适，导致pH下降，将抑制混凝剂的水解，从而使混凝剂无法发挥其作用，这时需要投加石灰或烧碱来补充碱度。

4. 水力条件

水力条件对混凝效果有重要影响。两个主要的控制指标是搅拌强度和搅拌时间。搅拌强度常用速度梯度G表示。速度梯度是指由于搅拌在垂直水流方向上引起的速度差（du）与垂直水流距离（dy）间的比值，即$G=du/dy$。速度梯度实质上反映了颗粒的碰撞机会。速度差越大，颗粒间越易发生碰撞；间距越小，颗粒间也越易发生碰撞。在混合阶段，混凝剂与废水应迅速均匀的混合，为此要求G在$500～1000^{-1}$，搅拌时间应在10～30s。而到了反应阶段，既要创造足够的碰撞机会和良好的吸附条件让絮体有足够的成长机会，又要防止生成的小絮体被打碎，因此搅拌强度要逐渐减小，而反应时间要长，相应G和t值分别应在$20～70s^{-1}$和15～30min。

四、混凝工艺运行控制

整个混凝处理工艺流程包括混凝剂的选择、配制与投加，混合，絮凝反应及沉淀分离。

1. 混凝剂的选择、配制与投加

运行准备工作中，首先是选择使用何种混凝剂。选择混凝剂时应考虑以下四个方面：①通过试验确定出适合本水厂水质的混凝剂种类；②该种混凝剂操作使用是否方便；③该种混凝剂在当地是否生产，质量是否可靠；④采用该种混凝剂在经济上是否合理。

总的来说，选择混凝剂要立足于当地产品。传统水处理工艺中选用硫酸铝。在北方地区，冬季温度较低，可考虑选用氯化铁或硫酸亚铁。在有条件的处理厂或二级水厂中碱度不适的处理厂，则选用聚合氯化铝等无机高分子混凝剂，而且聚合氯化铝代替硫酸铝作为水处理中的主要混凝剂是大势所趋。

混凝剂的配置一般在溶解池和溶液池内进行。首先将混凝剂导入溶解池中。加少量水，用机械、水力或压缩空气的方法使混凝剂分散溶解。然后将溶解好的药液送入溶液池中，稀释成规定的浓度，在这个过程中应持续搅拌。在实际配制过程中，应提前按规定浓度计算好混凝剂投加量，可用式(1-15) 计算。

$$M = V \cdot C \times 1000 \tag{1-15}$$

式中　M——投药量，kg；

　　　V——要配置的药液的容积量，m^3；

　　　C——要配置的药液的浓度，指单位体积的药液中含有的混凝剂质量，%。

所配制的溶液浓度大小关系到药效的发挥和每日的配制次数。浓度太高，药效不易发挥；浓度太低，则每班配制次数太多。药液合适的配制浓度一般在 5%～10% 的范围内。处理规模较小时，配制浓度可降低到 2%；处理规模较大时，配制浓度可提高到 15%。配制好的药液不能放置时间太长，否则会降低药效，因而应及时配制。另外应特别注意准确配制出所要求的药液浓度。

在混凝过程中，有些厂须根据需要投加一些助凝剂或活化剂。常用的助凝剂有聚丙烯酰胺、骨胶、水玻璃等；常用的活化剂有硫酸和盐酸。这些药品也均应按规定的浓度加以配制。

混凝剂的投加有很多方式，其分类如图 1-37 所示。

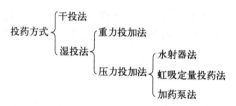

图 1-37　投药方式种类

干投法指把药剂直接投放到被处理的污水中。这种方法的优点是占地面积小，但对药剂的粒度要求比较严，不易控制加药量，对设备的要求较高，劳动条件较差，目前国内使用较少。

湿投法是将混凝剂和助凝剂先溶解配成一定浓度的溶液，然后按处理水量大小定量投加，此法应用较多。湿投法需要有一套配置溶液及投加溶液的设备，包括溶解、搅拌、定量控制、投药等部分，如图 1-38 所示。

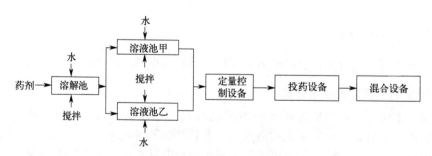

图 1-38　湿法加药系统流程

按照混凝溶液被加入到污水中的方式，湿法投加又分为重力投加和压力投加两种形式。重力投加系建造高位溶液池，利用重力将药剂投加到污水中的方法。这种方式一般适用于中小型处理厂，大型处理厂一般都采用压力投加方式。压力投加方式可以用水射器投加方式，即利用高压水在水射器喷嘴处形成的负压将药液吸入，并进而将药液射入压力管线内。也可以采用虹吸定量投药方式，虹吸定量投药是利用空气管末端与虹吸管出口中间的水位差不变，保证投药量恒定，如图 1-39 所示。另外，还可以采用加药泵直投方式，即利用加药泵直接从药液池吸取药液，加入压力管线。

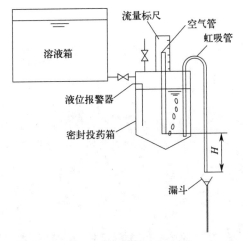

图 1-39　虹吸定量投药法

一般而言混凝剂药液投加方式取决于所采用的混合方式。当采用水泵混合时，应在泵前加药。加药点最好选择在水泵吸水管喇叭口 45°弯头处，如图 1-40 所示。应特别注意的是，如果泵房与絮凝池之间距离太远（如超过 100m），则应改为泵后管道内加药。否则容易在管内结矾花，到达絮凝池内矾花又被打碎，被打碎的矾花则不易下沉。当采用泵后管道混合时，加药点应选在离絮凝池 50～100m 的范围内，太近混合不充分，太远又会形成矾花。另外，在管道内加药时，加热管出口应保持与水流方向一致，插入深度以 1/4～1/3 管径为宜，如图 1-41 所示。

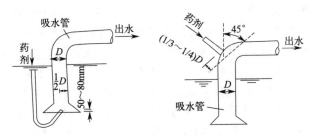

图 1-40　泵前加药点位置

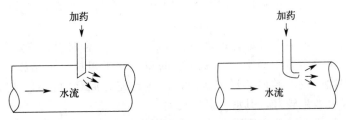

图 1-41　管道加药口布置示意图

加药量并不是越多越好。加药量太多，一方面造成浪费，另一方面还可能使混凝效果下降。因此，实际运行中应选择确定最佳加药量。一般用烧杯搅拌试验确定，试验装置如图

1-42 所示。有的采用 4 组烧杯，也有采用 6 组的。烧杯内的搅拌叶片尺寸一般为 6cm×4cm，可根据需要予以调换。搅拌叶片的转速一般在 20～400r/min 范围内调节。

当投药量过大时，矾花表现出以下特征：①在絮凝池的末端即发生泥水分离；②在沉淀池前端有泥水分离，但出水却携带大量矾花；③矾花呈乳白色；④出水浊度升高。

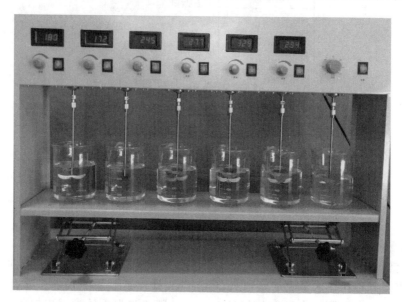

图 1-42　烧杯搅拌试验装置示意图

当投药量不足时，矾花表现出以下特征：①絮凝池内矾花细小；②污水呈浑浊模糊状；③沉淀池前部无泥水分离现象。

2. 混合

混合的目的是均匀而迅速地将药液扩散到污水中，它是絮凝的前提。当混凝剂与污水中的胶体及悬浮颗粒充分接触以后，会形成微小的矾花。混合时间很短，一般要求在 10～30s 内完成混合，最多不超过 2min。因而要使之混合均匀，就必须提供足够的动力使污水产生剧烈的紊流。混合的方式很多，常用的混合方式有水泵混合、管道混合和机械混合。

水泵混合是我国常用的一种混合方式。混凝剂溶液头架到水泵吸水管上或吸水喇叭口处，利用水泵叶轮的高速转动达到混凝剂与水快速而剧烈的混合。这种混合方式混合效果好，不需另建混合设备，节省投资和动力，适用于大、中、小型水厂。但使用三氯化铁作为混凝剂且用量大时，药剂对水泵叶轮有一定的腐蚀作用。水泵混合适用于取水泵房与混凝处理构筑物相距不远的场合，否则长距离输送过程中，污水与药液可能在管道内过早地形成絮凝体，絮体在管道出口破碎，不利用后续的絮凝。

目前广泛使用的管道混合器是管式静态混合器，在该混合器内，按要求安装若干固定混合单元，每个混合单元由若干固定叶片按一定的角度交叉组成。水流和混凝剂流过混合器时，其被单元体多次分割，转向并形成涡流，以达到充分混合的目的。静态混合器构造简单，安装方便，混合效果较好，但水力损失较大。

机械混合是通过机械装置在池内的搅拌达到混合目的。这种方式要求在规定的时间内达到需要的搅拌强度，满足速度快、混合均匀的要求。搅拌装置可以是桨板式、螺旋桨式等。机械混合效果好，搅拌强度随时可调，使用灵活方便，适用于各种规模的处理厂，但存在机械设备维修问题。

3. 絮凝

将混凝剂加入污水中，经在混合池与污水充分混合后，污水中大部分处于稳定状态的胶体杂质将失去稳定性。脱稳的胶体颗粒通过一定的水力条件相互碰撞、相互凝结、逐渐长大成能沉淀去除的矾花，这一过程称为絮凝或反应，相应的设备称为反应池或絮凝池。

要保证絮凝的顺利进行，絮凝池须满足：①保证足够的絮凝时间。为保证絮体长大，必须有足够的絮凝时间。絮凝时间因水质、池形、和搅拌情况不同而不同。污水深度处理的时间一般为 5～15min。②保证足够的搅拌外力。搅拌的作用是促进胶体颗粒之间的相互接触。但随着矾花的长大，搅拌强度应降低。因为大的矾花中含有大量水分，颗粒之间黏结力下降，如果搅拌太剧烈，易打碎已形成的矾花。

絮凝池的种类很多，常用的絮凝池有隔板絮凝池、涡流絮凝池、折板絮凝池和机械搅拌絮凝池等。

隔板絮凝池的应用历史很长，目前仍是一种常见的絮凝池。根据构造的不同，有往复式和回转式两种，其构造分别为如图 1-43 所示。水流以一定流速在隔板之间流动，从而完成絮凝过程。一般来说，为保证不破坏已形成的矾花，其构造都使水的流速越来越低，因此起始流速最大，末端流速最小。

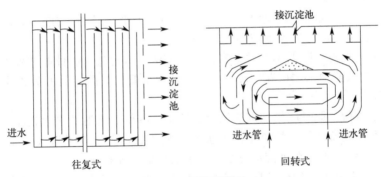

图 1-43 隔板絮凝池

涡流絮凝池下半部为圆锥形，水从锥底部流入，形成涡流扩散后缓慢上升，随锥体面积变大，反应液流速由大变小，流速变化有利于絮凝体形成。涡流絮凝池的优点是反应时间短，容积小，好布置。

折板絮凝池是在隔板絮凝池基础上发展起来的，是目前应用较为普遍的形式之一。在折板絮凝池内放置一定数量的平折板或波纹板，水流沿折板方向流动，利用多次转折，促进絮凝。按水流方向分类可以分为平流式和竖流式，以竖流式应用较为普遍。折板絮凝池对原水量和水质变化的适应性较强，停留时间短，絮凝效果好，并可节约混凝剂量。

机械搅拌絮凝池是利用机械搅拌装置对水流进行搅拌，为根据水量、水温、药剂情况调节搅拌强度，传动装置一般为多级或无级调速的形式。按照搅拌设备的安装形式分类，可分为水平轴和垂直轴两种。如图 1-44 所示。前者通常用于大型水厂，后者一般用于中、小型水厂。常见的搅拌器有桨板式、叶轮式等，桨板式较为常用。

4. 沉淀

污水经混凝过程形成的矾花，要通过沉淀池的沉淀去除。如果这些矾花的浓度以 SS 表示，则沉淀池去除矾花的效率一般在 80%～90% 的范围内。矾花沉淀类似于活性污泥在二沉池的沉淀，属成层沉淀类型，存在较清晰的泥水界面。沉淀池常用的形式是平流沉淀池、斜管沉淀池和斜板沉淀池。平流沉淀池的水平流速一般控制在 5～15mm/s 的范围内，水力

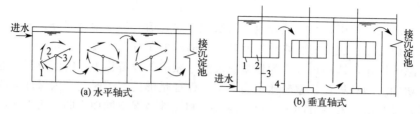

1—桨板；2—叶轮；3—旋转轴；4—隔墙

图 1-44 机械搅拌絮凝池

表面负荷一般在 $1\sim1.5\text{m}^3/(\text{m}^2\cdot\text{h})$ 之间，水力停留时间一般在 $1.0\sim1.5\text{h}$ 范围内。斜板或斜管沉淀池是在一般沉淀池内斜向安装一些斜管或斜板，使沉淀效果得以强化。

五、混凝工艺异常问题的分析与排除

（1）现象一：絮凝池末端颗粒状况良好，水的浊度低，但沉淀池的矾花颗粒很小，出水携带矾花。

其原因及解决对策如下：

① 絮凝池末端有大量积泥，堵塞了进水穿孔墙上的部分孔口，使孔口流速过大，打碎矾花则使之不易沉降。此时应停池清泥。

② 沉淀池内有积泥，降低了有效池容，使沉淀池内流速过大。此时亦停池清泥。

（2）现象二：絮凝池末端矾花状况良好，水的浊度低，但沉淀池出水携带矾花。

其原因即解决对策如下：

① 沉淀池超负荷。此时应增加沉淀池投运数量，降低沉淀池的水力表面负荷。

② 沉淀池存在短流。如果短流系由堰板不平整所致，则应调平堰板。如果系由温度变化引起的密度流所致，则应在沉淀池进水口采取有效的整流措施。

（3）现象三：絮凝池末端矾花颗粒细小，水体浑浊，且沉淀池出水浊度升高。

其原因及解决对策如下：

① 混凝剂投加量不足。加药量的不足，使污水中胶体颗粒不能凝聚成较大的矾花。此时应增加投药量。

② 进水碱度不足。进水碱度不足时，混凝剂水解会使 pH 下降，混凝效果不能正常发挥。此时应投加石灰，弥补碱度不足。

③ 水温降低。当采用硫酸铝作混凝剂时，污水温度降低会降低混凝效果。此时可改用氯化铁或无机高分子混凝剂，也可采用加助凝剂的方法。助凝剂可采用水玻璃，加注量可通过烧杯搅拌试验确定。

④ 混凝强度不足。采用管道混合或采用静态混合器混合时，由于流量减少，流速降低，导致混合强度不足。其他类型的非机械混合方式，也有类似情况发生。此时应加强运行的合理调度，尽量保证混合区内有充足的流速。

⑤ 絮凝条件改变。絮凝池内大量积泥，使池内流速增加，并缩短反应时间，导致混凝效果下降。另外，当流量减少时，G 值和 T 值会远低于正常值，同样也降低效果。此时应加强运行调度工作，保证正常的絮凝反应条件。

（4）现象四：絮凝池末端矾花大而松散，沉淀池出水异常清澈，但出水中携带大量矾花。

其原因及解决对策如下：混凝剂投加大大超量。超量加药，会使脱稳的胶体颗粒重新处

于稳定状态，不能进行凝聚。此时应大大降低投药量。

六、混凝沉淀系统的日常维护管理

包括以下内容：

① 每班均应观察并记录矾花生产情况，并将之与历史资料比较。如发现异常应及时分析原因，并采取相应对策。

② 沉淀池排泥要及时且准确。排泥间隔太长或一次性排泥量太大，都将影响系统正常运行。

③ 应定期清洗加药设备，保持清洁卫生；定期清扫池壁，防止藻类滋生。

④ 定期取样分析水质，并定期核算混合区和絮凝池的 G 及 GT 值。

⑤ 定期巡检设备的运行情况，如有故障，应及时排除。

⑥ 当采用氯化铁作混凝剂时，应注意检查设备的腐蚀情况，及时进行防腐处理。

⑦ 加药计量设施应定期标定，保证计量准确。

⑧ 加强对库存药剂的检查，防止药剂变质失效。对硫酸亚铁尤应注意。用药应贯彻"先存后用"的原则。

⑨ 配药时要严格执行卫生安全制度，必须戴胶皮手套，并采取其他劳动保护措施。

七、分析测量与记录

对于混凝沉淀系统的进水和出水，应进行以下项目的分析或测量：

① 温度：每天1次。

② pH：每天1次。

③ 色度：每班1次。

④ 浊度：最好在线连续检测

⑤ SS：每天至少一次。

⑥ COD、BOD_5、TP：取混合样，每天1次。

⑦ 应定期进行絮凝池出水的沉降试验，观察并记录矾花的沉降情况。

⑧ 定期进行烧杯搅拌试验，检查是否为最佳投药量。

⑨ 定期核算并记录 G、T 及 GT 值。

● **实训一　混凝池的巡检与运维控制** ●

混凝是指通过某种方法（如投加化学药剂）使水中胶体粒子和微小悬浮物聚集的过程，是污水和废水处理工艺中的一种单元操作。混凝包括凝聚与絮凝两种过程。混凝是一种常用在水处理中的物理化学处理方法，主要用于去除水中的悬浮物、胶体颗粒以及其他杂质，以达到净化水质的目的。

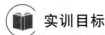
实训目标

会对混凝池的运行情况进行巡察、发现异常问题并提出解决对策。

实训记录

（1）根据给出的某污水处理厂的絮凝沉淀池（图 1-45），判断絮凝段运行状态。根据絮凝沉淀池图片，分析絮凝段运行状况是否正常，说明理由。如有异常，如何解决？

图 1-45　混凝工艺运行场景

（2）对照附录二污水厂运营评价自评表的内容，对污水厂的情况进行自评。

 实训思考

分析混凝工艺运行异常的原因并采取合理措施排除运行故障。

任务二　滤池的运维控制

知识目标

掌握滤池的作用、类型和原理，掌握滤池运行维护与管理的要求。

能力目标

能判断滤池的类型，能判断滤池的运行情况，能分析滤池运行异常的原因并采取合理措施排除运行故障。

素质目标

提升职业自豪感，逐步树立服务风险的精神。

 知识链接

二级出水经混凝沉淀工艺之后，仍含有部分颗粒物质及磷等污染物，如进一步将其去除，应采用过滤工艺。将污水均匀而缓慢地通过一层或几层滤料去除其中污染物的工艺，称为过滤。在污水深度处理系统中，过滤工艺可去除前级生物处理及混凝沉淀工艺都不能去除的一些细小悬浮颗粒及胶体颗粒,因而使水污染中的 SS、浊度、BOD_5、COD、磷、重金属、细菌及病毒的浓度进一步降低。

一、工艺原理及过程

1. 过滤的机理

(1) 筛滤作用　滤料是由大小不同的砂粒组成的,砂粒之间的空隙就像一个筛子。污水中比空隙大的杂质很自然地会被滤料筛除,从而与污水分离。

(2) 沉淀作用　如果把滤料想象成一个层层叠起来的沉淀池,则该沉淀池的表面积是非常巨大的,污水中的部分颗粒会沉淀到滤料颗粒的表面上而被去除。

(3) 接触吸附作用　由于滤料的表面积是非常大的,如此大的表面积必然存在较强的吸附能力,因此可以将滤料颗粒看成吸附介质。污水在滤层孔隙中曲折流动时,杂质颗粒与滤料有着非常多的接触机会,因而会被吸附到滤料颗粒表面,从污水中去除。被吸附的杂质颗粒一部分可能会由于水流而被剥离,但马上又会被下层的滤料所吸附截留。

除以上三种作用外,还有扩散作用等多种结果,因而过滤工艺去除污染物颗粒的过程,不单只是"滤",实际上是多种物理化学作用的综合结果。

2. 滤池的种类

滤池有很多种类,按照滤速的大小可分为快滤池和慢滤池。慢滤池的过滤速度小于 10m/h,而快滤池的滤速则一般大于 10m/h。这里的滤速,不是指污水在滤料间的流速,而是单位时间内污水通过的滤料深度,也可以理解为单位表面积的滤料在单位时间内所能过滤的污水量。因而滤速实际上是衡量滤池处理能力的一个指标,常用的单位为 m/h 或 $m^3/(m^2 \cdot h)$。目前实际采用的都是快滤池,因为慢滤池虽然出水水质好,但其处理能力太小,并且设备占地面积大,各国很少采用,基本上被快滤池取代。

快滤池也有很多种。例如按照滤料的分层结构,可分为单层滤料、双层滤料和三层滤料池;按照控制方式,可分为普通快滤池、虹吸滤池及移动罩滤池;按照进水工作方式,可分为重力式滤池和压力式滤池等。原则上讲,各种滤池均适于污水的深度处理,但实际采用较多的为单层填料的普通快滤池。

3. 滤料和承托层

滤料系滤池内的过滤材料,它是承担过滤功能的主要部分,其质量的好坏直接决定着出水水质。天然的石英砂是使用最早和应用最广泛的滤料。其他常见的滤料还有无烟煤、陶粒、磁铁矿、石榴石、金刚砂等,此外还有人工制造的轻质滤料,如聚苯乙烯发泡塑料颗粒等。

单层滤料滤池,经水力反冲洗,会使砂层的粒径分布随水流自上而下逐渐增大,因为小粒径的细滤料均被浮选至最上层。上部滤料空隙小,孔隙率低,污水经过滤料时,污染物颗粒基本被截留在最上层,使下部滤料不能发挥过滤作用,因而工作周期必然缩短。解决这一问题的途径很多:①一是采用上向流滤料池,如移动床滤料池;②二是采用均匀滤料,如泡沫塑料珠等人工滤料;③三是采用双层滤料,在砂层之上加一层无烟煤滤料即组成双层滤料。虽然无烟煤滤料的粒径较石英砂大,但由于其密度较石英砂小,经反冲洗之后,仍能被浮选至砂层之上。虽然无烟煤层和砂层内部是自上而下由小到大,但污水必须先经过大粒径的无烟煤层,再经过小粒径的砂层,从总体上看是粒径沿水流方向由大到小。采用双层滤料,一是可提高滤速,二是可延长过滤周期。三层滤料系在双层滤料之下增加了一层密度较大而粒径较小的滤料（如石榴石、磁铁矿等）。最下层的滤料虽然粒径小，但由于密度较大，反冲洗时会留在砂层之下。这样，污水先经过大粒径的无烟煤滤料，再经过小粒径的砂滤层，最后经过更小粒径的滤层。三层滤料较双层滤料的滤速进一步增大，过滤周期进一步延长。

在污水深度处理的过滤工艺中，最初采用的滤料绝大部分类似于给水处理中的滤料，但实际研究发现，给水处理中的滤料级配不适于污水深度处理。其主要原因是二级出水中的颗粒物质主要为微生物有机体及其分泌物，黏性极大，污染物颗粒穿透滤层的深度有限，绝大部分被截留在表层，造成水头损失在短时间内剧增，其结果是既降低了污水处理量，又缩短了过滤周期。对于双层滤料来说，由于污水中黏性有机物质的影响，无烟煤和砂的掺混非常严重，在无烟煤层和砂层之间形成了一个特殊的掺混层，小粒径的砂填进了大粒径的无烟煤粒中，且其空隙被黏性有机物塞满。这一特殊的掺混层也会使水头损失在短时间内剧增。目前较一致的意见是，污水深度处理中的过滤应采用大粒径深层滤料，且应尽量均匀，因为增大粒径，可促进深层过滤，从而提高污水处理量并延长工作周期，而使滤料均匀，可避免过度分级。研究发现，滤料粒径从 1mm 增加到 2mm，滤速可由 5m/h 提高至 10m/h。

当采用石英砂单层滤料时，最好采用以下级配（有效直径 d_{10} 和不均匀系数 K_{80}）和深度（H）：$d_{10}>1.5mm$；$K_{80}<1.7$；$H>1.0m$。

当采用无烟煤滤料时，最好采用以下级配和深度：$d_{10}>2.0mm$；$K_{80}<1.3$；$H>2.0m$。

4. 冲洗系统

滤池工作一段时间之后，滤料截流的污染物质趋于最大容量，此时若仍然继续工作，滤池将失去过滤效果。因此，滤池工作一段时间之后，要定期进行冲洗。滤池冲洗主要有三种方法。

（1）反冲洗　反冲洗是指从滤料层底部进水，用与工作时方向相反的水流对滤料进行冲洗，因而称之为反冲洗。反冲洗是冲洗的主要方法。

（2）反冲洗加表面冲洗　在很多情况下，反冲洗不能保证足够的冲洗效果，可辅以表面冲洗。表面冲洗是在滤料上层表面设置喷头，对膨胀起来的表层滤料进行强制冲洗。按照冲洗水管路的配水形式，表面冲洗有旋转管式表面冲洗和固定管式表面冲洗两种。

（3）反冲洗辅以空气冲洗，常称为气水反冲洗　气水反冲洗常用于粗滤料的冲洗，因粗滤料要求的冲洗强度很大，如果进行单纯反冲洗，用水量会很大，同时还会延长反冲洗的历时。实践证明，污水深度处理中的过滤，必须采用气水反冲洗。一方面是因为滤料的粒径普遍较大，另一方面是由于污水中的有机物与滤料粘附较紧，要求较高的冲洗强度才能见效。

反冲洗水一般采用滤池正常工作时的出水，供水方式有塔式供水和泵式供水两种。实际上常用的为泵式供水，即直接用泵供水对滤池进行反冲洗。

冲洗强度：是单位表面积的滤料在单位时间内消耗的冲洗水量，常用 q 表示，单位为 $L/(m^2 \cdot s)$，用式(1-16)计算：

$$q=Q/A \tag{1-16}$$

式中　Q——冲洗水量，L/S；

　　　A——滤料的表面积，m^2。

冲洗历时：即冲洗所持续的时间 t。冲洗强度 q 和冲洗历时 t 决定了每次冲洗的用水量。冲洗频率取决于滤池的过滤周期与水质及滤料等因素。当冲洗强度、冲洗历时和冲洗频率确定以后，总冲洗用水量即可确定。对于污水深度处理来说，反冲洗水量一般占过滤处理水量的3%～6%，具体取决于水质及滤料等因素。

当采用单层滤料时，气体的冲洗强度 q 为 $10～20L/(m^2·s)$，水的冲洗强度 q 为 $5～10L/(m^2·s)$；冲洗历时为 $5～10min$。

当采用双层滤料时，为防止无烟煤流失，宜先气冲，后水冲。气体的冲洗强度 q 为 $15～20L/(m^2·s)$，历时 $3～5min$；水的冲洗强度 q 为 $10～15L/(m^2·s)$，历时 $3～5min$。

5. 普通快滤池工作程序

普通快滤池包括池体、滤料、配水系统与承托层、反冲洗装置等几部分。工作过程为过滤、冲洗两个阶段交替进行。普通快滤池的构造如图1-46所示。

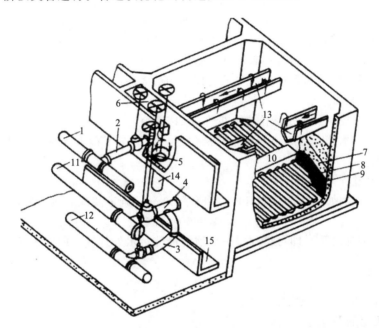

图1-46 普通快滤池构造剖视图
1—进水总管；2—进水支管；3—清水支管；4—冲洗水支管；5—排水阀；6—浑水渠；
7—滤料层；8—承托层；9—配水支管；10—配水干管；11—冲洗水总渠；12—清水总管；
13—排水槽；14—排水管；15—废水渠

过滤时，开启进水支管2与清水支管3的阀门。关闭冲洗水支管4的阀门与排水阀门5，污水就经进水总管1和支管2从浑水渠6进入滤池，经滤池排水槽均匀分配到滤料表面，并继而进入滤层7和承托层8。经过滤的污水由配水系统的配水支管9汇集起来，在经配水系统干管10和清水支管3以及清水总管12流出。

滤池工作一段时间后，滤料层中截留杂质量越来越多，滤料颗粒间孔隙越来越小，滤层中的水头损失越来越大，当增至一定程度时（普通快滤池一般为2.0～2.5m），污水处理量会急剧下降，甚至滤出水的浊度有上升，不符合出水水质要求，此时必须停止过滤，进行反冲洗。

反冲洗时，关闭进水支管2与清水支管3的阀门。开启冲洗水支管4与排水阀5的阀门，冲洗水可由冲洗水总管11、支管4、经配水系统的干管、支管及支管上的孔口流出，并由下而上穿过承托层及滤料层，均匀地分布于整个滤层表面上。冲洗用过的水为冲洗后废水，流入排水槽13，再经浑水渠6、排水管14和废水渠15排入下水道。

二、工艺控制

1. 滤速与处理量的控制

滤速是指滤池在单位时间内单位面积通过的滤水量，也即滤池液面的下降速度。可用式(1-17)计算：

$$v = Q/A \tag{1-17}$$

式中　Q——滤水量，m^3/h；

　　　A——滤池的过滤面积，m^2。

对于某一确定条件下的滤池来说，滤速 v 存在最佳值。滤速太大时，一方面滤池出水水质会降低，另一方面还会使工作周期缩短，冲洗频率增大，导致总冲洗水量的增加；当滤速太小时，一方面会使过滤污水量降低，影响总的处理能力，另一方面由于杂质穿透深度变浅，主要集中在表层，使下层滤料起不到过滤作用。当入流污水水质、滤料粒径级配及滤料深度一定时，其最佳滤速为保证出水要求前提下的最大滤速。

滤速的测定步骤如下：

① 将滤池液位控制到正常液位之上少许（如 5cm）。

② 迅速关闭进水阀，待液位降至正常液位时，立即按下秒表计时，记录下降一定的深度所需要的时间。

③ 重复以上过程 3~4 次。

④ 计算滤速。例如，液位在 2min 内下降了 50cm，则该滤池的滤速为：

$$0.5 \div 120 \times 3600 \approx 15 (m/h)$$

确定出最佳滤速之后，即可得到每一滤池的最佳污水处理量，用以运行调度。计算如式(1-18)：

$$Q = vA \tag{1-18}$$

式中　A——滤池的过滤总面积，m^2；

　　　v——确定的最佳滤速，m/h。

在二级出水的深度处理中，滤速一般控制在 10m/h 以上。因不同滤料而不同，如采用大粒径滤料过滤时，最高可高达 20m/h。

2. 工作周期的控制

滤池的工作周期是指开始过滤至需要反冲洗所持续的时间。在运行控制中，需要对滤池是否需要冲洗做出判断，即确定滤池的工作周期。一般有三种办法：当水头损失增至最高允许值时，应开始反冲洗；当出水水质降至最低允许值时，应开始反冲洗；根据经验，定时反冲洗。

在实际运行控制中，一般综合运用以上三种方法。滤池经一定时间的运行后，基本已经摸索出了其合适的工作周期。一般情况下，只要确定的工作周期一到，即应开始反冲洗，但如果水头损失增至最高允许值或出水水质降低至最低允许值，即使工作周期没到，也应该提前进行反冲洗。

在一定滤速下，工作周期的长短受污水温度的影响较大。水温低时，水的黏度大，水中的杂质不易与水分离，容易穿透滤层。因而冬季工作周期短，夏季工作周期长。当工作周期很短时，冲洗频率升高，冲洗水量增加，此时可适当降低滤速，延长工作周期并降低冲洗频率。污水深度处理中，滤池的工作周期一般在 10~30h，具体因过滤工艺、滤料级配及水质和季节等因素各异。一般来说，夏季的工作周期可很长，有时高达 50h 之上，此时应注意适当提高滤速，缩短工作周期，防止滤料上截留的有机物厌氧分解。

3. 冲洗强度及冲洗历时的控制

最佳冲洗强度及历时可由模拟试验确定，但大多是在试运行中试验确定。程序如下：

① 在设计值以下选一冲洗强度，在完成一个工作周期之后，按该强度进行冲洗。冲洗过程中连续观察或测定冲洗水的浊度。

② 冲洗开始之后的 2min，如果冲洗水的浊度无明显升高，则说明冲洗强度不足，应增大强度。增大强度应逐渐进行，直至冲洗开始的 2min 内出现浊度剧增的现象。此时的冲洗强度即为最佳强度。

③ 按最佳冲洗强度进行冲洗，自冲洗开始至冲洗水的浊度不再降低时的时间，即为合理的冲洗时间。如图 1-47 所示，合理冲洗时间为 8min。

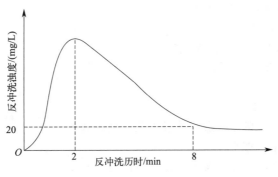

图 1-47　反冲洗水浊度的变化

在污水深度处理的过滤工艺中，一般进行气水反冲洗。空气强度和冲洗水强度的试验方法与以上所述相同。

三、异常问题的分析及排除

（1）现象一：滤层中存有气体，表现为反冲洗时有大量气泡自液面而冒出，俗称气阻。气阻可使滤池水头损失增加过快，缩短工作周期。另外，气阻也可能使滤层产生裂缝，造成水流短路，降低出水质量，或导致漏砂。

其原因及解决对策如下：

① 滤池出现滤干后，未倒滤又继续进水，应加强操作管理，一旦出现滤干现象，应先用清水倒滤，使进入滤层中的空气排出后，再继续进水开始过滤。

② 当用水塔提供反冲洗水时，如果塔内存水用完，空气会随水夹带进入滤池，对于这种情况，应随时控制塔内水位，及时上水。

③ 产生"负水头"。当工作周期很长时，滤层上部水深不够，而滤层水头损失较大时，滤层内出现"负水头"，使水中溶解的气体逸出。此时应提供滤层上的工作水位。

④ 滤池内产生厌氧分解。当滤池工作周期太长时，滤料截留的有机物发生厌氧分解，产生气体。此时应适当缩短工作周期。

（2）现象二：滤料中结泥球，泥球会阻塞砂层，或产生裂缝，并进而使出水水质恶化。

其原因及解决对策如下：

① 冲洗强度不足。此时可增大冲洗强度。

② 入流污水污物浓度太高。此时应加强前一级处理效果。

③ 冲洗水配水不均匀。此时应检查承托层有无松动，配水穿孔管路是否有损，并及时修理。

（3）现象三：滤料表层不平，并出现喷口现象。该种情况会导致过滤不均匀，使出水水质降低。

其原因及解决对策如下：

① 滤料凸起时，可能是由于承托层或配水系统堵塞。例如，大阻力配水系统的穿孔管局部极易堵塞，此时应及时停池检查并予以疏通。

② 滤料下凹时，可能是由于承托层局部塌陷所致，应及时检查并修复。

（4）现象四：跑砂漏砂现象。滤池出水中携带砂粒，并由于砂的流失影响正常运行。

其原因及解决对策如下：

① 冲洗强度过大，膨胀率过大或滤料级配不当，反冲洗时均会造成跑砂现象。此时应降低冲洗强度。滤料级配不当则应更换滤料。

② 反冲洗水配水不均匀，使承托层松动，可导致漏砂。此时应及时停池检修。

③ 气阻现象，导致漏砂，应消除气阻，详见现象一。

（5）现象五：出水水质下降，不达标。此现象原因复杂；前述现象均可导致出水水质下降。

其原因及解决对策如下：

① 进水污染物浓度太高，应加强前级工艺的处理效果。

② 滤速太大，应降低滤速。

③ 滤层内产生裂缝，使污水发生短路。应停池检修。

④ 滤料太粗，滤层太薄。更换或加厚滤料。

⑤ 入流污水的可滤性太差。应进行专题研究。

四、日常维护管理

定期放空滤池进行全面检查。例如，检查过滤及反冲洗后滤层表面是否平坦、是否有裂缝、滤层四周是否有脱离池壁现象，并应设法检查承托层是否松动。

表层滤料应定期大强度表面冲洗，或更换。

各种闸、阀应经常维护，保证开启正常。喷头应经常检查是否堵塞。

应时刻保持滤池池壁及排水槽清洁，并及时清除生长的藻类。

出现以下情况时，应停池大修：

① 滤池含泥量显著增多，泥球过多并且靠改善冲洗已无法解决；

② 砂面裂缝太多，甚至已脱离池壁；

③ 冲洗后砂面凹凸不平，砂层逐渐降低，出水中携带大量砂粒；

④ 配水系统堵塞或管道损坏，造成严重冲洗不均；

⑤ 滤池已连续运行 10 年以上。

滤池的大修包括以下内容：将滤料取出清洗，并将部分予以更换；将承托层取出清洗，损坏部分予以更换；对滤池的各部位进行彻底清洗；对所有管路系统进行完全的检查修理，水下部分防腐处理。

将滤料清洗或更换后，重新铺装时应注意以下问题：

① 应遵循分层铺装的原则，每铺完一层后，首先检查是否达到要求的高度，然后铺平刮匀再进行下一层铺装。

② 如有条件，应尽量采用水中撒料的方式装填滤料。装填完毕之后，将水放干，将表

层的极细砂或杂物清除刮掉。

③ 双层滤料装完底层滤料后，应先进行冲洗，刮除表层的极细颗粒及杂物，再进行上层滤料的装填。

④ 滤层实际铺装高度应比设计高度高出 50mm。

⑤ 对于无烟煤滤料，投入滤池后，应在水中浸泡 24h 以上，再将水排干进行冲洗刮平。

⑥ 更换完的滤料初次进水时，应尽量从底部进水，并浸泡 8h 以上，方可正式投入运行。

五、分析测量与记录

对滤池的进水和出水，应进行以下项目的分析与检测：

① 浊度：每班 1 次，最好在线连续检测。

② SS：每天 1 次。

③ BOD_5：取混合样，每天 1 次。

④ TP：取混合样，每天 1 次。

对以上数据应进行以下记录、测量或计算：入流污水的温度；入流污水量；计算滤速；记录每池的工作周期；记录每次冲洗的强度及历时；计算冲洗水量占滤池处理污水量的比例。

● 实训二　滤池的巡检与运维控制 ●

过滤是从流体中分离固体颗粒的过程。其基本原理是：在压强差的作用下，迫使流体通过多孔介质（过滤介质），固体颗粒则截留于介质上，从而达到流体与固体分离的目的。

实训目标

会对滤池的运行情况进行巡察、发现异常问题并提出解决对策。

实训记录

（1）根据给出的某污水处理厂的快滤池的运行情况（图 1-48），分析快滤池异常原因及解决措施。

普通快滤池

细砂过滤器

图 1-48　过滤池的运行场景

剖解普通快滤池滤料及细砂过滤器滤料的板结砂层发现，一般在风帽层周围及细砂过滤器罐体周围部位的板结情况较为严重，并且板结部位呈现出由下向上、由周围向中间加深的趋势。分析快滤池运行状况是否正常，说明理由。如有异常，如何解决？

（2）对照附录二污水厂运营评价自评表的内容，对污水厂的情况进行自评。

实训思考

编制精密滤池、硝化滤池、滤布滤池等滤池运行的检查记录表。

匠心筑梦

无私奉献，潜心水环境治理

徐建成，男，现任北京城市排水集团有限责任公司高碑店再生水厂运营调度中心中控调度班班长，技师。北京市第十六届人民代表大会常务委员会委员、北京市青年联合会第十二届委员会委员，并担任高碑店再生水厂市级职工创新工作室青年培养计划带头人、青年防汛突击队队长。2023年他获第三届"北京大工匠"荣誉称号。

2016年，来到北京排水集团的徐建成对于污水处理可以说是一窍不通。18岁的青年，坐在有空调的中控室跟着师傅学习污水处理工艺运行调控，心里有很多小问号："很脏的污水，来到我们厂，为什么出厂时和矿泉水放在一起，是看不出来的？这一切是怎么做到的？污水真的可以处理得这么干净吗？"为了更好地了解污水处理工艺，可以坐在空调房里用电话调度其他岗位同事的徐建成走出调度室，没事就到现场去转转、看看。在这样的内驱力驱动下，徐建成用4年时间，熟知了全厂工艺流程。

此后，不仅仅是高碑店再生水厂，其他厂的污水处理工艺，徐建成也研究起来。他利用业余时间刻苦钻研业务知识，学习领域涉及化学、生物、机械、电气自动化和环境保护等。为把所学知识运用到实践中，他认真钻研各类现场作业方式，勤学、善思、好问让自身的业务技能突飞猛进。

最初参加专业技能比赛，徐建成的成绩并不理想。世界技能大赛国家选拔赛的7个模块里有1个涉及电气自动化的装置，要求选手能够快速组装300多个零件的设备、进行各种传感器的调试和试运行，并按照题目要求自行设计、绘制电路图，之后再按照设计出来的电路图进行布线、接线、运行，来达到所要求实现的功能。这对于只在家里墙上换过插线板、从未真正地学过电气技术的徐建成来说，无疑是道难关。他只能从头学起，向厂里的电工师傅请教。为了多练习，从早到晚，他几乎没有什么休息的时间。通过不断地请教、学习，他最终能够自行设计电路，调试并保证设备按照自己的要求运行起来。

作为班长，徐建成根据班组的定位和职能，注重对组员进行工艺技能、职业责任等方面的学习和培训，以技能训练为手段，解决"想干好工作"和"能干好工作"的问题。他充分发挥自身技能优势，把自己在参赛中学到的知识应用到具体工作中，带动班组在岗位建功立业。他通过多种途径搭建学习平台，对新职工毫无保留进行"传帮带"，不断提高操作人员的技能水平，打造了一支善于学习、勇于攻关的技能型班组。他经常组织操作人员钻研工艺流程、工艺原理等知识，对全流程、全系统和全周期的生产进行有效的监视监控和分析判断，对工艺运行不断优化，大幅度减少了生产成本，进一步实现了"降本增效"的目标，为首都美好生态水环境建设贡献了自己的一份力量。

项目四 消毒工艺的运维

任务一 紫外线消毒工艺的运维控制

知识目标

掌握设置紫外线消毒的原理、了解紫外线消毒的设备与仪器，掌握紫外线消毒工艺的日常运营要求。

能力目标

掌握紫外线消毒的管理要点；针对不同紫外线消毒设备能进行日常维护管理；能进行紫外线消毒工艺运营管理的日常记录；能进行紫外线消毒工艺运行情况巡察；能发现异常问题并提出解决对策。

素质目标

培养岗位意识，培养规范操作、强化安全生产的意识；培养分析问题，解决问题的能力；培养吃苦耐劳的工匠精神。

知识链接

经水传播的疾病主要是肠道传染病，如伤寒、痢疾、霍乱以及马鼻疽、钩端螺旋体病、肠炎等。此外，由肠道病毒引起的传染病如肝炎和结核等也能随水传播。生活污水、医院污水、禽畜养殖、生物制品和食品、制药等部门排出的废水中不但存在大量细菌，且有可能含有较多病原微生物。污水中的病原体主要有病原性细菌、病原体肠道病毒和蠕虫卵三类。具体分类见表1-11。

表1-11 污水中常见的病原体微生物

病原微生物	病原体种类
病原性细菌	沙门菌属、志贺菌属、霍乱弧菌、结核分枝杆菌、布鲁氏菌属、炭疽杆菌、大肠杆菌
病原体肠道病毒	传染性肝炎病毒、脊髓灰质炎病毒、腺病毒、柯萨奇病毒、RED病毒
蠕虫卵	蛔虫卵、钩虫卵、吸血虫卵

采用常规的污废水处理工艺一般不能对这些病原微生物有效灭活，因此在污废水处理完成后排入环境之前，需要对污废水进行消毒处理，目前常用的消毒工艺有紫外线消毒、氯消毒。

一、紫外线消毒运行控制

1. 紫外线消毒原理与优点

紫外线消毒的原理是利用紫外线照射微生物，破坏其细胞结构和 DNA，使其失去繁殖和生存能力,从而达到消毒的目的。废水消毒中常用的紫外光发生源为汞灯,波长为250~360nm之间的紫外光杀菌能力最强。因为紫外光需要透过水层才能起消毒作用,故污废水中的悬浮物、浊度和有机物会干扰紫外光的传播,因此处理水的光传播系数越高紫外线消毒的效果越好。紫外线消毒与传统的液氯消毒比较,具有如下优点:

① 消毒快,效率高。经紫外线照射几十秒钟即能杀菌,一般大肠杆菌的平均去除率可达98%,细菌总数平均去除率为96.6%,此外还能去除液氯法难以杀死的芽孢与病毒;

② 不影响水的物理性质和化学成分,不增加水的臭味;

③ 操作简单,便于管理,易于实现自动化。

主要缺点是:要求预处理程度高,处理水的水层薄,电量大,成本高,没有持续的消毒作用,不能解决消毒后在管网中的再污染问题。

鉴于上述的优点,紫外线消毒工艺近20年来得到了广泛应用。

2. 紫外线消毒的种类

(1) 封闭管道式紫外线消毒装置 示意如图1-49所示,筒体常用不锈钢或铝合金制造,内壁多作抛光处理以提高对紫外线的反射能力和增强辐射强度,还可根据处理水量的大小调整紫外灯的数量。这种系统容易受到污染,维护麻烦,灯管清洗更换时需要停机,需要备用设备,还需要泵、管道、阀门等配套设备,成本高,不适合大规模应用。

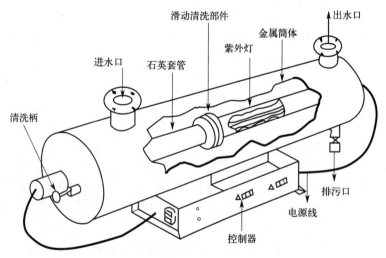

图1-49 封闭管道式紫外线消毒装置

(2) 明渠式紫外线消毒系统 该系统由若干独立的紫外灯模块组成,如图1-50所示。水流靠重力流动,不需要泵、管道以及阀门等配套设备,紫外灯模块可轻易地从明渠中直接取出进行维护,维护时系统无须停机因而无需备用设备,从而使得系统维护简单方便,大大降低了紫外线污水消毒的成本。同时,当污水处理厂在扩建或改造时,只需适当增加紫外灯模块的数量,而无需添购整套系统。

3. 紫外灯的种类与排布

污水消毒处理中采用的紫外消毒灯有3种类型,即低压低强度紫外灯、低压高强度紫外灯和中压高强度紫外灯。中压灯是所有紫外灯中单根灯管紫外能输出最高的,因此可以用很少的灯管数量达到消毒效果,占地最少,比较适合于大型城市污水处理厂的消毒处理,特别是用地紧张的污水处理厂。

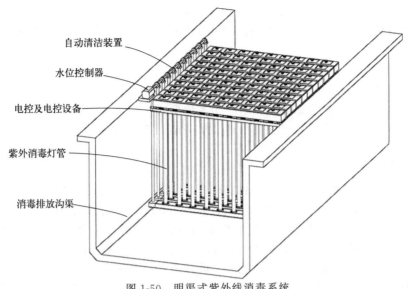

图 1-50 明渠式紫外线消毒系统

紫外线消毒器中灯管的排布可分为顺流式和横流式。顺流式指的是灯管彼此平行且与水流方向平行，而横流式排布灯管彼此平行但与水流方向垂直。90％的城市污水紫外线消毒系统采用顺流式，这主要是由于横流式不利于流体形成理想的均匀流动，紫外线能量浪费较大，在灯管和渠壁或水面间容易形成消毒短流区，使通过的微生物得不到足够的紫外线照射剂量而影响消毒效果。

二、紫外线消毒的营运管理

1. 紫外线消毒日常营运

采用紫外线消毒时，消毒水渠无水或水量达不到设备运行水位时，严禁开启设备。应满足溢流堰前的有效水位，确保紫外灯管的淹没深度。

定期清理更换紫外灯、玻璃套管、玻璃套管清洗圈及光强传感器，定期清除溢流堰前的渠内淤泥。

无论是否具备自动清洗机构，都必须根据污水水质和现场污水实际处理情况定期对玻璃套管进行人工清洗。

在紫外线消毒工艺系统上工作或参观的人员必须做好防护，非工作人员严禁在消毒工作区内停留。

设备灯源模块和控制柜必须严格接地，避免发生触电事故；人工清洗玻璃套管时，应戴橡胶手套和防护眼镜；采用紫外线消毒的污水，其透射率应达30％。

紫外灯在使用过程中，随着时间的增加，紫外灯放出紫外线的强度会逐渐降低，因而在设计紫外线消毒系统的过程之中，就需要考虑在灯的使用末期能够保证足够的杀菌剂量。实际工作中推荐使用的紫外灯替换时间大约是5000h，但在很多水厂中紫外灯的寿命超过了8000h。运行中当灯管的紫外线强度低于$2500\mu W/cm^2$时，就应该更换灯管，但由于测定紫外线强度较困难，实际上灯管的更换都以使用时间为标准，计数时除将连续使用时间累积之外，还需加上每次开关灯管对灯管的损耗，一般开关一次按使用3h计算。

2. 紫外线消毒设备除垢

由于污水中杂质会沉淀粘附在石英套管外壁上，引起套管结垢，从而使经过套管进入水中的紫外光的强度降低,特别是污废水中有高浓度的铁、钙或锰时,套管结垢非常迅速,因此需要定期对石英套管进行清洗。清洗方式可分为两大类:人工清洗和自动清洗。

(1) 人工清洗

是指将灯管从明渠中取出,用清洗液喷淋到套管上,然后用棉布擦拭清洁;或将几个紫外灯模块放到移动式清洗罐中用清洗液同时搅拌清洗,清洗罐中带有曝气搅拌装置;当灯管数量较多时,也可一次将整个灯组(由若干个模块组成)从明渠中起吊出来放入固定的清洗池内用清洗液清洗,池中带有曝气搅拌装置。从劳动强度和经济性上分析,人工清洗比较适合小型或中型污水处理厂。

(2) 自动清洗

可分为纯机械式自动清洗和机械加化学式自动清洗。纯机械式自动清洗系统实际上是用铁氟龙环来回刮擦套管表面。机械加化学式自动清洗系统则是在清洗头内装有清洗液,在清洗头机械刮擦套管表面的同时通过清洗头内的清洗液去掉难以通过刮擦有效去除的污垢。纯机械式自动清洗系统需要频繁(10～30min 清洗一次)地来回刮擦以减缓套管表面污垢的积累,清洗头磨损快,寿命短,一般半年到一年就需要更换,其维护要求劳动强度和清洗成本较高;机械加化学式自动清洗一般一天清洗一次,清洗头寿命在 5 年左右,清洗效果较好。

三、紫外线消毒常见异常问题

紫外线消毒有许多优点,但国内使用经验少,虽然污废水处理过程已经逐渐开始使用紫外线系统,但是对于紫外线消毒技术的研究仍需进一步深入探索,紫外线消毒的应用也还存在较多问题。

1. 紫外线消毒没有持续的消毒能力

紫外线消毒属于物理瞬间消毒技术,紫外线消毒后的出水如受到二次污染或者出水中的微生物见光后自我修复再生,仍会给受纳水体造成污染。目前常采用的方法是在紫外线消毒流程之后再加入具有持续消毒能力的化学药剂以保持管网中的残余消毒量。同时应进一步研究微生物光复活的原理和条件,确定避免光复活发生的最小紫外线照射强度、时间或剂量。

2. 紫外灯套管外壁的清洗工作复杂

清洗工作是系统运行和维护的关键。城市污废水水流成分复杂,其中有许多无机杂质会沉淀、粘附在套管外壁上。尤其当污水中有机物含量较高时更容易形成污垢膜,而且微生物容易生长形成生物膜,这些都会抑制紫外线的透射,影响消毒效果。因此,必须根据不同的水质采用合理的防结垢措施和清洗装置,开发研制具有自动清洗功能的紫外线消毒器。

3. 紫外灯管的使用寿命问题

目前国产紫外灯执行直管型石英紫外线低压汞消毒灯的国家、行业标准,灯的最大功率为 4W,且有效寿命一般为 1000～3000h,而进口低压灯管的有效运行时间可达 8000～12000h,中压灯管也可达 5000～6000h。相比之下,使用国产灯管会增加维修费用,因此,研制生产寿命长的紫外灯或直接引进国外先进的紫外灯生产技术是目前待解决的问题。

4. 紫外线消毒系统应用障碍较多

我国有些污水厂由于大量工业废水的流入,使得排放的废水色度加深,但废水紫外线透射率参数仍采用生活污水消毒系统的参数数值,造成消毒系统参数设置与废水实际情况差别很大,为紫外线设备达到消毒要求留下了难以克服的障碍。

5. 紫外线消毒对进水水质要求较高

进水水质差不仅消毒效果大打折扣，而且紫外灯系统的工作周期和寿命也要受到影响，可能会出现消毒不完全或紫外灯（灯罩）结垢、破裂等问题。目前消毒中应用的主要是水银紫外灯，如果灯管破裂水银外漏，也可能会对水安全造成威胁。

实训一　紫外线消毒工艺的巡检与运维控制

紫外线消毒是一种物理消毒方法，它利用紫外线的杀菌作用对水进行消毒处理。紫外线是一种波长范围为 100～400 nm 的不可见光线，该波段中 260nm 附近已被证实是杀菌效率最高的。其消毒的原理主要是用紫外光摧毁微生物的遗传物质核酸（DNA 或 RNA），使其不能分裂复制，此外紫外线还可引起微生物其他结构的破坏。需要特别说明的是，紫外线消毒并不是杀死微生物，而是去掉其繁殖能力进行灭活。

实训目标

会对消毒池的运行情况巡察、发现异常问题并提出解决对策。

实训记录

（1）根据图 1-51 指出紫外线消毒日常运维重点。在图形中标注重点检查部位与日常运营内容。

（2）对消毒段进行巡视，填写消毒段巡视记录单。并照附录二污水厂运营评价自评表的内容，对污水厂消毒系统的情况进行自评。

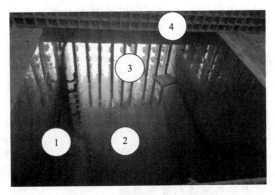

图 1-51　紫外线消毒运行场景

表 1-12　紫外线消毒系统消毒段巡视记录单

记录人：		年　　月　　日　　时
巡视记录单			
时间		上报人员	
巡视描述	1. 紫外线消毒工艺设备是否运行正常：是□否□ 2. 灯管是否全部浸没水中：是□否□ 3. 灯管光线是否通透：是□否□；是否挂膜：是□否□ 4. 灯管槽是否有遮阳盖板：是□否□		
巡视情况说明			
处理方法			
处理结果			
完成时间			

实训思考

分析紫外线消毒设备的日常维护管理的要点。

任务二　氯消毒工艺的运维控制

知识目标

理解设置氯消毒的原理与类型、了解氯消毒的设备与仪器。

能力目标

掌握液氯消毒的运维管理。

素质目标

培养岗位意识,培养规范操作、强化安全生产的意识;培养分析问题,解决问题的能力;培养吃苦耐劳的工匠精神。

知识链接

一、氯消毒运行控制

1. 氯消毒类型与应用

氯消毒工艺技术较成熟,目前是污水消毒的主要技术,其中液氯消毒多用在大型的污水处理厂,而二氧化氯和次氯酸钠消毒多用在中小型的污水处理厂或医院污水的消毒。氯消毒的缺点是有可能形成致癌物。

(1) 液氯消毒　液氯消毒作用,利用的不是氯本身,而是氯与水发生反应生成的次氯酸。次氯酸分子量很小,是不带电的中性分子,可以扩散到带负电荷的细菌细胞表面,并渗入胞内,利用氯原子的氧化作用破坏细胞的酶系统,使其生理活动停止,最后导致死亡。在水中形成的次氯酸是一种弱酸,因此会发生以下反应:

$$HOCl \rightleftharpoons H^+ + OCl^-$$

式中的次氯酸根离子 OCl^- 也具有氧化性,但由于其本身带有负电荷,不能靠近也带负电荷的细菌,所以基本上无消毒作用。当污废水的 pH 较高时,上式中的化学平衡会向右移动,水中 HOCl 浓度降低,消毒效果减弱。因此 pH 是影响消毒效果的一个重要因素。pH 越低,消毒效果越好。实际运行中,一般应控制 pH<7.4,以保证消毒效果,否则应该调节 pH 至合适的区间。除 pH 以外,温度对消毒效果影响也很大,温度越高,消毒效果越好,反之越差,其主要原因是温度升高能促进 HOCl 向细胞内的扩散。

(2) 二氧化氯消毒　二氧化氯(ClO_2)对细菌的细胞壁有较强的吸附和穿透能力,可快速控制微生物蛋白质的合成,对细菌、病毒等有很强的灭活能力。

二氧化氯在水中是纯粹的溶解状态,不与水发生化学反应,故它的消毒作用受水的 pH 影响小,这是与液氯消毒的区别之一。在较高的 pH 下,ClO_2 消毒能力比氯强。比如 pH 为 8.5 时,埃希氏大肠杆菌的杀灭率可达到 99% 以上,所需二氧化氯只需要 0.25mg/L 的有效氯投加量和 15s 的接触时间,而氯的投加量至少需要 0.75mg/L。二氧化氯消毒的特点是,只起氧化作用,不起氯化作用,因而一般不会产生致癌物质。另外二氧化氯不与氨氮发生反应,因此在相同的有效氯投加量下,可以保持较高的余氯浓度,取得较好的消毒效果。

二氧化氯不稳定，因而必须在现场制造。二氧化氯的制造成本较高，因此只是在一些小型的污水处理工艺中采用了二氧化氯消毒工艺。

(3) 次氯酸钠消毒　NaOCl 是由 NaOH 和 Cl_2 反应生成，其化学反应生成过程如下：

$$NaOCl + H_2O \rightleftharpoons HOCl + NaOH$$

与液氯消毒比，次氯酸钠消毒工艺运行方便、安全、基建费用低。但其消毒的直接运行费用会高于液氯。

2. 氯消毒运行条件控制

(1) 投加量和时间　消毒剂的投加量和时间是影响消毒效果的最重要因素。对某种废水进行消毒处理时，加入较大剂量的消毒剂无疑将达到更好的效果，但这样也必然造成运行费用的增加。因此需要选择确定一个适宜的投药量，既能满足消毒灭菌的指标要求，同时又保证较低的运行费用。在有条件的情况下，可以通过实验的方法确定消毒剂的投加量。但在大多数情况下，一般是根据经验数据来确定消毒剂的投加量和反应接触时间，到工艺投入运行后，还可以通过控制投药量的增加或减少对设计参数进行修正。

(2) 微生物特性　不同微生物对氯的抵抗性不同。通常病毒对消毒剂的抵抗力较强；有芽孢的比无芽孢的耐力强；寄生虫卵较易杀死，但原生动物中的痢疾内变形虫的胞囊却很难被杀死；单个细菌易杀死，成团细菌（如葡萄球菌）的内部菌体却难以被杀死。

(3) 温度　温度通过两个途径对消毒产生影响。第一，温度过高或过低都会抑制微生物的生长活动，直接影响杀菌效率。第二，影响传质和反应速率。一般而言，较高温度对消毒过程有利。

(4) pH　pH 影响氯系消毒剂的存在形态，另外有些微生物的表面电荷特性也会随 pH 的变化而变化。表面电荷可能阻碍带电消毒剂的进入，从而影响消毒效果。如低 pH 时，中性 HOCl 的数量较多，次氯酸可以扩散到带负电荷的细菌细胞表面，并渗入其胞内，以杀灭细菌。当污水的 pH 较高时，次氯酸根的浓度增加，因为次氯酸根带负电，难以靠近带负电的细菌，消毒效果减弱。

(5) 水中杂质　水中的悬浮物能掩蔽菌体，使之不受消毒剂的作用，导致消毒剂投加量增加，消毒效果减弱，因此在消毒前应尽量减少污水中的细小悬浮物。还原性物质和有机物会消耗氧化剂，并有可能生成多种有害的消毒副产物。所以一级处理出水比二级或三级处理出水难消毒，因为前者有较多的有机物等杂质，会消耗投加的氯，这在一定程度上降低了氯的杀菌效率。

(6) 消毒剂与微生物的混合接触状况　混合接触的状况对消毒过程有较大影响。混合效果越好，杀菌率越高。因此，快速的混合是污水氯化消毒的一个主要影响因素，可通过试验确定加氯点的最佳紊动程度，使加氯点处水流应能形成高度紊流，快速完成混合。

二、氯消毒工艺的营运管理

1. 氯消毒系统的日常维护

(1) 液氯消毒系统的日常运维　液氯加氯系统包括加氯机、接触池、混合设备以及氯瓶等部分。

① 防止加氯氯瓶产生负压。液氯消毒通常通过水射器将其加入污水管道内。当压力小于 1atm（1atm=101.325Pa）时，弹簧膜阀能自动关闭，以防止氯瓶被抽吸产生负压，同时还能起到稳压的作用。在工作中，要注意观察加氯机的工作情况，加氯机起稳定加氯量、防止压力水倒流的作用。

② 控制氯投加量与保证消毒接触时间对于不同的消毒对象需要不同的投加量，这需要通过实验确定。城市污水经二级处理，排入受纳水体之前，进行加氯消毒并保持一定的余氯浓度，一般加氯量为 5~10mg/L；初级处理出水需加氯 15~25mg/L。深度处理中，除要求达到一定的消毒效果，还要求回用水管网末梢保持一定的余氯量。加氯量是否适当，可由处理效果和余氯量指标评定。

接触时间是污水在接触池的水力停留时间。一般来说，在保证消毒效果一定的前提下，接触时间延长，加氯量可适当减少。但接触时间很大程度上取决于设计，一般来说，应控制在 30min 以上。污水量增加时，接触时间会缩短，此时应适当增加氯量。

③ 做好日常运行记录

包括处理水量、水温、氯投加量、出水余氯量、消毒效果等。液氯消毒参数见表 1-13。

表 1-13 液氯消毒的参数

处理水	接触时间/min	加氯间氯气最高允许浓度/(mg/m³)	出水含氯浓度/(mg/L)
污水	≥30	1	—
再生水	≥30	1	≥0.2(城市杂用水)
			≥0.05(工业用水)
			≥1~1.5(农业灌溉水)
			≥0.05(景观环境水)

（2）二氧化氯消毒系统日常运维　应根据水量及对水质的要求确定加药量；应定期清洗二氧化氯原料灌口闸阀中的过滤网；开机前应检查防爆口是否堵塞，并应确保防爆口处于开启状态；开机前应检查水浴补水阀是否开启，并应确认水浴箱中自来水是否充足；停机且加药泵停止工作后，设备应再运行 30min 以后，再关闭进水；停机时，应关闭加热器电源。

（3）次氯酸钠消毒系统日常运维　应根据水量及对水质的要求确定加药量；应每月清洗；次氯酸钠发生器电极；应将药剂贮存在阴暗干燥处和通风良好的清洁室内；运输时应有防晒、防雨淋等措施；应避免倒置装卸。

2. 氯消毒工艺运维安全与卫生要求

（1）液氯消毒系统应符合的规定。应每周检查 1 次报警器及漏氯吸收装置与漏氯检测仪表的有效联动功能，并应每周启动 1 次手动装置，确保其处于正常状态。氯库应设置漏氯检测报警装置及防护用具。

应每月检查并维护漏氯检测仪 1 次，每周对防毒面具检查 1 次；漏氯吸收装置宜每 6 个月清洗 1 次；加氯时应按加氯设备的操作规程进行，停泵前应关闭出氯总闸阀；加氯间的排风系统，在加氯机工作前应通风 5~10min；应制定液氯泄漏紧急处理预案和程序；加氯设施较长时间停置；应将氯瓶妥善处置；重新启用时，应按加氯间投产运行的检查和验收方案重新做好准备工作；开、关氯瓶闸阀时，应使用专用扳手，用力均匀，严禁锤击，同时应进行检漏；氯瓶的管理应符合现行的国家标准《氯气安全规程》GB 11984—2008 的规定。

（2）二氧化氯消毒系统应符合的规定。盐酸的采购和存放应符合国家现行有关标准的规定；固体氯酸钠应单独存放，且与设备间的距离不得小于 5m；库房应通风、阴凉；严禁用金属器件锤击或摔击，严禁明火；操作人员应戴防护手套和眼镜。

● 实训二　氯消毒工艺的巡检与运维控制 ●

氯消毒是指向污水中加入氯气（或二氧化氯），当氯气（或二氧化氯）与水接触时，会发生化学反应，生成次氯酸（HClO）。次氯酸是一种强氧化剂，具有小分子结构，能够迅速扩散到带负电荷的细菌表面，穿透细菌的细胞壁，利用氯原子的氧化作用破坏细胞的酶系统，导致细菌死亡。

  实训目标

会对消毒池的运行情况进行巡察、发现异常问题并提出解决对策。

  实训记录

根据图1-52指出液氯消毒运行的注意事项和安全管理要求。在图中标注系统的日常运营内容。

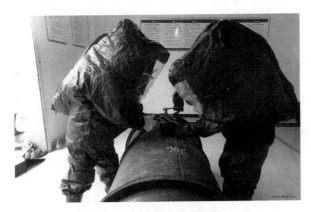

图1-52　氯消毒检修场景

  实训思考

（1）液氯消毒加氯间的日常运营维护重点。
（2）采用二氧化氯消毒时的药品贮存要求。

  匠心筑梦

安全规范，胸怀巧匠使命

高爱华，35岁，中国共产党党员，现任该公司八岗污泥处理厂副厂长。曾荣获"全国住房城乡建设行业技术能手""河南省技术标兵""郑州大工匠"等称号。

2008年，硕士毕业的高爱华，怀着对环保事业的无限热忱，进入郑州市污水净化有限公司成为一名普通的污水运转工。11年间，在水污染治理的第一线，在技术革新的最前沿，始终活跃着她的身影。她先后参与河南省多个重大项目的论证、设计、建设工作，为污水污泥处理行业发展作出重要贡献。

2017年，郑州市筹建双桥污水处理厂，这是郑州市第一座污水、污泥处理生产线同步建设、同步运行的污水处理厂。面对空前的难度，高爱华大胆设想：把厂区污水、污泥处理重要设备全部升级为远程监控操作。然而，这在当时国内外都是一个空白。研发过程中，一个个技术难题接踵而来。那一年，高爱华就在实验室、办公室、食堂之间三点一线打转，不停地测算、分析、试验，带领团队前后开了几十次技术分析会，一个个技术方案推倒重来、再推倒再重来。2017年底，设计超前的双桥污水处理厂终于建成，大多数工作在办公室就可以完成。

污泥处理需要直接与污染物打交道，生产车间高温高热、臭气弥漫，且伴有大量粉尘和一些有毒气体，环境比较恶劣。长期以来，这一行业始终以男性工人为主。作为女性知识分子，高爱华却一不怕苦、二不怕脏、三不怕累，怀揣环保梦想，一干就是十余年。

要干就要干好，要干就干一流。凭着一股钻劲、韧劲，凭着共产党员特别能吃苦、特别能战斗的意志，高爱华用智慧和汗水开辟了一条污水污泥处理创新之路。先后获得两项实用新型专利和一项发明专利；参与"十二五""十三五"国家水污染控制与治理科技重大专项课题研究。

2016年，高爱华劳模创新工作室正式成立。高爱华工作室积极发挥创新平台优势，与中国农科院、河南工业大学等展开合作，围绕污泥处理生产运行中遇到的问题、难题，开展一系列研发改造，34项设备和工艺改造硕果累累，助推郑州市污水净化有限公司成为国内城市污泥处理行业中的"领跑者"。

工作室在技术创新研发过程中，培养了一大批技术骨干。团队成员中，不少是刚毕业的大学生。高爱华把自己当作"大师姐"，坚持做好"传帮带"。在她的带领下，工作室诞生了高级工程师1人、工程师3人、技师2人、高级工9人、助理工程师7人，成为推动郑州污水污泥处理行业不断前进的人才基地。

"干一行就要爱一行，做好污水污泥处理，为绿水蓝天作出贡献，就是我的初心，我还会坚持下去，希望通过技术技能，为美丽的郑州作出贡献"，高爱华说。

模块二

污泥处理处置工艺运维

学习指南

根据职普融通、产教融合、科教融汇的理念,以及优化职业教育类型定位的要求,本模块提出了污水处理厂污泥处理工艺现场运维人员的基本素质和要求,以满足污泥处理运维岗位要求。

项目一 污泥处理工艺运维

任务一 污泥处理工艺的运维控制

知识目标

掌握污泥处理工艺浓缩、消化、脱水的目的和作用;掌握污泥处理工艺的常用方法和设备;掌握污泥处理工艺的运行控制要点和维护管理要求。

能力目标

会控制污泥处理工艺浓缩、消化、脱水的运行管理要点;会操作和清理污泥处理工艺设备;会对污泥处理工艺设备运行情况进行巡察,发现异常问题并提出解决对策。

素质目标

培养责任心和团队合作精神,强化安全生产意识;培养分析问题、解决问题的能力;培养吃苦耐劳的工匠精神。

知识链接

污水处理过程中产生的污泥,其含水率很高,一般为 $99\% \sim 99.8\%$,污泥所含水分大致分为间隙水、毛细管结合水、表面吸附水和内部水。

(1) 间隙水 指存在于颗粒间隙中的水,约占固体废物中水分的70%左右,可用浓缩法分离。

(2) 毛细管结合水 指颗粒间形成一些小的毛细管,在毛细管中充满的水分,占水分的20%左右,可采用高速离心机脱水负压或正压过滤机脱水。

浓缩池故障分析与排除

(3) 表面吸附水 指吸附在颗粒表面的水,约占水分的7%,可用加热法脱除。

(4) 内部水 在颗粒内部或微生物细胞内的水,约占水分的3%,可用生物法破坏细胞膜除去胞内水或用高温加热法、冷冻法去除。

在进行污泥外运处理之前,首先需要对污泥进行处理,以达到适合外运的条件。污泥处理是指对污泥进行浓缩、调质、脱水、稳定、干化或焚烧等减量化、稳定化、无害化的加工过程。主要包括以下几个方面。

(1) 浓缩处理 通过浓缩处理可以降低污泥的体积,减少外运成本。常用的浓缩方法包括浓缩处理、压滤处理等。

(2) 稳定化处理 稳定化处理可以改变污泥的性质,使其在外运过程中不易变质、产生臭味,减少对环境的污染。常用的稳定化处理方法包括厌氧消化、好氧消化等。

(3) 消毒处理 为保证外运过程中的卫生条件,在外运前需要对污泥进行消毒处理,以减少细菌和病原体的数量。常用消毒方法包括紫外线消毒、氯消毒、臭氧消毒等。

一、污泥浓缩

污泥浓缩的主要目的是降低污泥的含水率,大幅降低污泥体积,即通常所说的减容,这样可以大幅度降低后续处理的费用。污泥浓缩主要去除污泥水分中的游离水,主要的浓缩方法有重力浓缩法、气浮浓缩法和离心浓缩法三种。

1. 污泥浓缩常用方法

(1) 重力浓缩法 利用重力将污泥中的固体与水分离,使污泥的含水率降低的方法称为重力浓缩法。重力浓缩的动力是污泥颗粒的重力,适用于浓缩密度较大的污泥和沉渣,一般使用辐流式(或竖流式)沉淀池,用于大型污水处理厂。这也是使用最广泛和最简便的一种浓缩方法。

(2) 气浮浓缩法 气浮浓缩与重力浓缩相反,它是依靠大量微小气泡附着在污泥颗粒的周围,通过减小颗粒的密度,形成上浮污泥层,撇除浓缩污泥层到污泥槽,并用浮渣泵把污泥槽污泥送到下一段污泥处理设施,气浮池下层液体回流到废水处理装置。气浮浓缩的动力是气泡强制施加到污泥颗粒上的浮力。

(3) 离心浓缩法 离心浓缩是利用污泥中固、液密度不同,在高速旋转的机械中具有不同的离心力而进行分离浓缩,经分离的固体颗粒和污泥分离液,由不同的通道导出机外。离心浓缩的动力是离心力。

2. 污泥浓缩法运行控制

(1) 进泥控制 浓缩池进泥量可由式(2-1)计算:

$$Q_i = \frac{q_s \cdot A}{C_i} \tag{2-1}$$

式中 Q_i——进泥量,m^3/d;

C_i——进泥浓度，kg/m³；

A——浓缩池的表面积，m²；

q_s——固体表面负荷，kg/(m²·d)。

固体表面负荷 q_s 系指浓缩池单位表面积在单位时间内所能浓缩的干固体量。常取 $60 \sim 70$ kg/(m²·d) 之间。

由式(2-1)计算确定的进泥量还应当用水力停留时间 T 进行核算。水力停留时间计算如式(2-2)：

$$T = \frac{A \cdot H}{Q_i} \qquad (2-2)$$

式中 A——浓缩池的表面积，m²；

H——浓缩池的有效水深，通常指直墙深度，m；

T——水力停留时间，h。一般控制在 $12 \sim 30$ h 范围内。温度较低时，允许停留时间稍长一些；温度较高时，不应该停留时间太长，以防止污泥上浮。

(2) 排泥控制 规模较大的处理厂一般采用连续进泥连续排泥，连续进排泥可使污泥层保持稳定，对浓缩效果比较有利。

小型处理厂一般只能间歇进泥并间歇排泥，因此应"勤进勤排"，使运行尽量趋于连续，不能做到"勤进勤排"时，至少应保证及时排泥。但每次排泥一定不能过量，否则排泥速度会超过浓缩速度，使排泥变稀，并破坏污泥层。

(3) 浓缩效果的评价 在浓缩池的运行管理中，应经常对浓缩效果进行评价，并随时予以调节。浓缩效果通常用浓缩比进行评价。浓缩比系指浓缩池排泥浓度与入流污泥浓度比，用 f 表示，一般 f 应大于 2.0，计算如式(2-3)：

$$f = \frac{C_\mu}{C_i} \qquad (2-3)$$

式中 C_i——入流污泥浓度，kg/m³；

C_μ——排泥浓度，kg/m³。

(4) 浓缩池运行的参数控制 浓缩池运行的参数应符合设计要求，可按表2-1中的规定确定。

表2-1 浓缩池运行参数

污泥类型		污泥固体负荷/(kg/m²·d)	污泥含水率/%		停留时间/h	气固比/(kg气体/kg固体)
			浓缩前	浓缩后		
重力型	剩余活性污泥	20～30	98.5～99.6	95.0～97.0	6～8	—
气浮型		1.8～5.0	99.2～99.8	95.5～97.5	—	0.005～0.040
重力型	初沉污泥与剩余活性污泥的混合污泥	50～75	—	95.0～98.0	10～12	

3. 浓缩池运行管理、维护保养、安全操作的要求

① 刮泥机宜连续运行；

② 可采用间歇排泥方式，并应控制浓缩池排泥周期和时间；

③ 浓缩池除臭应符合污水处理厂臭气处理有关规定；

④ 刮泥机不得长时间停机和超负荷运行；

⑤ 应及时清除浮渣、刮泥机上的杂物及集水槽中的淤泥；长期停用时，应将污泥排空；

⑥ 上清液需进行化学除磷时，应符合《城镇污水处理厂运行、维护及安全技术规程》

(CJJ 60—2011）中有关规定；

⑦ 机械、电气设备应做好维护保养。

4. 浓缩池运行管理注意事项

① 入流污泥池中的初沉池污泥与二沉池污泥要混合均匀，防止因混合不匀导致池中出现异重流扰动污泥层，降低浓缩效果。

② 当水温较高或生物处理系统发生污泥膨胀时，浓缩池污泥会上浮和膨胀，此时投加Cl_2、$KMnO_4$等氧化剂抑制微生物的活动可以使污泥上浮现象减轻。

③ 必要时在浓缩池入流污泥中加入部分二沉池出水，可以防止污泥厌氧上浮，改善浓缩效果，同时还可以适当降低浓缩池周围的恶臭程度。

④ 浓缩池长时间没有排泥时，如果想开启污泥浓缩机，必须先将池子排空并清理沉泥，否则有可能因阻力太大而损坏浓缩机。在北方地区的寒冷冬季，间歇进泥的浓缩池表面出现结冰现象后，如果想要开启污泥浓缩机，必须先破冰。

⑤ 定期检查上清液溢流堰的平整度，如果不平整或局部被泥块堵塞必须及时调整或清理，否则会使浓缩池内流态不均匀，产生短路现象，降低浓缩效果。

⑥ 定期（一般半年一次）将浓缩池排空检查，清理池底的积砂和沉泥，并对浓缩机水下部件的防腐情况进行检查和处理。

⑦ 定期分析测定浓缩池的进泥量、排泥量、溢流上清液的SS和进泥排泥的含固率，以保证浓缩池维持最佳的污泥负荷和排泥浓度。

⑧ 每天分析和记录进泥量、排泥量、进泥含水率、排泥含水率、进泥温度、池内温度及上清液的SS、TP等，定期计算污泥浓缩池的表面固体负荷和水力停留时间等运转参数，并和设计值进行对比。

二、污泥消化

污泥消化是污水处理过程中的一个重要环节，通过微生物的作用将污泥中的有机物分解为稳定的无机物。污泥消化一般采用厌氧消化和好氧消化两种方法。根据《城镇污水处理厂污染物排放标准》（GB 18918—2002）的规定，好氧消化和厌氧消化稳定化控制指标为有机物降解率大于40%。

1. 污泥消化常用方法

（1）好氧消化 是指对二级处理的剩余污泥或一、二级处理的混合污泥进行持续曝气，促使其中的生物细胞或构成BOD的有机固体分解，从而降低挥发性悬浮固体物质含量的方法；产物主要是有机物被好氧氧化为CO_2、NH_3和H_2O。其主要目的是减少污泥中有机固体（VSS）的含量。

好氧消化是一种将污泥在氧气条件下进行氧化和分解的方式，适用于污泥处理量较小的情况。好氧消化时应注意控制污泥的氧气供应、温度和搅拌等条件，以保证消化效果。

（2）厌氧消化 污泥厌氧消化是利用兼性菌和厌氧菌进行厌氧生物反应，分解污泥中有机物质的一种污泥处理工艺。厌氧消化是使污泥实现"四化"的主要环节，随着污泥被稳定化，其产生大量高热值的沼气，可作为能源利用，使污泥实现资源化。

厌氧消化是一种将污泥在无氧条件下进行发酵和分解的方式，适用于污泥处理量较大的情况。厌氧消化时应注意控制污泥的温度、pH值和有机负荷等条件，以保证消化效果。

常见厌氧消化池有传统消化池、高速消化池和厌氧接触消化池（见图 2-1）。以下是关于传统消化池、高速消化池和厌氧接触消化池三者特点。

消化池故障分析与排除

① 传统消化池。其特点在于操作方式较为简单，但由于污泥的自然分层，微生物与营养物质之间的接触不充分。这种不充分的接触限制了其处理负荷，导致产气量相对较低。同时，污泥的分层还容易在消化池内形成浮渣层，这不仅减少了实际的有效池容，还增加了操作的难度和复杂性。

② 高速消化池。与传统消化池相比，高速消化池引入了搅拌机制，使得污泥在池内保持完全混合状态。这种完全混合状态克服了传统消化池的缺点，使得微生物与营养物质之间的接触更为充分，从而大大提高了处理负荷和产气率。搅拌机制使得高速消化池在处理效率上有了显著的提升。

③ 厌氧接触消化池。其在高速消化池的基础上，增加了污泥回流的设计。通过污泥的回流，消化池内可以维持更高的污泥浓度。这种高浓度的污泥为微生物提供了更为丰富的营养物质，进一步提高了消化效率。因此，厌氧接触消化池在效率上相比前两者更为出色，能够更好地满足处理需求。

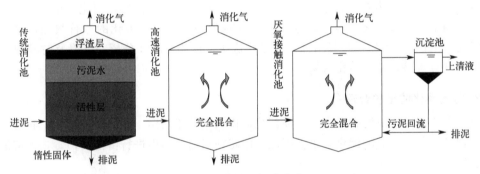

图 2-1　常见厌氧消化池

常见厌氧工艺对比如表 2-2 所示。

表 2-2　常见厌氧工艺对比

项目	传统消化池	高速消化池	厌氧消化池
加热情况	加热或不加热	加热	加热
停留时间/d	>40	10～15	<10
负荷/kg/m³·d	0.48～0.80	1.6～3.2	1.6～3.2
加料、排料方式	间断	间断或连续	连续
搅拌	不要求	要求	要求
均衡配料	不要求	不要求	要求
脱气	不要求	不要求	要求
排气回流利用	不要求	不要求	要求

2. 污泥消化的运行控制

(1) 进泥量与排泥量　最佳投泥量计算如式(2-4)：

$$Q_i = \frac{V \cdot F_v}{C_i \cdot f_v} \tag{2-4}$$

式中　Q_i——投泥量，kg/d；

V——消化池有效容积，m³；

F_v——消化系统的最大允许有机负荷,kg/(m³·d);
C_i——进泥的污泥浓度,kg/m³;
f_v——进泥干污泥中污泥浓缩比,%。

按上式算得的投泥量还应该核算消化时间,计算如式(2-5):

$$T = \frac{V}{Q_i} \geq T_m \tag{2-5}$$

式中 T——污泥消化时间,d;
T_m——污泥最短允许消化时间,d。

排泥量应与进泥量完全相等,并在进泥之前先排泥。

(2) 污泥和沉淀物的清理 污泥消化器内会产生大量的污泥和沉淀物,如果不及时清理会影响消化效果。因此,应定期清理污泥消化器内的污泥和沉淀物。清理时应注意安全,避免污泥和沉淀物外溢,同时要注意保护消化器内的搅拌装置和加热装置。

(3) 搅拌装置和加热装置的维护保养 污泥消化器内的搅拌装置和加热装置是保证消化效果的关键设备,应定期检查和维护保养。搅拌装置应保持正常运转,避免因故障停止运转而影响消化效果。加热装置应保持正常工作状态,避免因故障而影响消化效果。

(4) 测量和记录消化的运行数据 应定期测量和记录污泥消化的运行数据,包括进水量、温度、pH值、沼气产量等指标。通过对这些指标的监测和分析,可以及时发现问题并采取措施进行调整,保证消化效果。

3. 污泥消化的维护管理

(1) 消化器内的清洗和消毒 污泥消化器内长期处于高温、潮湿的环境中,容易滋生各种微生物和细菌,会影响消化效果。因此,应定期对消化器内进行清洗和消毒,保持消化器内的卫生。

(2) 消化器内的排放处理 污泥消化器内会产生大量的沼气和污泥,需要进行排放处理。沼气可以通过收集后进行利用,而污泥则需要进行处理后再排放。污泥可以通过压滤、脱水等方法进行处理,以减少对环境的影响。

(3) 消化器的定期检修 消化器作为污水处理系统中的关键设备,应定期进行检修和维护。检修时应对消化器内的搅拌装置、加热装置、阀门、传感器等进行检查和维护,以保证消化器的正常运行。同时,应及时更换老化的设备和部件,以延长消化器的使用寿命。

(4) 消化器的安全监测和预警 污泥消化器内存在着爆炸、中毒等安全隐患,应加强安全监测和预警工作。可以设置温度、压力、气体浓度等传感器进行监测,一旦发现异常情况,应及时进行预警和处理,以保证操作人员的安全。同时,应加强操作人员的安全培训和意识教育,提高其安全意识和应急处理能力。

4. 污泥厌氧消化运行管理、维护保养、安全操作的要求

① 应按一定投配率依次均匀投加新鲜污泥,并应定时排放消化污泥;
② 新鲜污泥投加到消化池,应充分搅拌、保证池内污泥浓度混合均匀,并应保持消化温度稳定;
③ 应定期检测池内污泥的pH值、脂肪酸、总碱度,进行沼气成分的测定,并应根据监测数据调整消化池运行工况;
④ 应保持消化池单池的进、排泥的泥量平衡,应每日巡视并记录池内的温度、压力和液位;

⑤ 应定期检查静压排泥管的通畅情况；

⑥ 当消化池热交换器长期停止使用时，应关闭通往消化池的相关闸阀，并应将热交换器中的污泥放空、清洗，螺旋板式热交换器宜每 6 个月清洗一次，套管式热交换器宜每年清洗 1 次；

⑦ 连续运行的消化池，宜 3～5 年彻底清池、检修 1 次；

⑧ 投泥泵房、阀门室应设置可燃气体报警仪，并应定期维修和校验；

⑨ 池顶部应设置避雷针，并应定期检查遥测；

⑩ 应保证沼气脱硫装置、沼气柜、沼气发电机、沼气锅炉、沼气燃烧器（火炬）等装置的安全运行。

5. 厌氧消化运行注意事项

对于污泥消化系统的运行，除了消化池、沼气贮柜、沼气利用等区域注意防爆安全外，还存在以下几点值得注意的问题。

(1) 脱硫　由于沼气中 H_2S 浓度太高（最高约为 6000mg/L），采用的干式脱硫塔容易出现超温（大于 60℃）现象。因此，在运行管理中应加强脱硫塔填料的翻新及补充。另外，在消化池进料中投加铁盐也可降低沼气中 H_2S 的含量，但会增加运行成本。

(2) 管道堵塞　运行中发现，从消化池出泥管到后浓缩池、从后浓缩池到脱水机前的贮泥池，以及离心脱水机上清液输送管道都容易被堵塞。这是由于磷酸铵镁（MAP）的形成。在厌氧消化中，有机物得到分解，并释放出 PO_4^{3-}、NH_4^+。经验表明，磷酸铵镁易在垂直下降的管道上、管道的弯头处及不光滑的管壁上形成，因而这部分管道宜采用 PE、PEHD 及不锈钢管材。发生堵塞的管道可采用机械法疏通（如管道疏通车）。

(3) 沼气发电机组的操作和维护　沼气发电机组特别是并网控制系统是进口的先进设备，机组的工作较易受到电网参数波动的影响而报警停机，需专人值班操作。

三、污泥脱水

污泥脱水是污水处理过程中的重要环节。将污泥的含水率降低到 80% 以下的操作称为脱水。其目的是将污水处理过程中产生的污泥脱水，减少污泥体积，去除毛细水，方便后续处理和处置。脱水后的污泥具有固体特性，成泥块状，能装车运输，便于最终处置与利用。常用的污泥脱水方法有压滤、离心、压榨等，常用的设备有带式压滤机、离心机、压榨机等。运行维护与管理要求对设备进行定期检查和维护，及时清理设备内部的污泥和杂物，保证设备的正常运行。同时要注意安全生产，遵守操作规程，做好设备的维护保养工作，确保设备的稳定性和安全性。

1. 污泥脱水常用方法

(1) 自然脱水　利用自然力（蒸发、渗透等）对污泥进行脱水的方法称为自然脱水。自然脱水构筑物是污泥干化场，干化场的主要构造包括围堤和隔墙、输泥槽、滤水层、排水系统、不透水底层、支柱和透明顶盖、轻便铁轨。污泥干化场如图 2-2、图 2-3 所示。脱水过程包括上部蒸发、底部渗透、中部放泄等自然过程。

(2) 机械脱水　利用机械力对污泥进脱水的方法称为机械脱水。机械力有压力、真空吸力、离心力等，对应的脱水方式称为过滤脱水和离心脱水。

① 过滤脱水。过滤脱水是在外力（压力或真空）作用下，污泥中的水分透过滤布或滤网，固体被截留，从而达到对污泥脱水的过程。分离的污泥水可送回污水处理设备进行重新

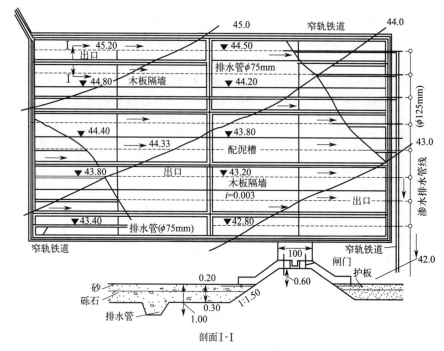

图 2-2 污泥干化场剖面图

图 2-3 污泥干化场现场图

处理，截留的固体以泥饼的形式剥落后运走。

过滤脱水的方法有真空过滤和压力过滤。真空过滤主要有转筒式、绕绳式和转盘式过滤机，压力过滤主要有板框压滤机和带式压滤机。

a. 真空过滤机。转筒式真空过滤机构成为半圆形污泥槽和过滤圆筒。转筒半浸没在污泥中，转筒外覆滤布，筒壁分成若干间分别由导管连接在回转阀座上。真空过滤机结构如图 2-4 所示。

b. 带式压滤机。带式压滤机由上下两组同向移动的回转带组成，上面为金属丝网做成的压榨带，下面为滤布做成的过滤带。污泥经浓缩段（重力）使污泥失去流动性后进入压榨段，由上、下两排支撑辊压轴的挤压而得到脱水。带式压滤机结构如图 2-5 所示。

c. 板框压滤机。由滤板、滤框、压紧装置、机架等组成。板框压滤机如图 2-6 所示。

② 离心脱水。利用离心力的作用进行污泥脱水的过程称为离心脱水。污泥通过中空轴

活性污泥法压滤机故障分析与排除

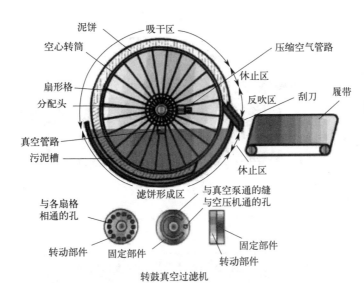

图 2-4 真空过滤机结构图

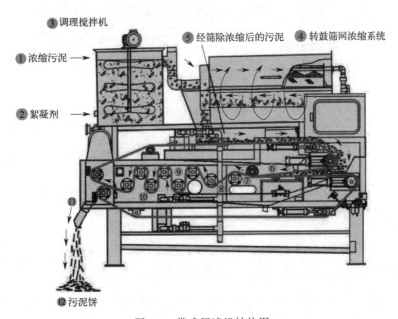

图 2-5 带式压滤机结构图

1—浓缩污泥；2—絮凝剂；3—调理搅拌机；4—转鼓筛网浓缩系统；5—经筛除浓缩后的污泥；6—刮刀；7，8，9，10—压榨辊筒；11—卸料装置；12—污泥饼

连续进入筒内，在离心力作用下泥水分离；螺旋输泥机与转筒同向旋转（但转速不同）将泥饼由右端推向左端，从排泥口排出，澄清水由排水口排出。离心脱水机结构如图 2-7 所示。

各类脱水设备优缺点对比及适用范围如表 2-3 所示。

2. 污泥脱水的运行控制

（1）污泥浓度　污泥浓度对于脱水效果有着重要的影响。一般来说，污泥浓度过低会导致脱水效果不理想，而过高则会增加脱水难度。因此，在脱水过程中需要控制好污泥浓度，一般控制在 2%～6% 之间。具体控制的浓度范围应根据污泥的特性和设备的工作条件来确定。

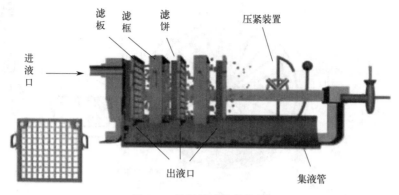

图 2-6 板框压滤机结构图

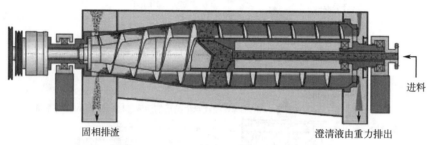

图 2-7 离心脱水机结构图

表 2-3 脱水设备优缺点对比及适用范围

脱水设备类型	优点	缺点	适用范围
真空过滤机	能连续操作,运行平稳,可以自动控制,处理量较大,滤饼含水率较低	污泥脱水前需进行预处理,附属设备多,工序复杂,运行费用较高	适于各种污泥的脱水
带式压滤机	可连续操作,设备构造简单,投资低,自动化程度高	操作麻烦,处理量较低	适于各种污泥的脱水
板框压滤机	制造较方便,适应性强,自动进料、卸料,滤饼含水率较低	间歇操作,处理量较低	适于各种污泥的脱水
离心脱水机	占地面积小,附属设备少,投资低,自动化程度高	分离液不清,电耗较大,机械部件磨损较大	不适于含沙量高的污泥

(2) 脱水设备的运行参数　脱水设备的运行参数对于脱水效果也有着重要的影响。对于压滤机而言,主要的运行参数包括滤布张力、滤布清洗方式、滤布清洗时间、压力过滤时间等。对于离心机而言,主要的运行参数包括转速、鼓壳差、进料浓度等。在运行过程中,需要根据污泥的特性和设备的工作条件来调整这些参数,以达到最佳的脱水效果。

(3) 污泥的预处理　污泥的预处理对于脱水效果也有着非常重要的影响。一般来说,预处理的方法包括加药、加热、加压等。加药可以改变污泥的物化性质,使其更易于脱水;加热可以提高污泥的渗透性,加速脱水过程;加压可以增加污泥的压实度,提高脱水效果。在预处理过程中,需要根据污泥的特性和设备的工作条件来选择合适的预处理方法。

(4) 操作人员的技能水平　操作人员的技能水平对于脱水效果也有着重要的影响。操作人员需要掌握脱水设备的工作原理和操作方法,熟练掌握各种运行参数的调整方法,能够及时发现和解决脱水过程中出现的问题。因此,需要对操作人员进行培训和考核,提高其技能水平,确保脱水设备的正常运行和脱水效果的稳定性。

（5）设备的维护与保养　设备的维护与保养对于脱水效果和设备寿命都有着重要的影响。需要定期清洗和更换滤布、清理过滤板、检查设备的各个部件是否正常运转等，确保设备的正常运行和脱水效果的稳定性。同时，还需要对设备进行定期的保养和维修，延长设备的使用寿命。

3. 污泥脱水设备中压滤机的维护管理

（1）滤布的维护　滤布是压滤机脱水的核心部件，需要定期进行维护和更换。在使用过程中，滤布容易被污泥和化学药剂侵蚀，导致其破损和老化。因此，需要定期检查滤布的状况，及时更换破损或老化的滤布，以保证脱水效果和维持设备寿命。

（2）清洗和维护过滤板　过滤板是压滤机脱水的另一个重要部件，需要定期进行清洗和维护。在使用过程中，过滤板容易被污泥和化学药剂侵蚀，导致其堵塞和老化。因此，需要定期清洗和维护过滤板，以保证脱水效果和维持设备寿命。

（3）定期检查滤布张力和清洗方式　滤布张力和清洗方式对于脱水效果也有着重要的影响。在使用过程中，滤布张力和清洗方式需要定期检查和调整，以保证最佳的脱水效果。一般来说，滤布张力应控制在合适的范围内，清洗方式应根据污泥的特性和设备的工作条件来选择合适的方式。

（4）定期检查压力过滤时间　压力过滤时间对于脱水效果也有着重要的影响。在使用过程中，需要定期检查和调整压力过滤时间，以保证最佳的脱水效果。一般来说，压力过滤时间应根据污泥的特性和设备的工作条件来选择合适的时间。

（5）设备的保养和维修　设备的保养和维修对于脱水效果和设备寿命都有着重要的影响。需要定期清洗和更换设备部件，检查设备的各个部件是否正常运转等，确保设备的正常运行和脱水效果的稳定性。同时，还需要对设备进行定期的保养和维修，延长设备的使用寿命。

● 实训一　污泥处理工艺的巡检与运维控制 ●

污泥处理处置的目标是实现污泥的减量化、稳定化、无害化、资源化。污泥处理处置从技术和操作层面上分为两个阶段：第一阶段是污水厂内或采用集中方式对污泥进行减量化、稳定化处理，其目的是降低处理后的污泥外运而造成的二次污染的风险，这一阶段主要是污泥处理的范畴；第二阶段是对处理后的污泥进行合理的安全处置，使污泥能达到无害化、资源化的目的，这阶段主要是污泥处置的范畴。

 实训目标

对污泥处理工艺设备运行情况进行巡察，发现异常问题并提出解决对策。

 实训记录

离心脱水絮凝剂的选择如图 2-8，请回答下列问题。

 实训思考

思考污泥脱水过程中可能遇到的挑战及其解决方案。

图 2-8　离心脱水絮凝剂选择的场景

1. 污水厂污泥脱水如何选择絮凝剂？絮凝剂的基本要求有哪些？
2. 常用的絮凝剂有哪些？脱水后要满足哪些要求？

任务二　污泥处理质量管理

知识目标

掌握污泥处理质量管理的要求；了解污泥处理的全过程管理；掌握污泥处理质量管理的要点。

能力目标

会对污泥泥质进行控制；会分析控制污泥处理运行管理要求；会进行污泥处理质量的监测和控制；会对污泥处理设施进行运行维护和管理。

素质目标

培养责任心和团队合作精神，强化安全生产意识；培养分析问题、解决问题的能力；培养吃苦耐劳的工匠精神。

知识链接

污泥处理是污水处理过程中的一个重要环节，将处理后的污泥进行分类、处理和利用，以达到环保和资源化的目的。

一、城镇污水处理厂污泥特征

城镇污水处理厂污泥是在生活污水净化过程中产生的含水率不同的半固态或固态物质，它包括污水中泥砂、纤维、动植物残体等固体颗粒及其凝结的絮状物，各种胶体、有机物及吸附的金属元素、微生物、病菌、虫卵、杂草种子等综合固体物质。其中含有大量有机质和氮磷等营养物质，有机质含量占其干基质量的50%以上。如果污水厂接纳工业废水，则污泥中含有一定比例的重金属离子和有害的化学物质，如可吸附性的有机卤素、阴离子合成洗涤剂和多氯联苯等。

城镇污泥的性质指标主要包括污泥重金属含量、污泥有机质含量、污泥肥分和污泥热值。

1. 污泥重金属含量

在污水处理过程中，70%～90%的重金属元素通过吸附或沉淀转移到污泥中。一些重金属元素主要来源于工业排放的废水，如镉、铬；一些重金属来源于生活污水的管道系统，如铜、锌等。若将污泥施用于土壤后，重金属将积累于地表层，通过食物链，在作物、动物以及人类体内积累，因此重金属是限制污泥大规模土地利用的重要因素。

2. 污泥有机质含量

污泥中含有植物所需的营养元素氮、磷、钾，由于植物对营养元素的需求量有一定的范围，因此污泥中营养元素特别是氮的含量，是园林绿化或农用污泥施用量的决定性因素之一。污泥中的有机物和腐殖质可改善土壤结构，提高保水能力和抗蚀能力，是良好的土壤改良剂。

3. 污泥肥分

污水污泥的肥分主要取决于污水水质和处理工艺。高负荷运行的污水处理厂，其污泥中的氮含量往往比传统活性污泥厂的高，因为内源呼吸量较低。对于采用生物除磷工艺的污水处理厂，可以预计污泥中磷的含量较高。

4. 污泥热值

污泥的热值是污泥焚烧处理时的重要参数，其主要取决于污泥中有机物含量的高低。表2-4列出了各种污泥的燃烧热值表。

表2-4 各种污泥的燃烧热值表

污泥种类	污泥条件	燃烧热值/(kJ/kg[干])
初次沉淀污泥	新鲜的	15826.0～18191.6
	经消化的	7201.3
初次沉淀污泥与腐殖污泥混合	新鲜的	14905.0
	经消化的	6740.7～8122.4
初次沉淀污泥与活性污泥混合	新鲜的	16956.5
	经消化的	7452.5
活性污泥	新鲜的	14905.0～15214.8

二、污泥处理质量管理要求

1. 污泥泥质

污泥泥质特指经过稳定化处理或脱水处理后的城镇污水处理厂污泥应达到的质量标准。城镇污水处理厂污泥泥质应满足《城镇污水处理厂污泥泥质》(GB/T 24188—2009)的要求。

2. 污泥处理质量

城镇污水处理厂污泥泥质基本控制指标及限值应满足表2-5的要求。

表2-5 泥质基本控制指标及限值

序号	基本指标	限值
1	pH	5～10
2	含水率/%	<80
3	粪大肠菌群菌值/(MPN/100g)	>0.01
4	细菌总数(MPN/kg 干污泥)	<10^8

城镇污水处理厂污泥泥质选择性控制指标及限值应满足表 2-6 的要求。

表 2-6 泥质选择性控制指标及限值

序号	选择性指标	限值/(mg/kg)
1	总镉	<20
2	总汞	<25
3	总铅	<1000
4	总铬	<1000
5	总砷	<75
6	总铜	<1500
7	总锌	<4000
8	总镍	<200
9	矿物油	<3000
10	挥发酚	<40
11	总氰化物	<10

《城镇污水处理厂污染物排放标准》（GB 18918—2002）规定了城镇污水处理厂的污泥应进行污泥脱水处理，脱水后污泥含水率应小于 80%。同时还规定了好氧消化、厌氧消化、好氧堆肥的污泥稳定化控制指标。

《城镇污水处理厂污染物排放标准》

三、污泥处理运行管理要求

根据《排污许可证申请与核发技术规范 水处理（试行）》（HJ 978—2018），污泥处理运行管理要求如下：

① 水处理排污单位的污泥应进行稳定化处理，其中城镇污水处理厂的污泥稳定化处理后应达到 GB 18918—2002 的要求。

② 排污单位应收集污水处理过程中产生的全部污泥，并实行有效的稳定、减容、减量的处理。

③ 加强污泥处理各个环节（收集、储存、调节、脱水及外运等）的运行管理，处理过程中应防止二次污染。

④ 排污单位应保持污泥处理设施稳定运行，产生的污泥应及时处理和清运，记录污泥产生、处置及出厂总量，并严格执行污泥转移联单制度。

⑤ 污泥暂存间地面应采取防雨、防渗漏措施，排水设施应采取防渗措施。脱水污泥应采用密闭车辆运输。

⑥ 处理后的污泥进行填埋处理的，应达到安全填埋的相关环境保护要求。

⑦ 处理后的污泥农用的，应满足《农用污泥污染物控制标准》（GB 4284—2018）要求。

《排污许可证申请与核发技术规范 水处理（试行）》

《危险废物管理计划和管理台账制定技术导则》

四、污泥管理台账

台账可以实现固体废物可追溯、可查询的目的，推动企业提升固体废物管理水平。根据《中华人民共和国固体废物污染环境防治法》第三十六条及《城镇排水与污水处理条例》第三十条的规定，污水处理厂应建立污泥管理台账，对产生的污泥种类、数量、流向、贮存、利用以及处理处置

《一般工业固体废物管理台账制定指南（试行）》

后的污泥去向、用途、用量等进行跟踪、记录，并向城镇排水主管部门、环境保护主管部门报告，保证处理处置后的污泥符合国家有关标准。

根据《危险废物管理计划和管理台账制定技术导则》或《一般工业固体废物管理台账制定指南（试行）》的规定，依据污泥性质分别建立污泥管理台账，如表2-7所示。同时，应建立档案管理制度，确保台账记录保存期限不得少于5年。污泥处理设施要点如下：

① 设施应当根据运行情况按月汇总。

② 编号：污泥处理设施编号为排污单位内部编号，或根据《排污单位编码规则》（HJ 608—2017）进行编号。

③ 设施名称：污泥处理设施包括：a. 污泥消化，包括厌氧消化池、好氧消化池等；b. 污泥浓缩，包括浓缩机、浓缩池等；c. 污泥脱水，包括压滤机、离心机等；d. 污泥输送，包括皮带输送机、螺旋输送机、管道输送机等；e. 污泥干化，包括干化机、干化场等；f. 污泥暂存，包括暂存间等；g. 污泥焚烧，包括焚烧炉等。

④ 处理方式：主要包括污泥消化、污泥浓缩、污泥脱水、污泥干化、污泥堆肥。

⑤ 污泥产生量、处理后污泥量、厂内暂存量、综合利用量、自行处置量、委托处置利用贮存量均以干泥计。

表 2-7 污泥处理设施日常运行信息

记录时间	编号	设施名称①	污染物产生及处理情况							污泥去向					备注
			污泥产生量(干泥)/t	含水率/%	处理方式	添加药剂		处理后污泥量(干泥)/t	处理后污泥含水率/%	厂内暂存量/t	综合利用量/t	自行处置量/t	委托处置利用贮存量/t	委托单位	
						名称	数量/kg								

● 实训二 污泥处理质量管理实施 ●

城镇污水处理厂污泥泥质特指经过稳定化处理或脱水处理后的城镇污水处理厂污泥达到的质量标准。城镇污水处理厂污泥泥质应满足《城镇污水处理厂污泥泥质》（GB 24188—2009）的要求。

离心脱水机的更换、带式脱水机的检查

 实训目标

会分析运用污泥处理运行管理要求；会进行污泥处理质量的监测和控制。

实训记录

（1）根据图2-9指出污泥脱水有哪些脱水设备，此压滤机处理污泥的运行管理要求。脱水后的污泥泥质应满足哪些要求？在图中标注日常运行内容。

（2）对照附录二污水厂运营评价自评表的内容，对污水厂的污泥处理情况进行自评。

图 2-9 离心脱水设备运行场景

实训思考

城镇污水处理厂污泥台账如何记录？

项目二　污泥处置工艺运维

任务一　污泥存放与外运管理

知识目标

掌握污泥存放和外运的基本要求；了解污泥存放的常用方式和注意事项；掌握污泥存放的运行维护和管理要求；掌握污泥外运的合规性要求。

能力目标

会进行污泥存放区域的巡察和清理；会对污泥进行分类和堆放；会对污泥存放区域进行安全管理；会判定分析污泥外运的合规性。

素质目标

培养责任心和团队合作精神，强化安全生产意识；培养分析问题、解决问题的能力；培养吃苦耐劳的工匠精神。

知识链接

一、污泥存放

污泥存放是污水处理过程中的一个重要环节，将处理后的污泥进行分类、堆放和存储，以便进行后续的处理和利用。污泥存放一般采用露天堆放和密闭式存储两种方式。

1. 污泥存放常用方式

（1）露天堆放　是一种简单、经济的污泥存放方式，适用于污泥处理量较小的情况。堆放时应注意选择平坦、干燥、通风的场地，避免污泥与雨水混合。同时，应避免污泥堆放过高，避免倒塌和安全事故的发生。

（2）密闭式存储　是一种较为安全、环保的污泥存放方式，适用于污泥处理量较大的情况。存储时应选择具有防水、防潮、防腐蚀等性能的设施，同时应定期对设施进行检查和维护保养，确保设施的正常运行。污泥料仓一般用于生活污水和工业废水处理过程中存储污泥，料仓内污泥后续可经卡车运输出厂。

2. 污泥料仓

污泥料仓作为处理过程中污泥的暂存仓库，能将裸露在外的污泥集中收置，保证转运及处理过程中的卫生，有效改善储存和运输条件。不仅如此，污泥料仓还可以起到半干固化的情况，有效降低污泥含水率。

(1) 污泥料仓的类型　污泥料仓主要分为存储湿污泥的滑架污泥料仓（含水率80%左右）和颚式干污泥料仓（含水率60%以下），主要用于板框压滤机、带式污泥脱水机、离心式污泥脱水机、滚压式污泥脱水机等泥饼的堆积存储，以及其他颗粒物和固体的存储，以便于集中一次性卸载运走。

① 滑架污泥料仓的工作原理。常规脱水污泥采用离心脱水机、土工管袋法、叠螺式脱水机、板框压滤机或带式脱水机等常规污泥脱水后，含固率一般在15%～25%之间，污泥种类包括目前各大污水厂脱水车间污泥、河道淤泥、部分化工污泥等，这类普通城镇污水厂污泥也是目前产生量最多类别的污泥；这类污泥有一定塑性和流动性，用手用力抓的情况下，污泥可以从指缝中挤出来，采用坍落筒试验时会有较大的坍落度。这类污泥一般采用滑架污泥料仓。

a. 进仓。脱水设备处理后产生的常规脱水污泥经过螺旋输送机或皮带输送机汇总后输送至储存仓。

b. 出仓。当满仓后，通过料仓底部的卸料输送机、卸料刀闸阀将污泥卸到运输车辆并外运，另外在料仓底部设计有滑架，滑架通过液压站驱动，卸料输送机在卸料时，滑架在仓底部来回做往复运动，对污泥进行破拱，使仓内的污泥顺利滑入卸料螺旋内。产品的滑架系统可以提升卸料的速度，减少仓内积泥情况，提高产品的利用效率。

储存仓底部全截面采用污泥破拱滑架装置，可有效防止污泥在料仓内的挂壁和结拱，料仓出料采用单螺旋配合自动刀闸阀。螺旋开口布满仓底断面，料仓的卸空率基本能达到100%，避免污泥在仓内长时间堆积发酵，料仓出料后直接卸料至污泥罐车内，通过罐车运输至厂外。

滑架污泥料仓可以实现污水厂脱水后的污泥"不沾地"的转运和输送，而且可以实现完全自动化输送，没有污泥泄漏造成二次污染，也不会使污泥内混入杂物为后续处置造成困难，保证真正的洁净接收与输送。目前较大型的污水处理厂采用该模式的比较多。

② 颚式干污泥料仓。深度脱水污泥添加了絮凝剂、生石灰等药剂并采用板框脱水处理后的脱水污泥，以及采用其他破壁方式将有机物中的部分吸附水和层间水去除以后的污泥，含固率在35%～65%之间，这类污泥几乎没有塑性和流动性，坍落度很小或没有，但在实际堆存中又表现出一定的黏性和湿度，堆存时间稍长就会有比较明显的气味产生，输送、处置难度比较大。这类污泥一般采用颚式干污泥料仓。

a. 进仓。深度脱水后污泥经过皮带收集后输送至矩形深度脱水污泥料仓，料仓一般设置在地下。

b. 出仓。料仓底部采用重载滑架破拱装置和双轴螺旋输送装置，滑架和螺旋开口同样布满整个仓底截面，一方面可以避免物料在仓内架桥造成堵塞，另一方面可以实现物料先入先出，料仓100%卸空，避免物料仓内长时间堆积发酵、发臭。料仓底部做了相关的释压处理，可以避免污泥被挤压后，滑架挤入造成伤亡的事故发生。同时系统设置完善的除臭系统，并设置自动分风系统，对于不同位置根据其臭气量设置不同的抽风量，保证整个输送在微负压的状态下运行。

(2) 污泥料仓的作用

① 暂时存储污泥。污泥料仓可以暂时存储污泥，使其在处理过程中能够持续供应。对于处理大量污泥的工艺，污泥料仓可以确保处理系统的平稳运行，避免因为供应不足而导致停机或者其他异常情况的发生。

② 控制污泥质量。污泥料仓可以将来自不同来源的污泥进行分类存储，这样能够控制污泥的质量。不同来源的污泥可能具有不同的化学成分、含水率、颗粒大小等特点，通过分类存储可以使污泥处理系统选择合适的污泥进行处理，从而提高了处理效率和降低了处理成本。

③ 调节污泥输送快慢。污泥料仓可以对污泥的输送快慢进行调节，从而适应不同的处理工艺和设备的要求。例如，在处理液态污泥时，污泥料仓可以通过调节出料口的开度来控制污泥的流量；在处理固态污泥时，污泥料仓可以通过控制输送螺旋的转速来调节污泥的输送。

④ 减少污泥运输成本。污泥料仓可以将污泥暂时存储在处理工厂内部，从而减少了污泥的运输成本。如果没有污泥料仓，处理工艺中的每个环节都需要进行污泥的运输，这样不仅增加了运输成本，还会增加处理过程中污泥泼洒和二次污染的风险。

⑤ 保护环境和人员安全。污泥料仓可以有效地控制污泥的扬尘和减少异味，从而减少了对环境和人员的污染和危害。例如，在开放式堆放污泥时，可能会产生大量的污泥扬尘和异味，而采用污泥料仓进行密闭存储可以有效地避免这种情况的发生。

（3）污泥料仓运行注意事项

① 当采用多仓式污泥料仓贮存脱水后的污泥时，应使各仓污泥量相对均匀；

② 在寒冷季节使用料仓，应采取有效的防冻措施；

③ 应通过机械振动、搅拌等方式，使污泥在料仓内均匀贮存，不应发生堵挂现象；

④ 污泥在料仓内存放的时间不宜超过 5d；

⑤ 应做好料仓仓体和钢结构架的内外防腐，并应定期检查和维修，发现问题应及时处理；

⑥ 污泥输送设备在带负荷运行前，应先空载运行，并检查进料仓和出料仓闸阀的开启状态，同时应进行合理调控；

⑦ 应对料仓采取防雷、通风和防爆等安全措施；

⑧ 料仓的贮存量不得大于总容量的 90%；

⑨ 料仓停用时，应将仓内沉积的污泥彻底清理干净；

⑩ 维修或维护料仓时，应监测仓内有毒、有害气体含量，并应按有关规定处理执行。

3. 污泥存放的运行维护和管理要求

（1）巡察和清理　应定期对污泥存放区域进行巡察和清理，避免污泥外溢和堆积过高。清理时应注意安全，避免污泥和沉淀物外溢，同时要注意保护存放区域的环境和设施。

（2）分类和堆放　应根据污泥的性质和后续处理的需要，对污泥进行分类和堆放。分类时应注意避免将不同性质的污泥混合，堆放时应避免过高和过密，以便进行后续的处理和利用。

（3）测量和记录　应定期对污泥进行测量和记录，包括污泥的数量、性质、堆放情况等指标。通过对这些指标的监测和分析，可以及时发现问题并采取措施进行调整，保证污泥存放的正常运行。

（4）安全管理　污泥存放区域一般处于开放的环境中，应加强安全管理。应设置明显的警示标志，避免非工作人员进入存放区域，同时要加强火灾发生、甲烷气体泄漏等安全防范措施，确保工作人员的人身安全和设施的安全。

二、污泥运输

当前，污水厂普遍采用污泥集中处理方式，以减少处理设施占地，提高处理效率，进一步降低处理成本。在污泥集中处理的过程中，通常须将不同来源的污泥统一收集并输送至处理设施。因此，污泥输送在输送成本、输送效率和安全性等方面的优化同样至关重要。

1. 运输条件

根据《污泥无害化处理和资源化利用实施方案》（发改环资〔2022〕1453 号）规定，污泥在运输环节应具备如下条件：

① 污泥运输应当采用管道、密闭车辆和密闭驳船等方式，运输过程中采用密封、防水、防渗漏和防遗撒等措施。

② 需要设置污泥中转站和储存设施的，应充分考虑周边人群防护距离，采取恶臭污染物防治措施，依法建设运行维护。建立污泥转运联单跟踪制度，运输单位应对运输过程进行全过程的监控和管理。

2. 污泥运输的一般规定

① 污泥运输采用陆路运输时，应符合现行国家法规《中华人民共和国道路运输条例》的规定，运输单位应具有道路运输经营许可证。

② 污泥运输应实现信息化管理，污泥运输相关信息、运输车辆定位等宜利用信息化平台实时监管。

③ 污泥陆路运输应采用防渗漏、防遗撒、无尖锐边角、易于装卸和清洁的专用密闭式车辆，防止恶臭逸散。运输车辆上应有明显的污泥标识，应加装 GPS 定位装置。

④ 陆路运输过程中未经许可严禁将污泥在厂外进行中转存放或堆放。需要设置污泥中转站的，经相关主管部门批准后方可建设和使用。

⑤ 运输车辆在驶出装载现场前和运送结束后，应在现场将车辆槽帮和车轮冲洗干净后离开。

⑥ 污泥运输采用管道输送时，应遵循以下原则：a. 建设规模和使用年限应与所服务的主体工程和项目总体规划相适应；b. 保护环境，节能降耗，节约土地；c. 采用成熟的新技术、新设备、新材料和新工艺；d. 管道输送工程应实现绿色、安全、数字化和智能化。

3. 城镇污水厂污泥运输的基本要求

(1) 城镇污水厂污泥陆路运输

① 污泥移出单位、污泥运输单位和污泥接收单位应建立污泥专用转移联单制度，污泥专用转移联单一式三联，内容包括污泥重量、污泥含水率、交接时间、交接人员、交接单位、处置方法、最终去向等。第一联由污泥移出（产生）单位留存，第二联由污泥运输单位留存，第三联由污泥处置承接单位留存。无转移联单的污泥，运输单位不得承运，承接处置单位不得接受。转移联单保存时间不应低于 10 年。

② 污泥运输应按相关部门批准的路线和时间行驶。

③ 污泥运输单位应安排专职人员对污泥途经路段进行定时巡察。

④ 污泥运输单位应向主管部门上报污泥运输车辆的基本信息，由主管部门统一对运输单位企业名称、法人、从事污泥运输车辆的服务范围、型号规格、车牌号、基本情况、驾驶员等信息进行逐项登记备案。新增或变更车辆，以及运输路线发生变化的，须重新办理备案登记手续。

(2) 管渠污泥陆路运输

① 管渠污泥陆路运输可采用污泥运输车辆运输，也可采用吸污车运输。

② 管渠污泥长距离运输宜进行脱水处理。

(3) 危险废物污泥运输　若运输的污泥为危险废物，应当按照《危险废物转移管理办法》等规定填写、运行危险废物电子转移联单。还需符合以下条件：

① 承运单位应当符合《道路运输车辆技术管理规定》《道路危险货物运输管理规定》（公路运输）、《铁路危险货物运输管理规则》（铁路运输）、《水路危险货物运输规则》（水路运输）的特定技术条件和要求，取得危险货物运输许可资质，同时在运输中还应遵守《危险

废物收集、贮存、运输技术规范》的相关要求。

② 驾驶人员、押运人员、装卸管理人员应当取得相应的道路危险货物运输从业资格。

③ 运输单位承运危险废物时,应按规定在物品包装、运输车辆上设置危险废物标志。

④ 运输车辆应当安装具有行驶记录功能的卫星定位装置。

实训一　污泥存放管理实施

生活污水和工业废水处理过程中分离或截留的固体物质统称为污泥。在污水处理过程中,污泥输送转移出污水处理厂时,一般都是用污泥料仓存储污泥,再经卡车运输出厂。因此,污泥料仓是水处理工艺中重要的存储设备,是典型的密闭式污泥存储方式。

实训目标

会对污泥存放的合规性进行分析,会对污泥存放区域进行安全管理。

实训记录

根据图2-10指出污泥存放设备有哪些?污泥存放有哪些环保要求?为什么污泥存放需要密闭处理?

图2-10　污泥仓运行场景

实训思考

污泥存放过程中可能出现哪些环境风险?主要防控措施有哪些?

任务二　污泥处置工艺的运维控制

知识目标

掌握污泥处置的基本思路;掌握污泥处置的常用方式和注意事项;掌握污泥处置与外运

的运行维护和管理要求。

能力目标

会对污泥进行分类和处理；会选择合适的处置方式；会对污泥处置设施进行维护保养；会测量和记录污泥处置的运行数据。

素质目标

培养责任心和团队合作精神，强化安全生产意识；培养分析问题、解决问题的能力；培养吃苦耐劳的工匠精神。

知识链接

污泥处置是对污泥经过浓缩、调质、脱水、稳定后，再进行干化或焚烧等减量化、稳定化、无害化及污泥资源化的加工过程。污泥处置一般采用填埋、焚烧、堆肥、综合化利用等方式。

一、污泥处置常用方式和注意事项

1. 填埋

填埋是一种常用的污泥处置方式，适用于污泥处理量较大的情况。填埋时应选择合适的场地，避免对周围环境造成污染。同时，应对填埋场地进行防渗、防臭、防火等处理，确保填埋的安全和环保。为了提高填埋的效果，减少其对环境的影响，可以采用分区填埋、压实覆盖等技术手段。定期监测填埋场地的地下水和土壤质量，确保不会对周围环境造成二次污染。

（1）填埋常用方式

① 卫生填埋。将污泥在防渗层上进行填埋，上覆土壤，防止污染物扩散。填埋污泥处置量大，处置工艺简单，处置成本低。填埋存在以下问题：城镇污泥有机质含量高，易发臭，对周围环境易造成二次污染；填埋需要占用大量土地，很多城市土地由于前期的填埋，土地严重贬值，土地浪费严重；一般垃圾填埋场离城市距离比较远，污泥运输成本居高不下。随着垃圾封场政策从23个试点城市逐步扩大到全国，填埋处理的市场会逐步关闭。

② 安全填埋。对含有有害物质的污泥进行特殊处理后填埋，确保不会对环境造成危害。

③ 干化填埋。先对污泥进行干燥处理，减少其体积，再进行填埋，以节省填埋空间。

④ 稳定化填埋。在填埋前对污泥进行稳定化处理，如加入石灰等，减少污泥的生物活性和有害物质的流失。

（2）填埋注意事项

① 场地选择。选择地质稳定、远离居民区、水源地和敏感区域的场地进行填埋。

② 防渗措施选取。填埋场底部和侧壁应设置防渗层，如高密度聚乙烯（HDPE）膜，防止污染物渗入地下水。

③ 渗滤液处理。收集并处理填埋场产生的渗滤液，防止污染环境。

④ 气体管理。安装气体收集系统，收集并处理填埋场产生的沼气，减少恶臭和温室气体排放。

⑤ 覆盖层设置。定期对暴露的污泥进行覆盖，减少异味和飞扬尘土。

⑥ 监测系统设置。建立监测系统，定期检测填埋场的地下水、土壤和气体，确保环境安全。

⑦ 运营管理。制定详细的运营管理计划，包括污泥的运输、填埋操作，场地维护等。

⑧ 环境影响评估。在建设填埋场前进行环境影响评估，评估可能对环境造成的影响，并制定相应的缓解措施。

⑨ 法规遵守。确保填埋操作符合当地环保法规和标准，获取必要的环境许可证。

2. 焚烧

焚烧是一种高温处理污泥的方式，可将污泥转化成灰烬或其他无害物质。目前污泥主要进入发电厂进行焚烧处理。一般发电厂在焚烧过程中，要求污泥不得影响其煤的热值。所以在污泥含水率上，一般以60%作为要求。在污泥处理上，直接加铁盐和石灰调理泥质，将含水率降低到60%即可。污泥经高压脱水后，即可直接焚烧。

这种处理方式需要特别的设备和技术，在进行处理时，应尽量避免产生二次污染。对于有毒有害物质和重金属，应采取更加谨慎严格的控制措施。焚烧时应选择具有防火、防爆等性能的设施，同时应对废气进行处理，避免对环境造成污染。

（1）焚烧常用方式

① 直接焚烧。将污泥直接送入焚烧炉进行高温焚烧，适用于含水率较低的污泥。

② 共燃烧。将污泥与煤、垃圾等其他可燃物混合后一起焚烧，利用现有的焚烧设施，减少建设成本。

③ 流化床焚烧。利用流化床炉进行焚烧，适用于含水率较高的污泥，焚烧效率较高。

④ 回转窑焚烧。利用回转窑进行焚烧，适用于含有有害物质的污泥，焚烧温度高，处理效果好。

（2）焚烧注意事项

① 水分控制。污泥焚烧前应尽量降低污泥的含水率，减少燃料消耗，提高焚烧效率。

② 废气处理。焚烧产生的废气应进行严格处理，安装除尘、脱硫、脱氮等装置，确保废气排放达标。

③ 灰渣处理。焚烧产生的灰渣中可能含有重金属等有害物质，应进行无害化处理或安全填埋，防止二次污染。

④ 设备维护。定期维护焚烧设备，确保其正常运行，避免因设备故障导致污染物排放超标。

⑤ 安全措施。焚烧过程中应严格执行防火、防爆等安全措施，确保操作人员和设备的安全。

⑥ 能源利用。利用焚烧过程中产生的热能进行发电或供热，提高资源利用效率。

⑦ 监测系统。建立完善的监测系统，实时监测焚烧过程中的废气、废水和灰渣，确保污染物排放符合环保标准。

⑧ 应急预案。制定应急预案，处理可能发生的突发环境事件，确保环境和人员安全。

⑨ 法规遵守。确保焚烧操作符合当地环保法规和标准，获取必要的环境许可证。

3. 堆肥

污泥堆肥处置是一种生物处理技术，它利用微生物的代谢活动将污泥中的有机物质转化为稳定的有机肥料。根据氧气的供应情况，堆肥可以分为好氧堆肥和厌氧堆肥两种方式。好氧堆肥是在充足氧气供应的条件下进行的，微生物通过代谢过程将有机物分解成二氧化碳、水和热能。厌氧堆肥是在缺氧或无氧条件下进行的，微生物将有机物分解产生甲烷、二氧化碳和其他气体。

（1）好氧堆肥

① 好氧堆肥常用方式

a. 风化床堆肥。使用通风的床层，通过自然或强制通风提供氧气。
b. 翻堆堆肥。定期翻动堆肥物料以提供氧气并控制温度。
c. 槽式堆肥。在封闭或半封闭的槽中进行堆肥，可以通过机械翻动和通风系统控制条件。

② 好氧堆肥注意事项
a. 碳氮比。调整污泥与辅料的比例，保持适宜的碳氮比，一般为 25∶1 至 30∶1。
b. 温度控制。保持堆体温度在 55～65℃，以杀灭病原体和寄生虫。
c. 湿度管理。保持堆体湿度在 50%～60%，既不过湿也不过干。
d. 通风透气。确保堆体内部有足够的氧气供应，促进好氧微生物活动。
e. 成熟度监测。通过温度、气味、颜色等指标监测堆肥的成熟度。
f. 环境控制。防止堆肥过程中的污染物扩散，如氨气和恶臭物质。

(2) 厌氧堆肥
① 厌氧堆肥常用方式
a. 封闭式厌氧消化。在密闭容器中进行，控制温度和湿度，收集产生的沼气。
b. 半连续式厌氧消化。定期添加新的污泥，同时排出部分消化后的物料。

② 厌氧堆肥注意事项
a. 温度控制。维持适宜的消化温度，通常为中温（35～37℃）或高温（55～60℃）。
b. pH 值维持。保持消化体系的 pH 值在 6.5～8.0 之间，以利于微生物活动。
c. 沼气利用。收集产生的沼气，可用于发电或热能利用。
d. 消化残渣处理。消化后的残渣应进行后续处理，如脱水、稳定化后用作土壤改良剂。
e. 设备维护。确保厌氧消化设备的密封性和正常运行，防止气体泄漏。

(3) 堆肥注意事项。无论是好氧还是厌氧堆肥，都需要遵循以下通用注意事项。
① 病原体控制。确保堆肥过程中达到足够的温度和时间，以杀灭病原体。
② 重金属含量控制。监测和控制污泥中重金属的含量，避免堆肥产品对土壤和植物造成污染。
③ 环境影响评估。评估堆肥场对周围环境的影响，采取措施减少堆肥对空气、水体和土壤的污染。
④ 法规遵守。确保堆肥操作符合当地环保法规和标准，获取必要的环境许可证。

4. 综合化利用

(1) 建材利用
① 污泥制陶粒。陶粒是一种轻陶瓷质地的人造石粒，是以黏土、泥岩、各种页岩、煤矸石、粉煤灰等为主要原料，经加工破碎成粒或造粒成球，再烧胀而成的人造轻骨料。

污泥可以替代部分黏土，以一定比例和黏土均匀混合，经造粒机造粒后，送进回转窑，在高温下，球粒熔融，产生适宜的黏度和表面张力，与此同时粒球内部发生化学反应释放气体。这些气体作用于熔融状态的液相，导致气孔的形成并引发粒球的膨胀，经冷却后，粒球表面凝结为致密坚硬的釉层，其内部呈现一种封闭多孔的结构。

② 水泥窑掺烧。污泥和水泥原料的主要化学成分是相同的，采用"余热干化＋水泥窑掺烧"工艺来处理污泥，污泥既可以作为辅助燃料应用于水泥熟料煅烧，又可以部分代替黏土质原料，降低水泥生产对耕地的破坏。利用水泥窑掺烧处理城市污泥，污泥中的有机成分和无机成分可以得到充分利用，有机成分在水泥窑中煅烧时会产生热量，无机成分则最终转化成水泥产品。

③ 污泥制砖。砖是以黏土、页岩、煤矸石或粉煤灰为原料，经成型和高温焙烧而制得的用于砌筑承重和非承重墙体的建筑材料。

污泥与黏土中的化学成分相似，将干化后的污泥与黏土以一定比例加水混合均匀，然后压成砖体模块，在室温下陈化后烧制成砖。在烧制过程中，污泥中的有机物也会燃烧产生热量，可以节约燃煤。污泥中的重金属经过高温焙烧形成稳定的固溶体，不会再次污染环境。

但由于污泥中含有一定的有机物和污染物，在烧制过程中会产生一定污染。而且由于污泥不具备烧砖所需黏土的特性，黏土在烧制过程中容易形成稳定的坚固结构，而污泥在烧制过程中，不易产生坚固的结构，容易碎裂。所以在制砖过程中，污泥仅能作为少量添加物来使用，无法全部替代黏土。

(2) 农林利用　城市污泥中含有各种有机质和生长元素，是一种非常好的肥料和改良剂，可以将污泥用于花卉、草坪的种植中，这样不仅不会污染粮食生产，还能减少其对化学肥料的依赖。

① 污泥农用。在实现污泥稳定化、无害化处置的前提下，稳步推进污泥资源化利用。污泥无害化处理满足相关标准后，可用于土地改良、荒地造林、苗木抚育、园林绿化和农业利用。污泥经过稳定化、无害化处理后，可满足《农用污泥污染物控制标准》GB 4284—2018 农用标准的市政污泥产品可以进行农用。

② 污泥绿化用土。目前园林绿化的路径一般是，污水处理厂80%左右的污泥，进入污泥处置场，先进行污泥的稀释调理，再添加相关的药剂进行调理。而后进入板框压滤机进行脱水处理，处理后的污泥含水率为60%左右。再将污泥送入好氧堆肥系统处理，待达到发酵要求后，即可外运作为绿化肥料处理使用。需要特别注意的是，由于一般城市的污泥产量比较大，如果没有足够的绿化应用需求其污泥处理和处置将面临较大挑战，运行上可能会比较困难。

③ 蚯蚓养殖。在污泥中养殖蚯蚓可达到降低污泥中有机物的目的。同时蚯蚓可以作为动物饲料，用于养鱼，养鸡等。但由于蚯蚓能够通过被动扩散和摄食作用两种途径对重金属进行富集（前者是重金属从土壤溶液穿过蚯蚓体表进入体内，后者则是通过蚯蚓吞食作用进入蚯蚓体内，并在内脏器官进行吸收），如果作为动物的饲料来使用，则因为其体内含重金属原因很难实现利用。

(3) 综合化利用

① 污泥作黏结剂制型煤。选用生化污泥20%~30%（质量分数），煤泥40%~60%（质量分数），原煤或煤矸石10%~30%（质量分数），将上述原料中的生化污泥加温熬成粥状，原煤或煤矸石干燥后破碎成粉料，然后和煤粉、煤泥掺和，最后成型干燥制成煤球或蜂窝煤。用污泥制作型煤成本低，热值高，纯度高，品质好，入高炉转炉效果好。

② 污泥制燃料棒。将烘干污泥（含水率为10%~20%）与经细粉碎的生活垃圾（剔除金属、玻璃、建筑垃圾，含水率为10%~20%，粉碎粒度1~2cm）约1:1混合、挤压制成燃料棒，可用作锅炉燃料替代燃煤，节省煤炭资源。

③ 污泥制生物质炭。将污泥湿热水解，破坏其胶体结构，所得泥水混合物产物进行好氧发酵干化，之后进行脱水处理和炭化加工得到生物炭，最后将成品活化处理。生物炭可以用于农业、冶炼工业，饮食行业等。

二、污水处理厂污泥处置要点

1. 污泥处置的标准要求

城镇污水处理厂污泥处置的标准须结合污泥处置的最终去向来确定，污泥处置后的最终去向一般包括污泥填埋、污泥焚烧、污泥土地利用、污泥建筑材料综合利用。由于污泥处置的最终去向不同，污泥处置所需要达到的标准会有所不同，污泥处置应符合国家和地方标准及相关行业标准。

(1) 污泥填埋　不具备土地利用和建筑材料综合利用条件的污泥，可采用填埋处置。国家将逐步限制未经无机化处理的污泥在垃圾填埋场进行填埋。污泥填埋应满足《城镇污水处理厂污泥处置 混合填埋用泥质》（GB/T 23485—2009）的规定，填埋前的污泥须进行稳定化处理。

(2) 污泥焚烧　污泥进行焚烧处置时，应满足《城镇污水处理厂污泥处置 单独焚烧用泥质》（GB/T 24602—2009）的规定，污泥焚烧的烟气应进行处理，并满足《生活垃圾焚烧污染控制标准》（GB 18485—2014）等的有关规定。污泥焚烧的炉渣和除尘设备收集的飞灰应分别收集、储存、运输。

(3) 污泥土地利用　污泥用于园林绿化时，泥质应满足《城镇污水处理厂污泥处置 园林绿化用泥质》（GB/T 23486—2009）的规定，污泥必须首先进行稳定化和无害化处理；污泥用于盐碱地、沙化地和废弃矿场等土地改良时，泥质应符合《城镇污水处理厂污泥处置 土地改良用泥质》（GB/T 24600—2009）的规定，并应根据当地实际，经有关主管部门批准后实施；农用污泥是指城镇污水处理厂的污泥产物经过无害化处理并达标后可用于耕地、园地、牧草地等。农用污泥根据其污染物的浓度将其分为 A 级和 B 级污泥，A 级和 B 级农用污泥的污染物浓度限值、使用条件、卫生指标、理化指标及其他要求见《农用污泥污染物控制标准》（GB 4284—2018）的相关规定。

(4) 污泥建筑材料综合利用　污泥以建筑材料综合利用为处置方式时，可采用污泥热干化、污泥焚烧等处理方式，一般应满足《城镇污水处理厂污泥处置 制砖用泥质》（GB/T 25031—2010）的规定。

2. 污泥的监测与管理

(1) 污泥土地利用的监测与管理　污泥土地利用的方式包括园林绿化、林地利用、土壤修复及改良等。

污泥土地利用前，污泥处置单位应对污泥中的污染物进行监测，施用量越大，监测频率越高。同时应对施用场地的土壤和地下水中各项污染物指标背景值进行监测。

污泥土地利用后，污泥处置单位应定期对施用污泥后的土壤、地下水进行监测，对植物生长状况进行观测。

监测和观测记录应保存 5 年以上。

(2) 污泥焚烧的监测与管理　① 运行监测。建立完善的运行监测系统，应对焚烧炉的温度、压力、烟气成分等参数进行实时监测，确保焚烧系统的稳定运行和污染物排放达标。

应对污泥的进料量、含水率、热值等进行监测，以便及时调整混合比例和燃烧参数。同时，对烟气净化设备的运行状态进行监测，确保其正常的运行和高效的净化效果。

② 安全管理。制定严格的安全管理制度，加强对操作人员的培训和管理，确保协同处理过程中的安全。

对污泥和生活垃圾的储存、输送、焚烧等环节进行安全风险评估，采取相应的安全防范措施，防止火灾、爆炸、中毒等事故的发生。

● 实训二　污泥处置及污泥脱水间管理实施 ●

污泥处理与处置的目的是：①减量化。减少污泥最终处置前的体积，以降低污泥处理及最终处置的费用；②稳定化。通过处理使容易腐化变臭的污泥稳定化，最终处置后不再产生污泥的进一步降解，从而避免产生二次污染；③无害化。使有毒、有害物质得到妥善处理或利用，达到污泥的无害化与卫生化，如去除重金属或灭菌等；④资源化。在处理污泥的同时达到变害为利、综合利用、保护环境的目的，如产生沼气等。

污泥处置方式有土地利用、填埋、综合利用。由于国情不同，各国采用的处理方式和技术也各不相同。

实训目标

会对污泥处置设施进行维护保养；会测量和记录污泥处置的运行数据。

实训记录

（1）目前污泥处置的技术主要有哪些？根据图 2-11 所示污泥种类，分析其相关特性，选择合适的处置技术。

(a) 城镇污水　　　　(b) 电镀污泥　　　　(c) 含油污泥　　　　(d) 印染污泥　　　　(e) 造纸污泥
处理厂污泥

图 2-11　污泥脱水间现场场景

（2）对污水厂污泥间进行巡视，填写表 2-8，并对照附录二污水厂运营评价自评表的内容，对污水厂的污泥处理处置部分情况进行自评。

表 2-8　污泥脱水间巡视记录单

记录人：		年　月　日　时	
巡视记录单			
时间		上报人员	
巡视描述	1. 污泥设施运行是否正常：是□否□ 2. 处理污泥是否符合 GB 18918—2002 的要求：是□否□ 3. 运行台账记录是否齐全，数据是否真实：是□否□ 4. 泥饼是否得到妥善处置：是□否□ 5. 污泥在料仓内存放的时间应是（　）天，是否符合要求：是□否□ 6. 脱水后污泥在厂区内是否随意堆放：是□否□ 7. 外运污泥是否有三联单以上制度及污泥外运协议等：是□否□ 8. 处置过程是否造成周边环境的二次污染：是□否□		
巡视情况说明			
处理方法			
处理结果			
完成时间			

实训思考

污水处理厂应如何合法、合规运输、利用、处置污泥?

 匠心筑梦

一丝不苟,养成严谨精神

"进来的是污水,出去的是清水。"污水处理这一"化污为清"的工作常年与污水打交道,眼睛看到的、鼻子闻到的、双手摸到的都与"污"有关。就是在这种环境中,32岁的蔡虎林已坚持了8个年头。

"他不但能力强,而且能吃苦、肯动脑子。"这是西安市第四污水处理厂副厂长王兵对生产运行科副科长蔡虎林的评价。

2010年10月,进水在线分析室COD仪表出现故障,由于维保人员不能及时维修,导致室内恶臭弥漫。此时,还在实习期的蔡虎林看在眼里,急在心里,主动请缨要求参与设备维修。

"十几个小时的维修,我差点都熬不下来。"时任中心控制室班长的蔡光回忆说,"那次维修从上午10时一直持续到晚上9时,最终确保了监测数据顺利上传至省市两级环保部门。可由于缺氧,当疲惫的蔡虎林走出进水分析室的那一刻,他差点一头栽到地上。"

正是有了这样的工作劲头,让蔡虎林每天穿梭在初沉池、生物池、二沉池等处理设施之间,在"夏天一身臭、冬天一身冰"的恶劣环境中坚持了下来。

"在工作中,他拥有一颗匠心,是我们学习的榜样。"同事陈正涛如是说。

2015年7月,在该厂二期泵坑抢修工程中,需要有人进入14米深的提升泵坑进行检查。而管道内狭小的空间、浓稠的污水、刺鼻的臭气,让许多人望而却步。

此时,又是蔡虎林挺身而出。他麻利地戴上防毒面具、披上雨衣、穿上雨鞋,顺着长梯下到坑内。在厚达50厘米的淤泥中,他将沉重的淤泥一铲一铲清理干净。当"上岸"时,他抖抖身上的淤泥,调侃说:"干了这么多年,鼻子都麻木了,对恶臭几乎没有了感觉……"

在一项项急难险重的任务中,蔡虎林磨炼了自己,更树起了在职工中的标杆——在第二届"排水杯"全国城镇排水行业职业技能竞赛中,获污水处理工第一名,其所在团队也取得了第一名的好成绩。

个人成长的同时,蔡虎林将所掌握的"绝活"毫无保留地传授给同事。"是蔡科长的言传身教,让我的技能水平得以快速提升。"中心控制室班长庞路提起师傅总会心存感激。2015年大年初二,生物池及二沉池的在线数据出现传输故障。庞路经过多次尝试,始终未能发现故障原因,情急之下只能向正在休假的蔡虎林请教。蔡虎林一听是工作上的事,二话不说就赶赴现场,很快就排除了故障。这件事对庞路触动很大,"一个小故障就看出了差距,师傅就是我今后的学习榜样。"

"在岗就要爱岗,爱岗就要敬业。"这是蔡虎林的职业理念,也是他的行动纲领。他表示:"为了古城的净水事业,我要在这一'化污为清'的工作中坚持下去,更好地传承劳模精神、劳动精神,在奋斗中实现人生价值。"

模块三

除臭工艺运维

学习指南

根据职普融通、产教融合、科教融汇的理念，以及优化职业教育类型定位的要求，本模块提出污水处理厂废气处理工艺现场运维人员的基本素质和要求，以满足废气处理运维岗位要求。

项目一 臭气系统的运维

任务一 臭气收集系统的运维

知识目标

掌握臭气的来源，污水处理厂臭气的值及排放要求，常用臭气收集与输送的要求，以及臭气系统运行维护的要求。

能力目标

会分析污水处理厂臭气的产生与排放情况；会臭气的收集；会检查集气罩的情况；会定期检测除臭系统；会在臭气收集系统的封闭环境内进行检修维护；会对除臭系统的运行情况巡察、发现异常问题并提出解决对策。

素质目标

培养爱岗敬业的精神，明确岗位职责，强化安全生产意识；培养吃苦耐劳的工匠精神。

知识链接

一、臭气的来源

污水处理厂产生的臭气主要成分包含硫化氢、氨、有机硫化物、有机胺、含氮有机化合物、卤素及其衍生物以及无机物等。

污水处理厂产生的臭气主要来源于污水的输送系统、预处理系统、生物处理系统和污泥系统等。

《恶臭污染物排放标准》

1. 污水输送系统

污水输送系统主要的臭气源有管道、井和沟渠等，如进水管、进水井和污泥脱水渗滤液通道等。污水在长距离管道输送中易厌氧生物降解产生硫化氢，硫化氢是具有一定强度的毒性物质，是典型的臭气源。

（1）排水管道和窨井　硫化氢在排水管道内易氧化成硫酸，并对管道或窨井产生极大的侵蚀。窨井被杂物堵塞时会降低管内水流速度，在井内漂浮杂物严重淤积的情况下，会失去及时排放管道内有害气体的功能，并加大管道内有毒有害气体的浓度。

（2）排水泵站　泵站集水井是恶臭易散发的区域，由于污水成分复杂，微生物在排水管道的缺氧条件下易生成恶臭物质，并在泵站运行期间形成水流湍动而使原来产生和溶解于污水中的恶臭物质变成臭气从集水井开口部位逸出。

（3）粗格栅除污机　固定的格栅除污机每天要从积水井中清捞出大量的栅渣，如果不及时清运，则会散发出大量臭气。另外，泵机设备在检修拆装时也会瞬间溢出高浓度的有害气体。

2. 预处理系统

预处理系统中主要的臭气源有格栅、格栅输送机、进水泵房、配水堰（井）、沉砂池、调节池、初沉池和气浮池等。

（1）格栅　进水池内机械格栅的搅动会导致硫化氢的释放。

（2）曝气沉砂池　曝气沉砂池中粗砂的去除过程是利用空气的分散作用，将较轻的有机物与较重的砂粒物质分离，大量的臭气气体也会由此过程逸出水面。

（3）初沉池　污水处理设施中约有90%的恶臭来自初沉池，进水堰与水池表面的落差使跌落的污水中大部分硫化氢被释放出来。在缺氧环境下，污水停留在初沉池中极易产生硫化氢。夏季高温时硫化氢的产生量最大，在池中停留时间较长，以获得浓度较高的污泥，也促进了硫化氢的进一步形成。同时初沉池在定期排泥时又会瞬间产生高浓度的有害气体。

3. 生物处理系统

生物处理系统中臭气浓度相对高的有厌氧池、水解酸化池、缺氧池和污泥回流池（渠）等。好氧池和二沉池的臭气浓度较低，除臭要求高时，曝气池也可考虑除臭。如果要处理好氧池的臭气，则建议与浓度高的其他臭气分开处理，降低投资成本。

（1）厌氧过程　采用厌氧处理工艺，或者因曝气池曝气量不足或停留时间不够的情况产生厌氧过程，易产生臭气。

（2）污泥回流　污泥由二沉池回流到生化处理装置或预处理单元，由于pH的变化和水流湍动引起恶臭气体的释放。

4. 污泥系统

污泥系统中主要的臭气源有污泥泵房、污泥浓缩池、储泥池、污泥消化池、污泥堆棚及污泥处理处置车间等。另外，旋输送机、脱水机、皮带输送机等与污水、污泥敞开接触的设备也产生臭气。

（1）污泥浓缩池 在浓缩池中，一旦污泥储存较长的时间和长期处于缺氧环境就会导致硫醇盐的产生。当生物污泥外敷一层初沉污泥时，则对微生物数量较小且在缺氧环境中过剩的物质提供了形成恶臭的条件。

（2）污泥脱水机房 在污泥压缩去除水分的过程中极易迫使恶臭物质逸出。虽然污泥脱水机房的顶部或四周安装有排风装置，但室内臭气浓度较高，向四周扩散仍非常明显。

（3）污泥临时堆置或储存 污泥浓缩或机械脱水后由传输装置送入污泥堆棚堆置时会产生高浓度的恶臭物质。混合生物污泥以及初沉污泥在稳定之前由于进行短期贮存也会产生硫化氢而带来恶臭，污泥长时间贮存更是一个潜在的恶臭源。污水处理厂臭气污染源产生情况如图3-1所示。

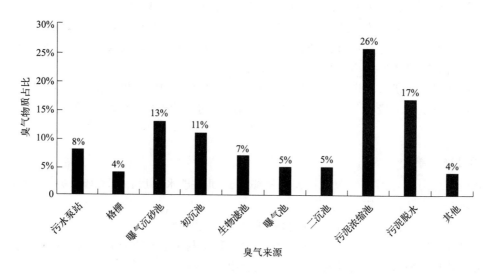

图3-1 污水处理厂臭气污染源产生情况

二、臭气的控制与排放要求

1. 臭气的控制要求

① 污水处理厂应通过臭气源隔断、防止腐败、设备清洗等措施对臭气源头进行控制。

② 臭气处理过程中产生的二次污染物应进行处理。

③ 臭气处理系统宜由臭气源加盖、臭气收集、臭气处理装置和处理后排放装置等部分组成。当臭气源布置分散时，可分区处理。

④ 当采用多台风机共同收集臭气时，每台风机前后应设置隔断阀。

⑤ 臭气处理装置出风排放口应采取防止水雾措施。臭气处理装置设在室内时，风机宜放在臭气处理装置后。

⑥ 臭气处理装置应根据当地的气温和气候条件采取防冻和保温措施。

2. 臭气的排放要求

污水厂臭气污染物浓度可采用硫化氢、氨气等常规污染因子和臭气浓度表示。污水厂臭气污染物浓度应根据实测资料确定，无实测资料时，可采用经验数据或按《城镇污水处理厂臭气处理技术规程》（CJJ/T 243—2016）的参考数据取值。如表3-1所示。

表 3-1 污水处理厂臭气污染物浓度

处理区域	硫化氢/(mg/m³)	氨/(mg/m³)	臭气浓度(无量纲)
污水预处理和污水处理区域	1~10	0.5~5	1000~5000
污泥处理区域	5~30	1~10	5000~100000

臭气处理装置对硫化氢、臭气浓度等指标的处理效率不宜小于95%。除臭处理后臭气浓度要达到《恶臭污染物排放标准》(GB 14554—1993)和《城镇污水处理厂污染物排放标准》(GB 18918—2002)。

(1) 有组织排放臭气浓度要求 根据《排污许可证申请与核发技术规范 水处理(试行)》的要求,排污单位经烟气排气筒(高度在15m及其以上)排放恶臭污染物控制的污染因子有臭气浓度、硫化氢和氨,其排放量和恶臭浓度都必须符合《恶臭污染物排放标准》(GB 14554—1993)的要求。如表 3-2 所示。

表 3-2 有组织排放臭气浓度控制要求

序号	控制项目	排放高度/m	允许排放速率/(kg/h)
1	硫化氢	15	0.33
2	氨	15	4.9
3	臭气浓度	15	2000(无量纲)

(2) 无组织排放臭气浓度要求 根据《排污许可证申请与核发技术规范 水处理(试行)》的要求,排污单位厂界无组织排放恶臭污染物控制的污染因子有臭气浓度、硫化氢、氨和甲烷,其排放浓度都必须符合《城镇污水处理厂污染物排放标准》(GB 18918—2002)中废气的排放标准值。如表 3-3 所示。

表 3-3 无组织排放臭气浓度控制要求

序号	控制项目	一级标准	二级标准	三级标准
1	硫化氢(mg/m³)	0.03	0.06	0.32
2	氨(mg/m³)	1.0	1.5	4.0
3	臭气浓度(无量纲)	10	20	60
4	甲烷(厂区最高体积分数,%)	0.5	1	1

三、臭气收集与输送系统

臭气收集系统可将气态污染物导入净化系统,同时防止污染物向大气扩散造成污染。臭气收集系统一般采用吸气式负压收集方式。收集输送系统由集气盖、管道系统及动力系统等组成。《城镇污水处理厂臭气处理技术规程》(CJJ/T 243—2016)的要求如下。

1. 臭气收集

废气收集系统的功能是将产生恶臭的各构筑物的气体统一收集,并连接管道至废气输送系统接口。废气收集系统为玻璃钢材质,选用碳钢型钢刷漆。与输送系统之间的连接形式为法兰连接。

臭气收集宜采用吸气式负压收集,需要人经常进入操作的除臭设备,如污泥脱水间,宜负压运行,必要时加设离子送风系统。

2. 臭气源加盖(集气罩)

(1) 加盖的基本要求

① 臭气散发点加盖宜采用局部密闭集气罩进行收集；
② 有振动且气流较大的设备采用整体密闭集气罩；
③ 臭气散发点无法密闭时，可采用半密闭盖。半密闭盖宜靠近臭气源布置，并应减少盖的开口面积，盖内吸气方向宜与臭气流动方向一致；
④ 抽吸气流不宜经过有人区域再进入罩内。

（2）加盖的运行管理要求

① 正常运行时，加盖不应影响对构筑物内部和设备的观察采光要求；
② 应设置检修通道，加盖不应妨碍设备的操作、维护和检修；
③ 应具有人员进入时的强制换风或自然通风措施；
④ 应采取防止因抽吸负压引起加盖损坏的措施；
⑤ 应采取防止雨水在盖板上累积的措施；
⑥ 风量较大的除臭空间，盖上应设置均匀抽风和补风装置；
⑦ 盖上宜设置透明观察窗、观察孔、取样孔和人孔，窗、孔应开启方便且密封性良好；
⑧ 禁止踩踏的盖应设置栏杆或明显标志。

3. 集气管布置

① 管道布置。每个除臭单元构筑物的集气管道都均匀分布于集气盖上。池体尺寸长时，可适当多设几个集气口以保证整个池体的除臭均匀性。各构筑物和设备散发的臭气通过集气盖上的集气支管连接到集气干管进行收集。臭气吸风口的设置点应防止设备和构筑物内部气体短流和污水处理过程中水或泡沫进入。如图3-2所示。

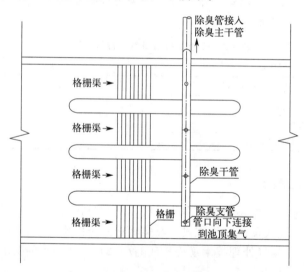

图3-2 格栅渠臭气收集管道示例

风管应设置不小于0.005的坡度，并应在最低点设置冷凝水排水口和凝结水排除设施。各并联收集风管的阻力宜保持平衡，各吸风口宜设置带开闭指示的阀门。

② 风管选择。风管管径和截面尺寸应根据风量和风速确定。钢板和非金属风管一般干管风速为6~14m/s，支管风速为2~8m/s。

③ 管材与管道连接。风管宜采用玻璃钢、UPVC、不锈钢等耐腐蚀材料制作。风管的支管连接干管时应尽量减少弯头阻力损失，并将支管按同一方向接入干管。条件不允许时也应选择阻力小的连接方式。常用的连接方式如图3-3所示。

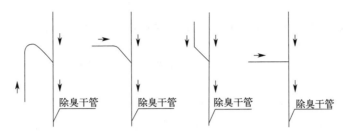

图 3-3　风管常用的连接方式示例

④ 管件及管道支架布置风机和进出风管宜采用法兰连接，并应设置柔性连接管。吸风口和风机进口处的风管宜根据需要设置取样口和风量测定孔，风量测定孔宜设置在风管直管段，直管段长度不宜小于 15 倍风管外径。风管应设置支架、吊架和紧固件等附件，管道支架的间距应符合《通风管道技术规程》（JGJ/T 141—2017）的有关规定。

⑤ 冷凝水排放在风管最低点设置冷凝水排水口，就近接入污水管道。阀门的设置位置要考虑操作方便。冷凝水排放管材质和分管材质统一。冷凝水排放口的位置要考虑能收集干管的冷凝水并避免冷凝水进入风机，风管上的所有异径管要求为管底平接，由于干管为负压运行，冷凝水排放口排放管可不设阀门。冷凝水排放方式如图 3-4 所示。

4. 臭气风量

除臭设施收集的臭气风量按经常散发臭气的构筑物和设备风量计算。按式（3-1）、式（3-2）计算：

$$Q = Q_1 + Q_2 + Q_3 \quad (3-1)$$
$$Q_3 = K(Q_1 + Q_2) \quad (3-2)$$

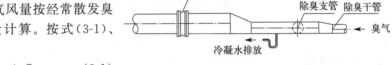

图 3-4　冷凝水排放示例

式中　Q——除臭设施收集的臭气风量，m^3/h；
　　　Q_1——除臭污水处理中需除臭的构筑物收集的臭气风量，m^3/h；
　　　Q_2——除臭污水处理中需除臭的设备收集的臭气风量，m^3/h；
　　　Q_3——收集系统漏失风量，m^3/h；
　　　K——漏失风量系数，可按 10% 计。

污水处理构筑物的臭气风量宜根据构筑物种类、散发臭气的水面面积、臭气空间体积等因素综合确定。设备臭气风量宜根据设备种类、封闭程度、封闭空间体积等因素综合确定。具体要求可参考《城镇污水处理厂臭气处理技术规程》。

四、臭气收集系统的运维

废气输送系统的功能是将各废气收集系统收集的臭气输送至生物除臭装置。废气输送系统为玻璃钢材质，支架选用碳钢型钢刷漆。与生物除臭装置之间的连接形式为法兰连接。

废气输送系统采用集中引风输送形式。

废气输送系统将各废气收集系统收集的废气及时输送至生物除臭装置，并使废气产生源的密闭空间内保持微负压。

输送管道最低点设有倒淋管和导淋阀，可将管道内的冷凝水放空。

臭气收集系统的运维包括如下内容：

① 应按时巡视、检查集气罩、集气管道与输气管道的密闭状况。雨、雪、大风天气，

应加强输气管线和集气罩的检查、巡视。应及时清除集气罩与轨道间的积雪。

② 应定期检查、维护集气罩与其他设备、设施相连接处的滑环磨损程度。应定期检查并紧固集气罩骨架上的钢丝绳和遮盖物。

③ 应定期检查、维护风机、集气管道和输气管道。气体输送管道应保持密闭状态，记录管线压降。

④ 当进入臭气收集系统的封闭环境内进行检修维护时，必须具备自然通风或强制通风条件，必须佩戴防毒面具。当打开集气罩上的观察窗时，操作人员应佩戴防护用品并站在上风向或侧风向。

⑤ 应每班检查和记录气体输送管线的压降及风机的风量。集气管道和输气管道内的冷凝水应每班排放1次。管道的过流风量应达到设计要求。

● 实训一　臭气的产生与排放控制 ●

污水处理工艺中，格栅滤出的栅渣、沉砂池沉积的底砂、隔油池收集的浮油、初沉池沉淀的污泥，均会产生臭味。污泥处理与处置系统通常会产生较大的臭味，其中未加盖的污泥储存池和污泥浓缩池味道最为明显。臭气是指一切刺激人嗅觉器官并引起人不愉快并损坏生活环境的气体物质，大致可以分成硫化合物、含氮化合物、卤素及其衍生类、烃类和含氧化合物五类。其中无机物有硫化氢、氨等。绝大多数恶臭气体为含硫化合物、含氮化合物及含氧化合物。

实训目标

会对污水处理厂臭气的产生与排放情况进行分析与处理。

实训记录

图 3-5 为污水处理厂臭气来源现场场景。巡视污水处理厂，完成巡视单的主要内容（表 3-4），记录污水厂产生臭气的设备设施有哪些。

图 3-5　污水处理厂臭气的来源现场场景

表 3-4　污水厂臭气产生设施设备巡视记录单

记录人：				年　月　日　时	
巡视记录单					
时间			上报人员		
巡视描述					
污水厂产生臭气的设备设施					
处理方法					
处理结果					
完成时间					

实训思考

对新建的污水处理厂，如何统筹考虑废气收集问题。

任务二　臭气污染控制系统的运维

知识目标

掌握臭气污染控制要求；掌握臭气生物处理系统、臭气活性炭吸附系统以及常用除臭系统的运行维护与管理的要求。

能力目标

会按照臭气生物处理及运行维护的要点运行操作臭气吸附塔；会按照活性炭吸附处理及运行维护的要点操作活性炭吸附装置；会分析废气处理系统中可能存在的问题，并能提出解决对策。

素质目标

培养敬业精神；培养吃苦耐劳的品质；培养精通管理，熟悉各种法律法规，做事认真负责细心，组织协调的能力。

知识链接

一、臭气源抑制要求

① 排水管网上游应进行预处理，避免排水管道形成缺氧条件，可以在下水道或跌水井的交汇点设置特制的充氧装置，如注入空气和纯氧，加氯、加过氧化氢等，以降低进入泵站和污水厂的臭气产生量，减少除臭设备的投资或运行费用。亦可在旁路管中投加化学药剂（抑制厌氧细菌的生长），如加过氧化氢、高锰酸钾、硝酸钠和氯等。

② 加强管道的疏通维护，确保排水管网的良好运行加强管道的疏通养护，保持水流通畅，避免油脂和污物在死角处积聚，严格按照设计要求和操作规范控制进水水质等，以确保整个排水管网的良好运行状态，减少下水道中厌氧细菌的繁殖。

③ 透气井应避开商住区。透气井内水位落差较大，会产生气体外逸，因此透气井应远离市区或居民密集区的绿化带内，并增加透气或排气设施。

④ 控制恶臭源的散发。这对恶臭源的有效收集是整个恶臭控制的重要环节。

对无需经常人工维护的设施，如沉砂池、初沉池和污泥浓缩池等的臭气控制，可采用固定式的封闭措施，即用轻质材料将池子敞开的部位表面全部罩住，然后用集气管和通风机收集池内产生的臭气并集中除臭处理。

对需经常维护和保养的设施，如泵房的集水井和污水厂的脱水机房等，可采用局部活动式或简易式的臭气隔离措施，即用可移动的轻质材料罩住集水井的敞开部位，用可拆卸的轻质透明材料部分罩住集水井上的机械除污设备或污泥脱水设备。

二、臭气的处理系统

污水处理厂运行期间逸散的臭气会危害处理厂工作人员的生命安全，影响周边居民的正常生活，需要及时解决。常见的恶臭气体处理方法有活性炭吸附法、生物处理法、掩蔽法、离子除臭法、化学吸收法、燃烧法等。总体上讲，浓度高有回收价值的气体，首先考虑用冷凝法回收，或用吸收法回收，其次可用焚烧热氧化法回收热量；浓度低的气体可考虑生物法、吸收法、吸附法净化后达标排放。污水处理量较大，并且臭气成分稳定的污水处理厂，大多采用生物处理法或化学吸收法进行除臭处理。中小型以及溢出臭气成分差异比较大的污水处理厂，可采用活性炭吸附。

1. 生物除臭

生物除臭是利用微生物分解恶臭物质使其无臭无害，达到去除臭味的目的。它有较强的耐冲击负荷能力，可抵御不同的臭气浓度。常用的生物脱臭反应器有生物过滤池、生物滴滤池和生物洗涤池三种。其中生物过滤法除臭工艺最成熟最常用。处理含有恶臭物质废气的生物净化装置应符合《废气生物净化装置技术要求》（T/CAEPI 29—2020）。

（1）生物过滤法　生物过滤法是将恶臭气体吹进增湿器进行湿润，去除其中的颗粒物并增加湿度，然后使其进入生物滤池过滤，湿润的臭气通过填料层时，被附着在填料表面的微生物吸附、吸收，废气物质在微生物细胞内各种酶的催化作用下，在生物细胞内新陈代谢分解成简单的、无害的代谢产物的方法。生物过滤系统如图3-6所示。

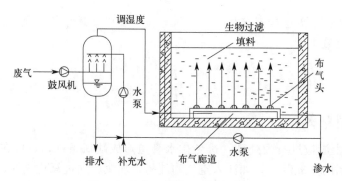

图3-6　除臭生物滤池工艺流程图

生物滤池中的微生物固定附着在填料上，而且所用填料可以为微生物提供足量的养分，无需另外添加营养物质。填料的使用寿命一般为3～5年，为防止气体中颗粒物造成滤池堵塞，臭气进入滤池前必须除尘。

① 运行控制要求

a. 臭气中污染物的种类及含量。臭气中的污染物应为可被微生物利用和降解的有机或无机物质，而且不含有对微生物生长产生抑制作用的有毒物质。对于生物过滤池来说，臭气中的污染物含量不宜过高，否则将会使微生物大量繁殖，从而导致填料的空隙率大大降低，影响除臭效果和使用寿命。

b. 温度和pH值。温度和pH值是影响微生物生长的关键因素。废气生物净化的中温是20～37℃，高温是50～65℃。含氯有机物、氨气、硫化氢的氧化分解会导致净化环境中的pH下降，影响微生物的活性，可通过在生物滤池的填料上喷洒pH缓冲剂来稳定pH值。

c. 填料特性。填料特性也是影响生物过滤处理效果的关键因素。填料的选择应考虑其比表面积、机械强度、化学稳定性、价格及持水性等方面。填料层的均衡润湿性制约着生物过滤池的透气性和处理效果。若润湿效果不够，填料会变干并产生裂纹，严重影响臭气通过填料层的均匀性，导致除臭效果变差；但过分润湿会形成高气动阻力的无氧区，从而减少臭气中污染物与填料层的接触时间，并生成带有臭味的挥发物。一般进气的湿度应大于95%，以保证填料具有一定的持水率。

② 工艺控制要求与分析

a. 填料堵塞。臭气浓度高时，微生物滋生较多，生物量增长过快易堵塞填料，影响传质效果，且填料更新困难。另外，气体中含有颗粒物（如污泥干化的气体中会不可避免地含有尘类）也容易堵塞滤床。

b. 臭气浓度去除效果不理想。生物除臭工艺若未进行填料、菌种和停留时间的选择，整体去除效率不高，尤其是臭气浓度去除效果不理想。

c. 生物填料问题。未选用合适的填料，所采用的填料在系统运行一段时间后，容易酸化和板结，导致风阻加大，最后装置内部产生短流现象，从而影响除臭效率。

d. 菌群选育。不同的臭气成分需要不同的降解菌种及生长环境，若没有培养和选育相应的菌群，只通过投加活性污泥等简单方法，专性生物菌群没有达到相应的丰度，无法达到理想的处理效果。

③ 日常维护。生物滤池设备自动化程度不高，没有远程监控手段，维护量大，运营人工投入大，对操作维护人员的技术要求高。

a. 应观察生物滤池处理设施是否存在池体渗漏、上浮、沉降、倾斜和连接管道损坏漏水等异常情况。

b. 定期观察滤池填料高度，判断生物滤池是否有填料流失，并检查填料有无脱落、破碎等情况，如有异常及时进行修复及补充。

c. 应定期对滤池的滤头、布水管等进行检修和清理，检修前务必做好滤池底部的通风、换气、照明、预防等准备工作，检修过程应严格按照安全规程进行，要特别注意人身的安全，防止伤害事故发生。

d. 应巡察复合介质滤池表面是否存在壅水、杂草或杂物堆积现象，发现壅水现象必须及时查找原因并解决，表面有杂草、杂物须及时清理。

e. 定期观察并每季度冲洗多介质复合生物滤池布水系统，若表面存在漫水痕迹，应检查是否存在生物膜或泥沙堵塞布水管，并及时清洗布水系统。

（2）生物滴滤法　生物滴滤池与生物过滤池最大的区别在于生物滴滤池在填料上方喷淋

循环液,在循环液中接种了经污染物驯化的微生物菌种。含有污染物的气体进入生物滴滤池后,当湿润的臭气通过附有生物膜的填料层时,气体中的恶臭物质溶于水,被循环液和附着在填料表面的微生物吸附、吸收,达到净化的目的。净化后的气体经过排气口排出。典型的生物滴滤系统如图3-7所示。

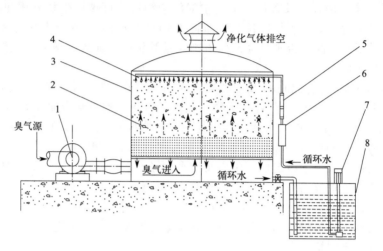

图 3-7 典型的生物滴滤系统处理恶臭工艺
1—风机;2—生物填料;3—罐体;4—循环水喷淋;
5—循环水流量计;6—过滤器;7—循环水泵;8—循环水箱

生物滴滤池所用的填料为无机惰性填料,填料层的厚度一般约1.0~2.0m,填料不能为微生物生长提供养分,只作为微生物附着的载体,对污染物的去除效率高,能有效处理质量浓度达 $500g/m^3$ 的 H_2S 气体等。

填料的表面系数(单位柱体积接触面积)比较低,为气体通过提供了大量空间,使气体通过填料柱时的压力损失小,同时也避免了由微生物生长和生物膜疏松引起的空间堵塞现象。

① 运行控制要求

a. 填料特性。填料对生物滴滤池的运行起决定性作用。生物滴滤池对填料的一般要求为孔隙率大、粒径均匀、颗粒比表面积大、耐酸碱、耐腐蚀、机械强度好、亲水性好。

填料应有较好的表面性质和化学性质,有较大的比表面积,以尽可能大地提高生物量及单位体积的污染物降解量;应有一定的空隙率,以防止滤池堵塞和压降升高引起短流;应有较好的持水率,以保证生物滴滤池正常运行所需的液体环境;还需要有一定的机械强度、较为稳定的化学性质以及不含对微生物的生长有抑制或毒性的成分。生物滴滤池内最常见的生物填料有海藻石、陶环、陶粒、塑料环、不锈钢环等,海藻石是最常使用的生物材料,其表面易形成较致密的生物膜,能够提供一个致密和多样的微生物系统,具有良好的持水能力和透气性。

b. 温度和pH值。适宜微生物生长的温度范围为25~35℃。如果温度超过微生物所能承受的温度范围,其活性会大大降低,因此生物滴滤池内的温度要调节到适宜的温度范围内。生物滴滤池可以通过调节循环水的pH值达到控制pH值的目的。

c. 湿度。生物滴滤池运行过程对湿度的要求非常严格。滴滤池中的水分过多时,填料空隙中会滞留过多的水分,使填料的透气性变差,滤池运行阻力增加,导致气体在填料中的停留时间减少,严重影响净化效果。过多的水分还会使空气中氧气的穿透能力下降,影响填料层中微生物的新陈代谢，使微生物发生厌氧反应，产生恶臭。当滴滤池中的水分过少时，填料层缺乏微生物生长代谢所必需的水分，微生物的生长环境受到影响，严重时会导致填料干裂。

d. 营养物质的控制。营养物质的控制也是影响处理效果的重要因素。当营养物质过多时，池内的微生物繁殖过快，可导致生物膜的大量脱落，严重时会发生堵塞，影响除臭效果；当营养物不足时，微生物新陈代谢受到影响，达不到最佳的除臭效果。因此，应根据恶臭气体中的有机物含量来调节营养物的配比和投加量。

e. 优势菌种的培养和驯化。生物滴滤池在除臭过程中一般存在针对恶臭气体中污染物质的优势菌种，能否在较短时间内培养和驯化出优势菌种也是影响除臭效果的关键因素。

② 工艺控制要求与分析

a. 微生物过量累积导致气流堵塞。生物滴滤池中臭气的溶解有限，因此气体必须有足够长的停留时间，且需要循环液不断流过滤床。若不能有效地控制循环液的用量及营养成分浓度，微生物过量累积会减少滤床的表面积和有效体积，导致堵塞气流不畅，从而引起压降增大，降低去除效率。

b. 添加营养剂。为了达到理想的菌群生长效果，添加营养剂是非常重要的。对于所有有机体来说，即使是"自养生物"，也需要氮元素来构建蛋白质。这就需要频繁地加入小剂量的培养液。

c. 补充水。喷淋水可循环利用，喷淋水中会有臭气中悬浮颗粒的累积，应间歇排放并对喷淋水进行补水。补充水可以是工艺用水、井水或饮用水。若采用饮用水补水必须先去除余氯。

d. pH 值的控制。喷淋水应实时监测集水槽的 pH 值。由于硫杆菌会产生硫酸，集水槽 pH 值会大幅下降。当集水槽中有酸液产生时，意味着该菌落已经在填料表面生成了，应及时控制集水槽 pH 值。

③ 日常维护。生物滴滤池设备少、操作简单、设计灵活、pH 和温度易控制，适用于处理中、低浓度恶臭气体。

a. 检查滴滤池内蚊虫滋生情况，若存在蚊虫滋生情况，须拔掉布水器喷嘴，利用布水器壁开口清洗池体。定期用 1~2mg/L 氯水冲洗数小时。在蚊虫繁殖季节应及时清理池体周边杂草。

b. 定期检查滴滤池布水器堵漏、布水器减速或停止等情况。若存在，可增大水压、打开布水器臂清理其中固体废物，并按照说明书进行调整、校准。

c. 应按时检测滤床恶臭气体的流量和污染物浓度，以及处理装置的温度、湿度、压力、pH 值等运行参数。

d. 滤床应保持适宜的湿度，当出现生物膜脱膜、膨胀，生物滤床板结，土壤床出现孔洞短流等故障时，应及时查明原因，采取有效措施排除，并记录备检。

(3) 生物洗涤法　生物洗涤池先将恶臭成分转移到水中，再将受污染的水进行微生物处理。生物洗涤法是利用微生物、营养物和水组成的微生物吸收液来处理废气，此法适合吸收可溶性气态物。吸收废气的微生物混合液再进行好氧处理，去除液体中吸收的污染物，经处理后的吸收液可以重复利用。在生物洗涤法中，微生物及其营养物配料存在于液体中，气体中的污染物通过与悬浮液接触后转移到液体中被微生物降解。

恶臭的去除过程分为吸收和生物降解反应两个过程。生物洗涤池由传质洗涤器和生物降解反应器组成，出水须设二沉池。臭气首先进入洗涤器，与惰性填料上的微生物及由生物降解反应器回流的泥水混合物进行传质吸附、吸收，部分有机物在此被降解，液相中的大部分有机物进入生物降解反应器，通过悬浮污泥的代谢作用被降解掉，生物降解反应器的出水进入二沉池进行泥水分离，上清液排出，污泥回流。典型的生物洗涤系统如图3-8所示。

由于吸收和再生所需要的时间不同，生物的再生就需要用专门的生物反应器。生物反应器可以是一个敞开的槽或封闭的容器。在生物反应器中，含有细菌、污染物和气泡的水叫生物悬浮液，生物生长所需的氧用分散气泡的方式输入，在空气通过生物反应器的过程中，其中的氧溶于水以维持生物生长，并且消化吸收二氧化碳和包含在生物悬浮液中的部分气态污染物，因此生化反应进行的快慢主要取决于氧输入的快慢。

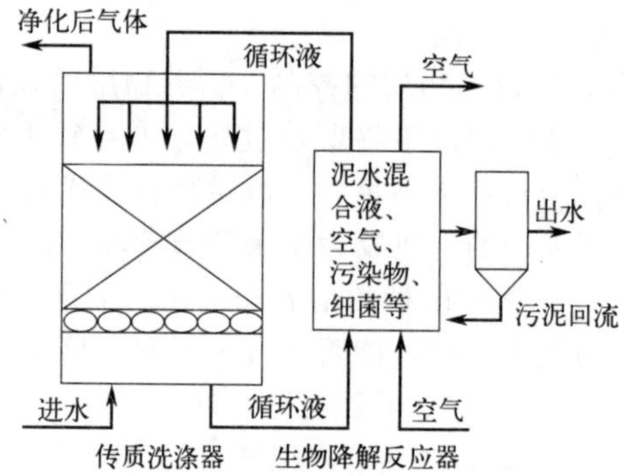

① 生物洗涤法工艺

图3-8 典型生物洗涤系统处理臭气工艺

a. 洗涤式活性污泥脱臭法。该法的主要原理是将恶臭物质和含悬浮泥浆的混合液充分接触，使之从臭气中去除掉，洗涤液再送到反应器中，通过悬浮生长的微生物的代谢活动降解溶解的恶臭物质。

这种方法可以处理大气量的臭气，同时操作条件易于控制，占地面积较小，压力损失也较小，实际中有较大的适用范围。

但这种方法设备费用大，操作复杂而且需要投加营养物质，吸收塔内气液接触不如生物滴滤池充分，因而其脱臭效率通常仅为85%左右。同时该法抗冲击负荷能力差，并难以处理水溶性差的恶臭物质。

b. 曝气式活性污泥脱臭法。是指将恶臭物质以曝气形式分散到含活性污泥的混合液体中，通过悬浮生长的微生物降解恶臭物质。这与废水的活性污泥法处理过程极为相似。

当活性污泥经过驯化后，对任何不超过极限负荷量的臭气成分的去除率均可高达99.5%以上。对于已建有污水处理设备的臭气处理来说，只需设置风机和配管，将臭气引入曝气池内即可进行脱臭，因此该法十分经济。

该法不足之处在于曝气强度不宜过大，同时这种方法为克服水深而造成的阻力需要消耗极大的动力，这些都使得该法的应用还有一定的局限性。目前的改善方法是向活性污泥中添加粉状活性炭，这可提高其抗冲击负荷的能力，并改善消泡现象，提高对恶臭物质的分解能力。

② 运行控制要求。影响生物洗涤处理恶臭气体的去除效率的因素主要有气液比、气液接触方式、恶臭物质的溶解性和可生物降解性、污泥浓度以及pH值等因素。

生物洗涤池的水相和生物相均循环流动，生物处于悬浮状态，洗涤器中有一定生物吸附和生物降解作用。在生物洗涤过程中，吸收过程是一个物理过程，主要取决于所选的吸收器中流体的流动状态。通常吸收过程是较快的，水的停留时间大约只需几秒钟。而水在生物反应器中的再生过程则较慢，水在生物反应器中停留时间可从几分钟至12h。

③ 工艺控制要求与分析。生物洗涤法反应条件易控制、压降低、填料不易堵塞。但设备多，需外加营养物，成本较高，填料比表面积小，限制了微溶化合物的应用范围。

生物洗涤法处理恶臭气体时需克服气液传质阻力将污染物从气相转移至液相中，这使其对水溶性较差的污染物的处理效果欠佳。实现对疏水性污染物的有效去除是生物洗涤法进一步优化的方向。

生物洗涤法处理效果主要依赖臭气在水中的溶解度，且运行过程中还需要添加营养物质，因此运行费用相对较高。此外，还有可能发生污泥膨胀等现象，因此该法在污水处理厂除臭中的使用相对较少。

2. 生物除臭的运行控制

(1) 生物除臭装置的运行维护要求 如表 3-5 所示。

表 3-5 生物除臭装置的运行维护要求

设备设施	检查内容	检查要点	检查说明
生物除臭装置	设备内部、零部件情况	预洗池喷头、生物滤池喷头	是否堵塞,影响正常注水
		过滤器、洗涤器	是否堵塞,影响设施正常运行
	固定参数是否符合要求	滤池高度	一般在 0.5~1.5m,太高会增加气流的流动阻力,太低会增加沟流现象,影响处理效果
	操作参数是否正常、稳定	填料床流程压差	流程压差小或为 0,可能存在"短路"现象;流程压差大,可能存在填料局部堵塞等问题,净化效果差
		填料温度	一般嗜温型微生物的最适生长温度在 25~43℃
		湿度	微生物比较适宜的生长湿度为 40%~60%
		营养物质	一般 BOD:N:P 的比例为 100:5:1
		pH	大多数微生物对 pH 的适应范围为 4~10;含 S、Cl、N 的污染物通常会使 pH 降低,因此须及时缓冲变动
	循环水、滤料更换周期及更换量	循环喷淋水是否及时更换	是否定期更换;当 pH 过低或过高时,需彻底更换

(2) 生物除臭设备运行注意事项

① 系统运行时,应监测臭气流量、浓度、温度、湿度、压力、pH 值等参数;

② 当生物滴滤系统出现大量脱膜、生物膜过度膨胀、生物过滤床板结、土壤床出现孔洞短流等情况时,应及时查明原因,并采取有效措施处理;

③ 应保证滤床具有适宜的湿度;

④ 除臭系统宜连续运行,长时间停机时,应敞开封闭构筑池或水井,并保障系统通风;

⑤ 应定期检查加湿器、生物洗涤塔及滴滤塔的填料,当出现挂碱过厚、下沉、粉化等情况时,应及时处理、补充或更换;

⑥ 应根据生物滤床压降情况,对滤料做疏松维护或更换;被更换的滤料应封闭后集中处理;

⑦ 应定期检查系统的压力、振动、噪声、密封等情况,宜定期对洗涤系统、滴滤系统进行维护。

3. 活性炭吸附除臭

活性炭吸附法主要利用活性炭吸附污染气体中致臭物质,污染气体通过活性炭层时,污染物质被吸附,洁净气体排出吸附塔。致臭物质的化学成分不同,因此要利用各种性质不同的活性炭来实现有效除臭,如在臭气吸附塔内分别填充具有吸附酸性或碱性或中性物质的活性炭。臭气经过吸附塔时,与各种活性炭充分接触后,臭味物质被吸附后排出吸附塔。典型活性炭吸附系统主要由气体管道、鼓风机、控制阀和活性炭塔组成。如图 3-9 所示。

活性炭对多种致臭物质都有较好的吸附效果,但运行费用高,需定期维护。当采用生物除臭处理无法满足环境要求时,可采用活性炭吸附作为单独或组合处理措施。为防止活性炭快速饱和,致臭物质浓度不宜过高,且宜先去除臭气中的颗粒物,因此活性炭吸附单元常设置在其他除臭设施后面,作为深度处理措施。

该方法脱臭效果良好,维护简单,但由于活性炭吸附容量固定,吸附一定量时会达到饱和，活性炭必须再生或者更换，且由于活性炭的吸附能力极易受臭气中的潮气、灰尘等杂物的影响而下降，需要安装除湿除尘装置，建设运行成本较高，一般用于低浓度臭气和脱臭的后处理。

(1) 运行控制要求

① 运行中应控制硫化氢、臭气流量、浓度、温度、湿度、压力、pH 值等运行参数。

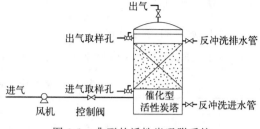

图 3-9 典型的活性炭吸附系统

② 空塔停留时间应根据臭气浓度、处理要求、吸附容量确定，宜为 2～5s。

③ 活性炭料宜采用颗粒活性炭，颗粒粒径宜为 3～4mm，孔隙率宜为 50%～65%，比表面积不宜小于 900m^2/g，活性炭层的填充密度宜为 350～550kg/m^3。活性炭承托层强度应满足活性炭吸附饱和后的承重要求。

④ 活性炭可采用分层并联布置方式，填料层厚度宜为 0.3～0.5m，填料应便于更换。

⑤ 活性炭的再生次数和更换周期，应根据臭气排放要求和活性炭吸附容量等因素确定。当系统的气体流量和压力等指标超出额定范围并确定为吸附饱和时，应及时更换活性炭。

⑥ 应对饱和的吸附材料进行解吸再生，吸附材料废弃时应进行无害化处置。

(2) 工艺控制要求

① 反冲洗再生频率。活性炭具有催化功能，能将 H_2S 和 NH_3 转化为硫酸盐和硝酸盐，这些物质易通过水洗从活性炭塔系统中去除，水洗后的污水回到污水站进行处理，从而使活性炭再生。因此，活性炭使用方便，使用寿命长，再生简单，且再生后吸附能力衰减较小。在臭气浓度较低的情况下，可适当延长反冲洗时间，从而提高系统的使用寿命。

② 气体停留时间。延长气体在塔内的停留时间，有利于活性炭对臭气的吸附和氧化，净化效率和去除负荷率也会随之提高，但同时会增大反应器的体积，增加投资费用。因此，在实际应用中，应综合考虑恶臭物质的浓度、除臭要求和实际现场情况。

③ 压降。当催化型活性炭达到吸附饱和后，孔隙堵塞会导致压降上升，增加系统的阻力和运行费用，气体当中的颗粒物质也易导致孔隙的堵塞。因此，对气体进行预处理，减少进入系统的颗粒物质和油脂含量。

(3) 污水厂全过程除臭工艺的运行要求　根据《城镇污水处理厂运行监督管理技术规范》(HJ 2038—2014)，恶臭气体处理的运行要求如下：

① 恶臭污染治理设施应符合建厂环境影响评价批复提出的厂界环境保护要求，应与污水、污泥处理设施同步建设、同期运行。

② 污水厂应确保除臭装置排放的气体稳定、达标排放。

③ 厂界环境的臭气浓度应符合 GB 18918—2002 规定的厂界（防护带边缘）废气污染物最高允许浓度，或地方标准的规定。

根据《城镇污水处理厂运行监督管理技术规范》(HJ 2038—2014)，污水厂全过程除臭工艺的运行要求如下：

① 应定期对生物填料的运行情况及除臭效果进行观测；

② 应定期对活性污泥投加泵及污泥输送管道进行检查与维护；

③ 应定期对微生物培养箱的供气系统进行巡检，保证气体供应；

④ 应根据进水水质和水量，以及臭气强度等因素调节活性污泥的投加量。

根据《排污许可证申请与核发技术规范 水处理（试行）》(HJ 978—2018)，污水厂除臭运行管理要求如下：

① 加强恶臭污染物的治理，污水预处理区和污泥处理区宜采用设置顶盖等密闭措施，配套建设恶臭污染治理设施。

② 污染治理设施应与产生废气的生产工艺设备同步运行。由于事故或设备维修等原因造成治理设施停止运行时，应及时报告当地生态环境主管部门。

③ 污染治理设施运行应在满足设计工况的条件下进行，并根据工艺要求，定期对设备、电气、自控仪表及构筑物进行检查维护，确保污染治理设施可靠运行。

实训二　臭气生物滤池控制管理实施

污水处理厂产生臭气的污水处理构筑物通过加盖设施及收集管道，利用抽风机将臭气抽送到生物滤池处理系统。微生物的细胞具有个体小、表面积大、吸附性强、代谢类型多样的特点，臭气进入处理系统先经过预洗池进行加湿除尘，然后进入生物滤池池体，臭气通过湿润、多孔和充满活性微生物的滤层，利用微生物细胞对恶臭物质的吸附、吸收和降解功能，将恶臭物质吸附后分解成 CO_2、H_2O、H_2SO_4、HNO_3 等简单无机物，消除致臭成分，净化后向大气排放。

实训目标

会分析臭气生物处理的主要方法及运行维护的要点；会分析活性炭吸附处理及运行维护的要点。

实训记录

图 3-10 为污水处理厂生物除臭系统。巡视污水处理厂生物滤池工艺，完成表 3-6 中巡视单的主要内容。

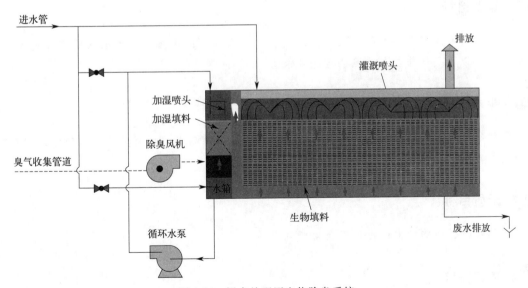

图 3-10　污水处理厂生物除臭系统

表 3-6 污水厂生产除臭设备巡视记录单

记录人：			年　月　日　时
巡视记录单			
时间		上报人员	
巡视描述	1. 微生物除臭时间久是否会产生生物黏泥堵塞滤层：是□ 否□　堵塞后是否可以不停车清洗：是□ 否□ 2. 生物法除臭对填料有哪些要求？ 3. 还有哪些对恶臭气体可以采用除臭的方法？ 4. 生物滤池里面的填料一般多久需要更换？是否需要投加营养液：是□ 否□ 5. 目前主流的臭气收集系统有哪些？ 6. 生物除臭法所用到的菌种有哪些？		
巡视情况说明			
处理方法			
处理结果			
完成时间			

实训思考

思考臭气活性炭吸附处理工艺及运行维护的要点。

项目二　臭气的监测控制

任务一　臭气监测控制要求

知识目标

掌握臭气有组织监测控制要求、监测频次、监测方法；掌握臭气无组织监测控制要求、监测频次，以及臭气排放与监测的控制要求。

能力目标

会进行臭气的采样；会臭气的测定；会比对各项标准要求，判断臭气是否超标；会分析臭气排放与监测控制。

素质目标

培养规范操作的能力；强化安全生产意识。

知识链接

污水处理厂的恶臭监测分为有组织监测和无组织监测两个方面。

一、有组织监测控制要求

1. 有组织排放源监测

根据《恶臭污染物排放标准》(GB 14554—1993),有组织排放源监测包括:

① 排气筒的最低高度不得低于15m。

② 凡在该标准表2所列两种高度之间的排气筒,采用四舍五入方法计算其排气筒的高度。表2中所列的排气筒高度系指从地面(零地面)起至排气口的垂直高度。

③ 采样点。有组织排放源的监测采样点应为臭气进入大气的排气口,也可以在水平排气道和排气筒下部采样监测,测得臭气浓度或进行换算求得实际排放量。经过治理的污染源监测点设在治理装置的排气口,并应设置永久性标志。

④ 有组织排放源应按生产周期确定监测采样频率,生产周期在8h以内的,每2h采集一次,生产周期大于8h的,每4h采集一次,取其最大测定值。

2. 有组织监测频次

根据《排污许可证申请与核发技术规范 水处理(试行)》的要求,除臭装置排气筒有组织废气排放监测指标及最低监测频次如表3-7所示。

表3-7 有组织废气排放监测指标及最低监测频次

监测点位	监测指标	监测频次
除臭装置排气筒	臭气浓度、硫化氢、氨	半年

注:废气烟气参数和污染物浓度应同步监测。

3. 有组织监测控制要求

排污单位经烟、气排气筒(高度在15m以上)排放的恶臭污染物的排放量和臭气浓度都必须低于或等于《恶臭污染物排放标准》(GB 14554—1993)的要求。

二、无组织监测控制要求

1. 无组织排放源监测

(1) 采样点 厂界的监测采样点,设置在工厂厂界的下风向侧,或有臭气方位的边界线上。

(2) 采样频率 连续排放源每相隔2h采样一次,共采集4次,取其最大测定值。间歇排放源选择在气味最大时间内采样,样品采集次数不少于3次,取其最大测定值。

2. 无组织监测频次

无组织废气排放监测点位、指标及频次按照表3-8执行。

表3-8 无组织废气排放监测指标及最低监测频次

监测点位	监测指标	监测频次
厂界	臭气浓度、硫化氢、氨	半年
厂区甲烷体积浓度最高处[①](通常位于格栅、初沉池、污泥消化池、污泥浓缩池、污泥脱水机房等位置)	甲烷	年

① 执行GB 18918—2002的排污单位执行。

3. 无组织监测控制要求

① 排污单位排放(包括泄漏和无组织排放)的恶臭污染物,在排污单位边界上规定监测点(无其他干扰因素)的一次最大监测值(包括臭气浓度)都必须低于或等于恶臭污染物

厂界标准值。

② 排污单位经排水排出并散发的恶臭污染物和臭气浓度必须低于或等于恶臭污染物厂界标准值。

三、臭气的取样与监测

1. 取样与监测要求

根据《城镇污水处理厂污染物排放标准》（GB 18918—2002），臭气的取样与监测应满足：

① 氨、硫化氢、臭气浓度监测点设于城镇污水处理厂厂界或防护带边缘的浓度最高点；甲烷监测点设于区内浓度最高点。

② 监测点的布置方法与采样方法按 GB 16297—1996 中附录 C 和 HJ/T 55—2000 的有关规定执行。

③ 采样频率为每两小时采样 1 次，共采集 4 次，取其最大测定值。

④ 监测分析方法按表 3-9 执行。

表 3-9　大气污染物监测分析方法

序号	控制项目	测定方法	方法来源
1	臭气浓度	三点比较式臭袋法	GB/T 14675—2022
2	硫化氢	气相色谱法	GB/T 14678—1993
3	氨	次氯酸钠-水杨酸分光光度法	HJ 534—2009
4	甲烷	气相色谱法	GB/T 15516—1995

2. 排放与监测控制要求

根据《城镇污水处理厂臭气处理技术规程》（CJJ/T 243—2016），恶臭气体排放和监测控制要求如下：

① 臭气排放前应进行环境影响评估。当排放区周边存在环境敏感区域时，应进行臭气防护距离计算。

② 采用高空排放时，应设置避雷设施，室外采用金属外壳的排放装置应采取接地措施。

③ 臭气监测指标宜采用氨、硫化氢、臭气浓度，特殊情况可根据污染特征增加其他臭气监测指标。

④ 污水处理厂厂区内臭气污染物集中收集或处理的有组织排放源排放和监测，应符合现行国家标准《恶臭污染物排放标准》GB 14554—1993 的有关规定。污水处理厂厂界的臭气污染物排放和监测，应符合现行国家标准《城镇污水处理厂污染物排放标准》GB 18918—2002 的有关规定。

⑤ 有操作人员进入的加盖构筑物，应设置硫化氢、甲烷的监测和报警装置。

⑥ 臭气处理系统宜设置风量和设备压降监测装置。

⑦ 臭气处理装置宜采用集中监视、分散控制的自动化控制系统，机电设备应设置工作与事故状态的监测装置。

实训一　臭气排放方式管理实施

污水处理厂的恶臭排放分为有组织排放和无组织排放两个方面。恶臭的有组织排放必须满足《恶臭污染物排放标准》（GB 14554—1993）的要求。恶臭的无组织排放必须满足《城镇污水处理厂污染物排放标准》(GB 18918—2002)的要求。

实训目标

会分析臭气排放与监测控制。

实训记录

污水处理厂除臭情形一为生物除臭后排气筒排放，情形二为加盖密封除臭后无组织排放，如图 3-11 所示。

情形一

情形二

图 3-11　污水处理厂臭气排放方式现场场景

（1）请根据两种情形分别分析：污水处理厂臭气需要做检测吗？应依据什么标准？
（2）污水处理厂无组织废气的监测项目和分析周期有哪些？
（3）污水处理厂无组织排放的甲烷在哪里监测？

实训思考

要全面掌握污水处理厂的恶臭气体排放情况，须在污水厂界设置哪几个监测点位？

任务二　硫化氢、甲烷的监测控制

知识目标

掌握硫化氢、甲烷的控制要求；掌握硫化氢、甲烷泄漏监测要求。

能力目标

会分析防止硫化氢中毒的管理要点；会分析防止沼气爆炸和中毒的管理要点；会分析硫化氢、甲烷的气体泄漏监测要求；会记录与维护气体检测自动报警仪。

素质目标

培养规范操作能力；强化安全生产意识；培养吃苦耐劳的工匠精神。

知识链接

污水处理厂主要是处理生活污水和工业废水，在一系列的加工处理过程中会产生各种各样的有毒气体，不仅对工厂工作人员身体造成巨大的危害，同时也会给周边居民的身体健康带来不良影响，因此必须在厂区安装气体检测仪。

污水处理厂的清水池、浓缩池、地下污水、污泥闸门井以及不流动的污水池内都可能会产生有毒有害气体，而且产生的气体种类繁多，成分复杂。根据危害方式的不同，可以将这些气体分为有毒气体及易燃易爆气体两大类。

（1）有毒气体　污水处理厂产生的有毒气体包括甲烷、硫化氢、一氧化碳和二氧化碳、氰化氢等，这些气体有多种来源，比如污水池、泵站、曝气池、污泥消化池、除臭车间和处理车间。其中硫化氢是一种急性剧毒，在低浓度（0.0047ppm）下有特殊的气味，极易辨别；但当浓度超过150ppm时，人的嗅觉神经就会因被损坏而闻不到它的气味，从而掩盖其真实的存在，即使硫化氢达到了致死浓度800ppm，人也闻不到其气味，极易产生致命危险。

（2）易燃易爆气体　污水处理过程中，曝气池和污泥消化池通常是沼气产生的高危区。由于沼气的主要成分是甲烷，其不仅有爆炸危险，还能导致氧气浓度降低，令人窒息。污泥消化过程中产生的沼气如果从消化池中渗漏出来，将会非常危险，很有可能导致爆炸。

一、硫化氢、甲烷气体的控制要求

污水处理厂必须按照国家规定在危险现场安装使用有毒有害气体检测报警器和可燃气体报警器。气体报警器需要24h实时监控，并将检测的数据通过有线或者无线的方式传输到监控室主机统一监控和报警，一旦气体浓度超标就需要立即报警显示。同时安监局还要求污水处理厂必须按照安监局规定配备安全防护用品，例如防毒面具、空气呼吸器、防护服、便携式气体检测仪、劳保安全鞋、防护手套等安全防护用品，确保作业人员在工作过程中的安全。

1. 防止硫化氢中毒

污水处理厂各种下水道、集水井、集水池、泵站和构筑物内均可能出现硫化氢聚集，从而引起工作人员中毒，甚至死亡。无论城市污水处理厂还是工业废水处理站，都必须具有一系列预防硫化氢中毒的安全措施。

（1）硫化氢的来源分析　弄清硫化氢污染物的来源、各个排水管线的硫化物浓度及其变化规律，酸性废水和含硫废水是造成下水道、阀门井、计量表井、集水池、泵站和构筑物腐蚀和其中硫化物超标的直接原因，因此要严格控制和及时检测酸性废水的pH值和含硫废水的硫化物浓度。

（2）检测要求　经常检测集水池、泵站、构筑物等污水处理操作工巡检时所到之处的硫化氢浓度，作业人员进入污水处理厂的所有井、池或构筑物内工作时，必须连续检测池内、井内的硫化氢浓度。

（3）通风设施　泵站尤其是地下泵站必须安装通风设施，硫化氢比空气重，所以排风机一定要装在泵站的低处，在泵房高处同时设置进风口。

（4）作业空间检测　进入检测到含有硫化氢气体的井、池或构筑物内工作时，要先用通风机通风，降低其浓度，进入时要佩戴对硫化氢具有过滤作用的防毒面具或使用压缩空气供氧的防毒面具。

（5）制度管理　严格执行下井、进池作业票制度。进入污水集水井、集水池、污水管道及检查井清理淤泥属于危险作业，必须按有关规定填写各种作业票证，经过有关管理人员会签才能进行。实行这一管理制度能够有效控制下井、进池的次数，避免下井、进池的随意性，并能督促下井、进池人员重视安全，避免事故的发生。

（6）人员培训　必须对有关人员进行必要的气防知识培训。要使有关人员懂得硫化氢的性质、特征、预防常识和中毒后的抢救措施等，尽量做到事前预防，一旦发生问题，还要做到不慌不乱，及时施救，杜绝连死连伤事故的发生。

（7）巡检管理　操作人员在污水处理厂可能存在硫化氢的地方巡检或化验人员取样时，不能一人独往，必须有人监护。

2. 防止沼气爆炸和中毒

沼气中的甲烷是易燃易爆气体，当空气中含有 8.6%～20.8%（以体积计）的沼气时，就可能形成爆炸性的混合气体。污水处理厂的沼气中含有 H_2S 气体，如果进入沼气富集区而没有任何防范措施，还可能导致使人窒息死亡的严重后果。为防止 H_2S 污染大气，一般不允许将剩余沼气直接向空气中排放。在确有沼气而又无法利用时，可安装燃烧器将其焚烧。燃烧器通常能自动点火和自动灭火，必须安装在安全地区，其前要有阀门和阻火器。燃烧器要设置在容易监视的开阔地区，与消化池盖或贮气柜之间的距离要在 15m 以上。

① 为杜绝沼气的泄漏，要定期对厌氧系统进行有效的检测和维护，如果发现泄漏，应立即停气修复，这是防止沼气中毒与爆炸的最佳措施。检修过的厌氧反应池、管道和贮存柜等相关设施，重新投入使用前必须进行气密性试验，合格后方可使用。埋地沼气管道上面不能有建筑物或堆放障碍物。

② 沼气柜放空时应间断进行，严禁将原来贮存的沼气一次性排入大气。放空时要在晴天进行，严禁在可能产生雷雨或闪电的天气进行。另外，放空时还要注意下风向是否有明火或热源（如烟囱）。

③ 沼气存在的房间内必须设置上下置换气孔，换气次数一般为 8～12 次/h。在沼气管道阀门及其他可能逸出沼气的地点，应该设置在线可燃气体报警器，并定期检查其可靠性，防止误报。而且所有电气设备、计量仪表、房屋建筑等要按有关规定设置防爆措施，其次要严禁在巡检、维修等过程中出现人为明火，比如抽烟、带铁钉鞋与混凝土地面的摩擦、金属工具互相撞击或与混凝土结构的撞击、电气焊作业等。

④ 应当在值班或操作位置及巡检路线上设置甲烷浓度超标报警装置，在进入厌氧反应器内作业之前要进行空气置换，并对其中的甲烷和硫化氢浓度进行检测，符合安全要求后才能进入，作业中要有强制排风设施或连续向池内通入压缩空气。

⑤ 沼气系统区域周围应设防护栏，建立出入检查制度，严禁将火柴、打火机等火种带入。沼气系统的所有厂房均应符合国家规定的甲级防爆要求，例如是否有泄漏天窗、门窗与墙的比例、非承重墙与承重墙的比例等要达到防爆要求。

二、硫化氢、甲烷气体的泄漏检测要求

根据《污水处理企业安全生产标准化评审规程》（T/CWEC 36—2022）附录B中的污水处理企业生产安全隐患参考清单要求，污水处理厂必须采取以下安全措施来预防硫化氢中毒：

① 经常检查工作环境、泵站集水井、敞口出水井，下池下井处理构筑物的硫化氢浓度

② 采用通风机：鼓风机是预防 H_2S 中毒的有效措施，通风能吹散 H_2S，降低其浓度；下池、下井必须用通风机通风。由于硫化氢密度大，会出现不易被吹出的情况，在管道通风时，必须把相邻井盖打开，让空气一边进一边出。泵站中通风时宜将风机安装在泵站底层，有利于把毒气抽出。

③ 配备必要的防 H_2S 用具，防毒面具能够防 H_2S 中毒，但必须选用有针对性的滤罐。

④ 建立下池下井操作制度。进入污水集水池底部清理垃圾属于危险作业，应预先填写下池下井操作票，经过安全技术员会签并经基层领导批准后才能进行。

根据《城镇污水处理厂臭气处理技术规程》(CJJ/T 243—2016)，恶臭气体排放和监测控制要求有：有操作人员进入的加盖构筑物，应设置硫化氢、甲烷的监测和报警装置。

生态环境部等 11 部门关于印发《甲烷排放控制行动方案》的通知中明确规定，重点任务之一是加强甲烷排放监测、核算、报告和核查体系建设。探索开展甲烷排放监测试点，在重点领域推广甲烷排放源监测。推动污水处理厂等大型排放源定期报告甲烷排放数据。

实训二　硫化氢、甲烷的泄漏监测控制

在污水处理厂中产生的常见气体包括氨气、硫化氢、甲烷、氯气、二氧化氯、二氧化碳等，其中甲烷、硫化氢是由污水厂内的污泥沉淀等产生的有毒气体，而氯气、二氧化氯等气体则是由污水厂内的消毒产生的有毒气体。因此，污水厂内涉及的有毒有害性气体，为保证人身安全，需要使用检测仪器来对目标气体进行监测。

实训目标

会分析硫化氢、甲烷的气体泄漏检测要求。

实训记录

(1)《城镇污水处理厂污染物排放标准》(GB 18918—2002) 4.2.3.1 中规定甲烷检测点位设于厂区浓度最高点，该标准中表 4 规定了甲烷最高允许排放浓度限值为厂区最高体积浓度。通常格栅、初沉池、污泥消化池、污泥浓缩池、污泥脱水机房等均为甲烷产生的主要位置。请问，这些点位需要全都布设吗？如何判定浓度最高点？需要手持便携检测仪现场监测吗？

(2) 对污水处理厂臭气控制单元进行巡视，完成巡视记录单（表 3-10）。

表 3-10　污水厂臭气控制单元巡视记录单

记录人：		年　月　日　时
巡视记录单		
时间		上报人员	
巡视描述	1. 氨、硫化氢、臭气浓度检测频率为(　　)，甲烷检测频率为(　　)； 2. 厌氧消化区域、地下室泵房、地下室雨水调蓄池和地下室污水厂箱体是否设置硫化氢、甲烷的泄漏浓度监测和报警装置：是□否□ 3. 在人员进出且硫化氢易聚集密闭场所是否设硫化氢气体监测仪：是□否□ 4. 除臭预收集系统、收集管道是否完整，无损坏：是□否□		

续表

巡视情况说明	
处理方法	
处理结果	
完成时间	

 实训思考

污水处理厂中甲烷排放主要来源于哪几个方面？

 匠心筑梦

吃苦耐劳，树立奉献品格

看上去不怎么显眼的人，也可以大有作为。在上海，就有这么一个人——上海城投污水处理有限公司白龙港污水处理厂污泥处理车间主任杨戍雷。继获得"上海市五一劳动奖章""全国劳动模范"等荣誉后，他今年又获得了一项新的荣誉称号——"大国工匠年度人物"，成为全国生态文明领域首位"大国工匠"。

曾经"最不起眼"的人，是上海市南区污水管理所原党支部书记王培林最初对杨戍雷的印象。那时，杨戍雷技校毕业，个子不高，是所里新进的3个泵站操作工中"最不起眼的一个"。

不过，杨戍雷很快令王培林刮目相看。在王培林找他们3人谈话，问他们为什么要做泵站操作工时，杨戍雷说他从小就生活在苏州河的边上，河水的臭味不时会飘到家里，他想把河水处理干净，就不用再闻臭味，河里的鱼虾也就回来了。这份对行业的执着与热爱，让王培林看到了他与众不同的闪光点。

杨戍雷总是抢着干脏活累活苦活。"在同龄人中，他的成长速度无疑是最快的"，王培林说，杨戍雷"像一只小老虎一样，永远充满了活力和冲劲"，抢着干脏活累活苦活，一度疾驰20公里赴周浦镇一小区彻夜抢排齐腰深的积水。工作之余，他还自学了电工和钳工等技能。年仅21岁时，杨戍雷就成为上海排水系统最年轻的泵站站长，负责管理5个泵站。

因工作出色，杨戍雷受命与100多位同仁调试接管国内首例含有8套消化系统、3套干化系统、26套深度脱水系统的"混搭"污泥处理设备。直面这个国内处理规模最大、工艺最复杂、技术最先进的污泥处理"巨无霸"，杨戍雷以厂为家，上下求索，手写了几千页的工作笔记，不但如期完成任务，使系统稳定运行，还进一步进行科技攻关，降本增效。其中，他创造了创新科研成果50余项，发表国家专利28项。

例如，设备焚烧污泥结焦的难题出现后，杨戍雷将相关人工操作改为智能操作，使焚烧温度稳定控制在950～1000℃之间，一举解决了难题；污泥飞灰仓出现卸料不畅的难题后，面对德国专家高达40万欧元报价的解决方案，杨戍雷仔细琢磨出的解决方案，总价不到3000元！这令外国专家也感叹"难以置信"。而他领衔研发的大型污泥处理系统关键技术，不仅显著提升了污泥处理系统的生产效率，更成功规避了潜在的安全风险，使得年增产污泥处理量接近1200吨干基，为行业带来了约3100万元的经济效益；他首创的国际性厌氧动态膜成套装备和国产污泥薄层干化设备，不仅突破了原有工艺的局限，更使得污泥中有机物的降解率提高了56％，沼气中的甲烷含量提高了19％，为我国的污水治理技术树立了新的标杆，为行业的发展提供了宝贵的参考指南。

模块四

机械设备运维

学习指南

根据职普融通、产教融合、科教融汇的理念,以及优化职业教育类型定位的要求,本模块提出污水处理厂机械设备现场运维人员的基本素质和要求,以满足污水处理厂机械设备运维岗位要求。

项目一 鼓风系统的运维

任务一 鼓风机的运维

知识目标

掌握设置鼓风机的目的,鼓风机的作用,常用的鼓风机的类型,鼓风机运行维护与管理的要求。

能力目标

会进行鼓风机的运行管理;会对鼓风机的运行情况巡察、发现异常问题并提出解决对策。

素质目标

培养岗位意识,培养维护保养鼓风机的责任心,强化安全生产意识;培养分析问题,解决问题的能力;培养吃苦耐劳的工匠精神。

知识链接

鼓风机用于向污水处理系统供氧,确保生化系统的溶解氧含量达到所需水平,为好氧微生物提供一个良好的生存环境。

一、鼓风机的运行控制

1. 类型与选择

(1) 罗茨鼓风机 具有噪声较大、结构简单、机械摩擦小、使用寿命长等特点。一般适用于中、小型污水处理站（场）。罗茨鼓风机如图 4-1 所示。

图 4-1 罗茨鼓风机

(2) 多级离心鼓风机 具有效率高、噪声低、运行平稳、但维护成本相对较高的特点。适用于大型污水处理厂。多级离心鼓风机如图 4-2 所示。

图 4-2 多级离心鼓风机

(3) 单级离心鼓风机 具有体积小、重量轻、效率高、节约能源、性能范围调节广泛和自动化水平高等特点，目前已是污水处理行业曝气鼓风机的主流产品。单级离心鼓风机如图 4-3 所示。

图 4-3 单级离心鼓风机

（4）空气悬浮鼓风机　利用空气轴承技术，运行噪声低，维护成本低，特别适合对鼓风机的压力值和性能要求很高的污水处理厂。空气悬浮鼓风机如图 4-4 所示。

图 4-4　空气悬浮鼓风机

（5）磁悬浮鼓风机　采用无接触、无机械摩擦的磁悬浮轴承和高速大功率永磁同步电机，具有效率高、噪声低、故障少、不需润滑系统等优点，适用于对能耗和环境影响有严格要求的污水处理厂。磁悬浮鼓风机如图 4-5 所示。

图 4-5　磁悬浮鼓风机

2. 性能特点

（1）风量调节　鼓风机的风量调节方式多样，包括出口节流调节、进气节流调节、进出口导叶组合调节和变频调节等，不同调节方式对装置效率和能耗有不同的影响。

（2）能效　鼓风机的能效直接关系到污水处理厂的运行成本，选择高效率的鼓风机对降低能耗至关重要。

（3）噪声水平　鼓风机运行时产生的噪声大小直接影响厂区及周边环境，选择低噪声的鼓风机有助于改善工作和生活环境。

（4）维护成本　鼓风机的维护成本包括日常维护、零部件更换等，选择维护成本低的鼓风机有助于降低长期运营成本。

3. 工作原理及风量调节

（1）单级离心鼓风机的工作原理　气体通过入口进入压缩机，经过入口导叶到达叶轮。叶轮对气体进行加速，气体离开叶轮后，通过可变扩压器进入到涡形风道，气体在这里被收集起来，并将其大部分动能转化为压力。随后气体进入扩压器，在扩压器中减速，导致压力升高。这种减速作用将动能转换为压力能，即气体压力的增加。经过叶轮加速和扩压器增压后，气体以较高的压力被输出，以供各种应用使用。

（2）鼓风机的风量调节　这是运行控制中的关键环节，包括出口节流调节、进气节流调节、进出口导叶组合调节和变频调节等方式。选择恰当的风量调节方式有助于提高曝气效率和降低能耗。

4. 能效与经济性

鼓风机作为污水处理厂能耗最大的设备之一，其能效和运行经济性对污水处理厂的长期效益有重要影响。因此，提高鼓风机的能效、降低运行成本是设计和运行中需要重点考虑的问题。

二、鼓风机的维护管理

1. 鼓风机的巡检

（1）检查鼓风机运行是否正常　观察是否有漏油、报警现象，电流是否正常。同时，注意鼓风机的声音、振动是否正常，轴温是否在允许范围内，油位是否处于正常水平。使用仪器测量振动值及轴温，确保它们在安全运行范围内。

鼓风机的检修

（2）检查风管是否漏气　确保风管连接处密封良好，没有漏气现象。风管漏气不仅影响鼓风机的效率，还可能导致安全隐患。

（3）检查冷却风扇运行是否正常　确认冷却风扇能正常运行，这对于保证鼓风机的稳定工作非常重要。在夏季，还需确认轴流风扇开启，以保证足够的冷却效果。

（4）检查风机廊道内是否正常　检查空气过滤系统是否正常，确保风机廊道内没有杂物或其他可能影响鼓风机运行的障碍物。同时，检查确认门窗关闭，以保证良好的通风条件。

（5）检查风量、出口导叶是否满足工艺需求　确认风量及其出口导叶的调节能满足当前工艺的需求。这对于保证整个系统的运行效率和稳定性至关重要。

2. 鼓风机的故障排除

单级离心鼓风机常见的故障如下。

（1）喘振（压力脉冲）/再循环（过热）　可能的原因：转速太低；水头压力比设计压力高；入口风道/消音器故障/阻塞；入口过滤器因积灰堵塞（入口压力损失太高）；入口温度太高；入口导叶/出口导叶调整不当或太近；叶轮与等高环面的间隙过大；叶轮损坏；放空阀损坏；计数器阀和放空阀故障。

（2）流量不足　可能的原因：放空阀完全或部分打开；管路泄漏或阀门打开；入口导叶/出口导叶完全关闭；入口导叶/出口导叶机构被抱死。

（3）功耗过大　可能的原因：由于出口导叶机构被抱死而使流量压力低于设计压力；入口/出口导叶机构调整不当；齿轮箱或压缩机的机械故障。

（4）启动时没有空气和压力　可能的原因：驱动电机问题，电流故障；旋转方向错误；联轴器或轴断裂；轴被抱死。

（5）噪声大/振动过大　可能的原因：齿轮或轴承损坏；压缩机轴承损坏；转子/叶轮不平衡；密封损坏；联轴器损坏或同心度不好。

（6）轴承温度过高　可能的原因：油型号不对；轴承损坏；润滑油冷却不足；润滑油量不足；润滑油压力太低；油泵损坏。

（7）润滑油压力太低　可能的原因：油泵损坏；油过滤器堵塞；油温太高；安全阀损

坏;压力管漏油(油箱盖下);油位太低。

(8) 油温太高 可能的原因:水量太小;冷却水温度过高;环境温度过高;油型号不对;轴承、齿轮等损坏。

3. 卫生与安全

(1) 设备安全 单级离心鼓风机在运行过程中应保证设备的稳定性,防止因设备故障或操作不当而发生事故。这包括定期对设备进行检查和维护,确保所有的安全防护装置都能正常工作。

(2) 操作安全 操作人员应接受专业培训,熟悉单级离心鼓风机的操作规程和注意事项。在操作过程中,应穿戴适当的工作服和防护装备,如耳塞等。

(3) 环境管理 单级离心鼓风机在运行过程中可能会产生噪声和振动,应采取相应的措施进行降噪和减振,以改善工作环境。同时,应定期清理鼓风机及其周围的环境。

(4) 卫生管理 应建立健全卫生管理制度,对单级离心鼓风机及其周围工作场所进行定期清洁和消毒,保持环境的清洁和卫生,防止灰尘和杂物影响设备的正常运行。

4. 分析与记录

应定期记录电机电流、进出口导叶开度、压差、润滑油温度、电机前后轴承温度、齿轮轴承温度、齿轮振动值及室温、湿度等参数,以及做好开关机、风量调节记录。当参数发生异常时,应立即记录并查找原因。定期对记录的数据进行整理,分析风机运行状态和趋势,及时发现并解决问题。记录的数据至少保存五年,以备日后查询和分析。

● 实训一 鼓风机的巡检与运维控制 ●

鼓风机的工作原理主要基于动能转换,通过电动机驱动叶轮旋转,将电能转化为气体的动能,从而使气体获得速度,增加压力。鼓风机通常用于输送空气或其他气体,其出口压力一般低于1个大气压。

鼓风机的主要组成部分包括叶轮、机壳、电机和传动装置等。工作原理方面,离心式鼓风机通过高速旋转的转子上的叶片带动空气高速运动,离心力使空气在渐开线形状的机壳内沿着渐开线流向风机出口,实现气体的压缩。多级离心鼓风机的工作原理为当电机转动从而带动风机叶轮旋转时,气体在离心力的作用下甩出并改变流向,动能转换为静压能,从排气口排出气体,同时在叶轮间形成一定负压,使外界气体在大气压的作用下补入,达到连续鼓风的目的。

实训目标

会对鼓风机的运行情况巡察、发现异常问题并提出解决对策。

实训记录

根据给出的某污水处理厂的鼓风机的场景(图4-6),独立对鼓风机进行检查。
① 根据图4-6(a),独立完成对鼓风机运行状态的检查,识别潜在的问题。
② 根据鼓风机的运行状态参数即图4-6(b),分析鼓风机运行是否异常。如有异常,如何解决?并对照附录二污水厂运营评价自评表的内容,对污水厂的情况进行自评。

(a) 鼓风机的场景　　　　　　　　(b) 鼓风机运行状态

图 4-6　鼓风机巡视场景

实训思考

鼓风机常见的故障及其排除方法。

● 任务二　鼓风机房的运维 ●

知识目标

了解鼓风机房环境的管理和维护要求；熟悉鼓风机房环境监控系统、电力系统等；了解鼓风机房安全管理要求，能有效应对突发事件，确保设备安全运行。

能力目标

能够进行鼓风机房设备的定期检查清洁；会清除过滤棉灰尘；能够进行鼓风机的维护保养操作。

素质目标

具备良好的沟通能力和团队合作精神；具有与其他运维人员协同工作的能力。

知识链接

一、鼓风机的启动

1. 启动前的检查

在启动鼓风机之前，首先需要对单级离心鼓风机进行全面的检查。这包括检查鼓风机和电机是否正常，确认电源和保护装置是否完好，以及检查管道系统是否有泄漏或堵塞现象。压缩机正确启动的条件如下：没有激活报警或紧急制动开关；放空阀打开；扩压器导叶和/或预旋转导叶处于最小位置。

2. 触发启动

将风机切到就地状态，点击 LCP 柜触摸屏的启动按钮"I"，当从电机启动器接到反馈信号时，压缩机将马上启动。首先启动润滑油泵并做至少 1min 的预润滑。在 1min 的预润滑后，如果油压正确、显示出"准备启动"信号时，压缩机电机启动。开机信号应在 10s 内传递到控制系统。接到开机信号后，预旋转导叶将开至最大位置。当入口导叶开至最大位置时，压缩机的放空阀将开始慢慢关闭。当放空阀关闭时，压缩机的出口导叶和/或入口导叶将开始正常调节，至此压缩机的启动步骤已经完成。

3. 运行

在鼓风机启动后，需要密切观察其运行状态。这包括检查电流、电压、压力、温度等参数是否正常，以及检查鼓风机和电机的运行是否平稳。

4. 调节

如图 4-7 所示，根据实际需要，点击触摸屏"▲▼"可以适当调节鼓风机的出口导叶，以控制鼓风机风量。"▲"为增大导叶开度，"▼"为降低导叶开度，长按 3s 相应按钮，出口导叶开度会进行调整，建议每次导叶动作开度在 3% 左右。需要注意的是，调节过程中应尽量避免急剧的开闭动作，以免对鼓风机造成损害。

图 4-7 鼓风机的调节界面

二、鼓风机的关停

鼓风机的停机功能保证了在控制条件下停止压缩机。

1. 正常停机

① 点击 LCP 柜触摸屏的"▼"按钮，将鼓风机出口导叶降至最小位置 0%。
② 一旦出口导叶降至最小位置，点击"O"按钮，放空阀将快速打开。
③ 当放空阀打开时，停止压缩机主电机（在发出"正常停机"后，最长 100s）。
④ 入口导叶移至最小位置。
⑤ 压缩机停机后润滑油泵继续运行至少 5min。

2. 报警停机（非油压原因）

① 快速打开放空阀（在发出"报警停机"后，最长 8s）。
② 停止压缩机。
③ 出口导叶和入口导叶移至最小位置。
④ 在压缩机停机后，润滑油泵继续运行至少 5min。

3. 紧急停机（仅紧急情况和油压原因）

① 压缩机立即停止，同时其放空阀、出口导叶和/或入口导叶移至最小位置。
② 在压缩机停机后，润滑油泵继续运行至少 5min。

每次停机后，在一分钟内不能重启压缩机。

三、机械设备的保养与日常维护

（1）油采样和换油 在运行 500h 后对油进行第一次采样，然后每 6000h

机械设备的检修计划

对润滑油采样一次。按照石油供应商的建议来更换润滑油。在正常运行条件下，压缩机在一次换油前可运行 12000~30000h。

(2) 润滑油过滤器　根据润滑油压力，判断是否需要更换润滑油过滤器。正常运行压力大约 2.5~3.5bar，当更换润滑油或在压差达到最大时，更换油过滤器。

(3) 入口过滤器　定期清理入口过滤器积灰，压降不能超过 100mmWC，因为过高的负压可能导致入口消音器盘破损。压降增高 20mmWC 时，入口过滤器需要进行更换，保持入口过滤器压降在正常范围。

(4) 入口消音器　入口消音器是为大气空气而设计的，填充有吸音材料。维护保养时，可用吸尘器来清理吸音板。吸音板不可弯曲。吸音材料绝对不可用蒸汽或水来清洗。

(5) 联轴器检查　每运行 1000h，检查联轴器螺栓紧实度。

(6) 驱动电机　风机每运行 4000h，对前后轴承加注油脂，每次 20g。

(7) 全面检查，消除隐患　每运行 18000h 或 3 年，清洗和检查所有与介质接触的部件，以及检查或更换所有柔性垫片和油过滤芯；测试和调整（有必要的话）控制盘；试验运转。

(8) 鼓风机设备的清洁　包括鼓风机本体、电机、轴承、冷却系统等部件的清洁。这包括去除表面的灰尘、油污，检查是否有泄漏或损坏，并及时处理。

(9) 机房地面的清洁　清扫机房地面，清除积水、油污、杂物等，保持地面干燥清洁，以防发生滑倒事故和设备损坏。

(10) 周围环境的清洁　清理机房周围的杂物和垃圾，保证机房有一个良好的工作环境。

(11) 通风廊道的清洁　通风廊道是鼓风机进气的通道，需要定期清洁以保证气流通畅。这包括清理通风廊道内的灰尘、杂物等，以及检查通风廊道是否有损坏或堵塞。

(12) 空气过滤器的滤网和滤袋的清扫、调换　空气过滤器的作用是防止灰尘和其他杂质进入鼓风机内部，影响鼓风机的效率和寿命。因此，需要定期检查和清洁空气过滤器的滤网和滤袋。如果滤网或滤袋堵塞严重或损坏，应当及时清扫或更换，以保证空气的清洁度。清理风机入口端滤棉步骤如下：

① 停止运行的鼓风机，运行模式切换到服务模式。
② 手动打开鼓风机进风道两侧盖板。
③ 将风机滤棉从风道内取出。
④ 采用吸尘器对滤棉进行清理，直至滤棉表面无明显积灰为止。
⑤ 如有破损滤棉应及时更换。
⑥ 将滤棉装入风道内。
⑦ 手动盖好进风道盖板。
⑧ 恢复风机到远程或就地状态，至风机显示准备启动。

(13) 冷却系统清洁　清洁冷却风扇和散热器，保证冷却效果。

(14) 控制柜清洁　清洁控制柜表面和内部，检查电气接线是否紧固，确保控制系统运行稳定。

实训二　鼓风机房的巡检与运维控制

鼓风机房的主要作用包括：
(1) 控制空气流量和输送空气　鼓风机房通过控制空气的流量和压力，为各种生化反应提供必要的氧气,或者将空气输送到需要的地方以实现特定的工业或环境处理目标。

(2) 减少腐蚀和提高使用寿命　在腐蚀性气体排放较多的工厂环境中,鼓风机房的设计和建造尤为重要,因为它可以保护鼓风机免受腐蚀性气体的直接侵害,从而延长其使用寿命。

(3) 减少噪声　鼓风机房的隔声设计可以减少鼓风机运行时的噪声污染,改善工作环境。

这些作用确保了工业过程和环境中的空气供应和质量控制,同时也保护了鼓风机设备免受环境影响,延长其使用寿命。

 实训目标

会操作和维护鼓风机房设备,能够进行鼓风机房设备的定期检查清洁。

 实训记录

根据给出的某污水处理厂的鼓风机场景(图4-8),独立对鼓风机进行检查。
① 根据鼓风机的场景[图4-8(a)],判断是否需清理入口端过滤棉。
② 观察鼓风机模拟操作启停状态[图4-8(b)],分析鼓风机运行状态,并说明原因。

(a) 鼓风机入口端过滤棉状态

(b) 1号、2号、3号风机运行状态

图4-8　鼓风机模拟操作界面

 实训思考

鼓风机的维护保养有哪些要求?

项目二　加药系统的运维

任务一　常规加药系统的运维

 知识目标

掌握设置加药的目的,常用加药泵的类型,加药系统运行维护与管理的要求;熟悉加药系统的构成和工作原理;理解药性及其对系统的影响。

能力目标

会进行加药系统的运行管理；能熟练进行系统的操作和监控；会对加药系统的运行情况巡察、发现异常问题并提出解决对策。

素质目标

培养岗位意识，培养规范操作意识，强化安全生产意识；培养分析问题，解决问题的能力；培养吃苦耐劳的工匠精神。

知识链接

加药间是污水处理厂必要的构筑物，主要为污水处理中的反硝化脱氮、化学除磷、混凝沉淀和消毒工艺服务，具有储药、配药、计量和加药的功能。加药系统在污水处理厂中扮演着非常重要的角色，通过精确、定量地投加各种化学药剂，能提高污水处理效率和出水水质，从而实现污水的高效、安全处理。

一、常规加药系统的运行控制

1. 加药系统的类型

污水处理厂加药间常用药剂主要包括：具有除磷、去除悬浮物作用的各种低分子和高分子的铝盐、铁盐混凝剂（絮凝剂），如聚合氯化铝（PAC）、聚合硫酸铁（PFS），聚丙烯酰胺（PAM）等；助凝剂，主要作用是调节水的pH值，如氢氧化钠、生石灰等；具有消毒功能的消毒剂，如次氯酸钠、二氧化氯等。

（1）絮凝剂加药系统　用于投加聚合氯化铝（PAC）、聚合硫酸铁（PFS）等絮凝剂，使污水中的悬浮固体和胶体颗粒脱稳，形成易于沉淀的絮体。

（2）助凝剂加药系统　用于投加聚丙烯酰胺（PAM）等助凝剂，促进絮体的形成和增大，提高沉淀或浮选效果。

（3）消毒剂加药系统　用于投加次氯酸钠、臭氧等消毒剂，消灭污水中的病原微生物，确保出水水质达到卫生标准。

（4）pH调节剂加药系统　用于投加硫酸、氢氧化钠等酸性或碱性物质，调节污水的pH值，为后续处理创造最佳条件。

（5）碳源加药系统　投加适量的碳源，以确保反硝化反应的顺利进行，从而提高氮的去除率。

（6）除磷剂加药系统　用于投加铁盐、铝盐等除磷剂，去除污水中的磷。

2. 加药系统的组成

（1）加药泵　用于将药液从药液箱输送至投加点，根据应用场景和需求，加药泵可以是离心泵、螺杆泵、隔膜泵等。

（2）药液箱　用于储存药液，根据药液的性质和功能需要，药液箱可以是塑料、不锈钢或其他材质的容器。

（3）计量装置　用于精确计量药液的投加量，确保药液按照设定比例或流量投加，常见的计量装置包括流量计、质量流量计等。

（4）控制系统　用于控制加药系统的运行，包括药液投加量的调节、加药泵的启停等。通常可以实现自动化，通过PLC（可编程逻辑控制器）、SCADA（监控控制和数据采集）系统等实现远程监控和控制。

（5）安全装置　包括溢流、泄漏检测和防护装置等，用于确保加药系统的安全运行，防止药液泄漏造成安全事故。

（6）管路和阀门　连接各个组件的管路和阀门，用于控制药液的流动路径和流量，确保药液能够准确、及时地投加到指定位置。

（7）混合装置　药液投加点后通常需要设置混合装置（如静态混合器、管道混合器等），以确保药液能够充分、均匀地与污水混合，提高处理效果。

（8）卸料泵　用于将液体药剂从运输的罐车输送到储罐。

这些组成部分共同工作，确保加药系统能够根据污水处理的需要，准确、可靠地投加各种化学药剂，提高污水处理效率和出水水质。

二、常规加药系统的维护管理

1. 加药系统的巡检

巡检内容包括但不限于以下几个方面。

（1）加药泵的巡检　检查加药泵的运行状态，包括泵的振动、噪声是否正常，出入口压力是否稳定，泵的密封性能是否良好，有无泄漏现象。

（2）药液箱的巡检　观察药液箱内的药液量是否充足，药液是否均匀，有无分层、沉淀或结块现象。同时检查药液箱的密封性，确保无泄漏。

（3）计量装置的巡检　检查流量计、质量流量计等计量装置的读数是否准确，传感器和转换器等部件是否完好无损。

（4）控制系统的巡检　检查加药系统的控制系统是否正常工作，包括PLC、SCADA系统等，确保能够准确接收和执行控制指令。

（5）安全装置的巡检　检查安全阀、溢流报警、泄漏检测等安全装置是否完好，确保在异常情况下能够及时发现并处理问题。

（6）管路和阀门的巡检　检查管路是否有堵塞、泄漏现象，阀门是否能够正常启闭，管路的连接处是否牢固。

（7）混合装置的巡检　检查混合装置是否能够使药液和污水充分混合，确保处理效果。

（8）加药点的巡检　检查药液的投加点是否正确，药液是否能够均匀分散到污水或污泥中。

（9）记录和报表的巡检　检查运行记录和报表是否完整，包括药液投加量、系统运行参数等，确保有据可查。

（10）现场环境的巡检　检查加药区域的环境卫生状况，确保无杂物、无泄漏，保持良好的工作环境。

通过这些巡检内容，可以及时发现并解决加药系统运行中可能出现的问题，保证系统的稳定运行和处理效果，对于保障污水处理厂的正常运行和出水水质达标具有重要意义。

2. 化学药剂溶解和配制

化学药剂溶解和配制流程为：①溶解槽中进水至一定量；②同时将定量化学药剂加入到溶解槽中；③开始搅拌至完全溶解；④溶药槽；⑤持续进水至要求的药液浓度。

化学药剂的配制浓度应根据实际运行情况进行调整。在运行的过程中应经常注意液位控制系统的工作状态,复核溶解槽中化学药剂液位,以避免计量泵空转和无化学药剂投加的情况。

3. 加药系统的故障排除

污水处理厂加药系统的常见故障及排除方法主要包括以下几个方面。

(1) 计量不准确　流量计或质量流量计故障,或者设置错误。排除方法:检查和校准流量计,重新设置正确的计量参数,或更换损坏的计量装置。

(2) 泵不上料或流量不足　泵的入口堵塞,出口管道堵塞或泄漏,泵本身故障。排除方法:清理泵的入口过滤器,检查并清理出口管道,维修或更换泵。

(3) 药液混合不均匀　混合装置故障或设计不合理。排除方法:检查混合装置是否损坏,评估混合效果,必要时更换或调整混合装置。

(4) 电气故障　电气接线错误,电气元件损坏,控制系统故障。排除方法:检查电气接线,更换损坏的电气元件,重启或修复控制系统。

(5) 泄漏问题　管道连接处密封不良,阀门损坏,泵的密封性能下降。排除方法:检查并紧固管道连接,更换损坏的阀门,检查和更换泵的密封件。

(6) 药液箱问题　药液箱内药液不足或过多,药液箱损坏或泄漏。排除方法:补充或排放药液至适当水位,修复或更换损坏的药液箱。

(7) 控制系统故障　PLC 或 SCADA 系统故障,传感器故障,通信问题。排除方法:检查并修复 PLC 或 SCADA 系统,更换损坏的传感器,检查通信连接。

(8) 安全装置故障　安全阀、溢流报警、泄漏检测等装置故障。排除方法:检查并修复或更换安全装置。

在处理这些故障时,应先根据报警信息或观察到的现象进行初步判断,然后按照相应的排除方法进行处理。在处理过程中,应确保遵守安全规程,必要时须停机处理。复杂的故障可咨询设备制造商或专业技术服务人员。

4. 加药系统的维护保养

加药系统的维护保养是保证污水处理厂正常运行和出水水质稳定的重要环节,需要定期进行,并做好相关记录。同时,也需要根据具体情况进行个性化的维护保养,以提高设备的运行效率和使用寿命。

(1) 定期检查　定期对加药系统进行外观检查,检查是否存在泄漏、损坏、腐蚀等问题,并及时处理。

(2) 清洗维护　定期清洗加药系统的各个部件,包括计量泵、过滤器、管路、阀门等,以保持其正常运行。

(3) 更换易损件　定期更换加药系统的易损件,如密封圈、隔膜片、柱塞等,以防止泄漏和损坏。

(4) 维护控制系统　定期维护加药系统的控制系统,包括 PLC、DCS 等,以确保其正常运行。

(5) 维护电源线路　定期检查加药系统的电源线路,确保其正常供电,防止因电源线路故障导致加药系统停机。

(6) 维护药剂储存罐　定期检查药剂储存罐的液位计,确保其正常运行,防止药剂变质和泄漏。

(7) 维护加药管路　定期检查加药管路是否畅通,防止管路堵塞和泄漏。

（8）维护安全保护装置　定期检查加药系统的安全保护装置，包括报警器、安全阀等，确保其正常运行，防止意外事故的发生。

（9）培训操作人员　定期对加药系统的操作人员进行培训，提高其操作技能和安全意识，防止因人为因素导致加药系统故障。

5. 加药间的通风

（1）通风方式　加药间应采用机械通风与自然通风相结合的方式。自然通风可以通过窗户和门等实现，而机械通风则通过排风扇或通风系统实现。

（2）通风系统　排风口应设置在加药间的最高处，以便于气体的排出。进风口应设置在靠近地面处，以便补充新鲜空气。排风系统和进风系统应保持一定的距离，避免形成气流短路。

（3）有害气体检测　在加药间应配备有害气体检测仪，对有害气体的浓度进行实时监测，一旦超过安全标准，应立即启动应急通风系统。

（4）防爆要求　使用易燃、易爆药剂的加药间，应有良好的防爆通风措施，如设置防爆风机、防爆排风扇等。

（5）防腐蚀要求　加药间内的通风设备应采用防腐材料，如玻璃钢、不锈钢等，以防止药液或有害气体的腐蚀。

（6）通风系统的维护　应定期检查和维护通风系统，包括清洁风管、更换损坏的部件、校准气体检测仪等，确保通风系统的正常运行。

（7）个人防护　在加药间工作时，工作人员应配备必要的个人防护装备，如防毒面具、橡胶手套、防护眼镜等，以保障个人安全。

这些通风要求旨在为污水处理厂的加药间提供安全、健康的工作环境，并确保加药设备的正常运行。在设计和操作加药系统时，应严格遵守相关标准和要求。污水处理厂加药间的通风主要是为了确保工作人员的安全和健康，以及保护设备免受腐蚀和损坏。

6. 加药间卫生与安全要求

（1）卫生要求

① 定期清洁。加药间应定期进行清洁，包括地面、墙壁、设备和管道等，以防药液泄漏造成人员滑倒和其他安全隐患。

② 防尘防毒。在使用化学药剂时，应采取有效措施防止粉尘和有害气体（如氯气、氨气等）的泄漏和扩散，包括使用封闭系统、局部排风通风系统等。

③ 环境控制。保持加药间有适当的温度和湿度，以防药液变质和设备腐蚀，同时也为工作人员提供一个舒适的工作环境。

④ 废物处理。合理处理废药液和用过的化学品容器，遵守相关的环保要求和危险废物处理规定。

（2）安全要求

① 个人防护装备。应配备必要的个人防护装备，如防护眼镜、手套、防护服等，以防化学药剂对个人造成伤害。

② 应急处理。配备必要的应急处理设备，如洗眼器、灭火器等，以便在发生泄漏或火灾等紧急情况时迅速应对。

③ 通风系统。加药间应有良好的通风系统，以防有害气体积聚，造成安全隐患。

④ 设备维护。定期对加药设备进行检查和维护，确保设备处于良好状态，避免因设备

故障引发安全事故。

⑤ 电气安全。确保加药间的电气系统符合安全标准，避免电气火灾和其他电气危害。

⑥ 防止交叉污染。确保不同化学品的使用和存储区域分开，避免交叉污染。

⑦ 充足照明。保证加药间有充足的照明，以便工作人员安全地进行操作和监控。

7. 分析测量与记录

应记录每天所使用的各种药剂的消耗量，包括但不限于絮凝剂、消毒剂等。这有助于掌握监控药剂使用效率，评估处理效果，以及进行成本核算。定期测量和记录进入和离开处理系统的污水水质参数，如化学需氧量、氨氮、总氮、总磷等，以评估处理效果和调整药剂投加量。定期测量加药系统中化学品的浓度，确保其符合处理要求，避免因药剂浓度过高或过低影响处理效果。记录加药设备的运行状态，包括运行时间、故障情况和维护记录，以确保设备的稳定运行。记录加药间的操作日志，包括操作人员、操作时间、药剂投加量调整、设备操作等，以便日后的查证和分析。定期对记录的数据进行分析，评估处理效果和药剂使用效率，根据需要调整操作参数，并编制相应的报告。

● 实训一　常规加药系统的巡检与运维控制 ●

常规加药系统包括溶药罐、储药罐、加药搅拌器、加药泵和计量设备等，这些都是构成加药系统的基础。

贮液时长：应保证贮液池的容量至少满足 2h 的供液需求。如果贮液时间过长，会导致贮液池体积过大，占用更多空间；如果时间过短，则会增加操作的复杂性。在加药量较少的情况下，可以考虑将贮液池与溶药池合并为一个。

药库的储存量：应根据实际情况确定。如果药剂供应充足且运输方便，可以按照最大投药量储存 20～30d 的量设计。反之，如果供药条件较差，建议按照最大投药量储存 60～80d 的量设计。

加药位置：如果采用泵前加药的方式，加药系统应尽可能靠近泵房，以提高加药效率。

加药管：加药管插入水管的深度建议为进水管管径的 1/4～1/3，以确保加药顺畅。同时，加药管的管口方向应与进水管的水流方向一致，以避免加药受阻。

实训目标

会熟练进行系统的操作和监控。

实训记录

（1）根据给出的某污水处理厂加药系统运行的场景（图 4-9），进行常规加药间的巡视，独立对加药系统进行检查。注意加药系统的各个组成部分，包括药液箱、计量泵、投加点、管道连接、电气控制部分等。识别出药液的投加过程、计量泵的工作状态、药液箱的液位等信息。

（2）根据加药系统的运行状态，分析加药系统运行是否异常，如有泄漏、计量泵异常噪声、电气控制问题等。如有异常，如何解决？

图 4-9 常规加药间场景

实训思考

进行加药系统的运行情况巡察、发现异常问题并提出解决对策。

任务二 碳源投加系统的运维

知识目标

掌握设置碳源加药的目的，碳源加药系统运行维护与管理的要求。

能力目标

会进行碳源加药系统的运行管理；能熟练进行碳源加药系统的操作和监控；会对碳源加药系统的运行情况巡察、发现异常问题并提出解决对策。

素质目标

培养岗位意识，规范操作意识，强化安全生产意识；培养分析问题，解决问题的能力；培养吃苦耐劳的工匠精神。

知识链接

在污水处理过程中，碳源投加是一项重要的调控策略，其对于优化处理效果、提升出水水质以及保障微生物活性具有关键作用。碳源的主要作用是提供微生物生长所需的碳元素，促进生物降解过程，进而有效改善水质和优化生态系统的稳定性。

一、碳源的类型

在污水处理中，选择合适的碳源是提高微生物活性和废水净化效果的关键因素。常见的碳源有葡萄糖、醋酸钠、甲醇和面粉等。

1. 甲醇

甲醇作为外碳源具有运行费用低和污泥产量小的优势。甲醇碳源不足时，存在亚硝酸盐积累的现象。以甲醇为碳源时的反硝化速率比以葡萄糖为碳源时快 3 倍，最佳碳氮比（COD：氨氮）为 2.8～3.2。

从目前研究来看，甲醇作为碳源时，C/N＞5 时能达到较好的效果，但其弊端有以下三点：

① 作为化学药剂，成本相对较高；

② 响应时间较慢，甲醇并不能被所有微生物利用，污水中投加甲醇后，需要一定的适应期直到它完全富集，才能发挥全部效果，因此用于污水处理厂应急投加碳源时效果不佳；

③ 甲醇具有一定的毒害作用，长期用甲醇作为碳源，对尾水的排放也会造成一定的影响。

因此，在利用甲醇作为微生物碳源时，需要考虑到其浓度、适应性、底物转化效率等因素，以及其对微生物的毒性和生长的影响。此外，在实际应用中，还需要考虑碳源的可获得性、成本以及环境因素等综合因素。

2. 乙酸钠

乙酸钠的优点在于它能立即响应反硝化过程，能用作水厂运行时的应急处理。

一般认为乙醇的脱氮率不如甲醇高，但由于无毒，污泥产量与甲醇相似，可考虑作为甲醇的替代碳源。当乙醇被用作碳源且硝酸盐作为电子受体时，最好的 C/N 为 5。缺乏碳源会导致亚硝酸盐的积累。乙酸钠作为碳源时有以下缺点：

① 乙酸钠多为 20％、25％、30％的液体，由于其 COD 浓度较低，运输成本高，不适合长途运输。

② 污泥产量大，大量使用乙酸钠会使污泥处理成本增加。目前污水厂的污泥处置问题也是一个较大的攻关难题。

③ 价格比较高，几乎不可能在污水处理厂大规模添加乙酸钠。

3. 葡萄糖

葡萄糖作为一种具有代表性的外部碳源，具有良好的治疗效果。然而，它很容易引起大量的细菌繁殖，导致污泥膨胀，增加出水 COD 值，影响水质。同时，与酒精碳源相比，葡萄糖更容易产生亚硝酸盐氮的积累。因此，不建议大量使用葡萄糖作为外部碳源。葡萄糖作为碳源时有以下缺点：

① 需要现场配置成溶液，劳动强度大，投加精准性差，大型污水处理厂无法使用。

② 工业葡萄糖含杂质多，食品葡萄糖价格贵。

4. 面粉

面粉主要由淀粉组成，是一种富含碳的物质，可以为微生物提供所需的碳源，促进其生长和代谢活动。面粉可以通过简单的物理处理（如研磨、过筛等）成为适合微生物生长的颗粒大小，便于在培养基中使用。其在市场上价格相对较低且易于获得，适用于大规模微生物培养的经济需求。面粉作为碳源时有以下缺点：

① 需要预处理：面粉需要进行预处理，如稀释、搅拌和消化等，才能更好地被微生物吸收和降解，这增加了处理过程的复杂性和耗时。

② 富营养化风险：面粉中含有丰富的有机物质，过量添加面粉作为碳源可能导致污水中有机物浓度过高，进而促进细菌和藻类的过度生长，增加富营养化风险。

③ 缺乏其他营养物质：面粉作为单一碳源，缺乏微生物所需的氮、磷和微量元素等其他营养物质，可能需要额外添加这些物质以满足微生物的全面需求。

5. 生物质碳源

随着对污水脱氮要求的提高，新兴起一些专业生产碳源的企业。他们借助生物工程原理，对一些糖类、农产品废料等进行发酵，生产无毒无害的生物制品，其主要组分是小分子有机酸、醇类、糖类。尽管较单一的化学品更容易被微生物利用，但该生物制品使用成本比单一化学品便宜，具备极高的性价比。但弊端是产品的稳定性待提高，使用前须对每批次产品COD浓度进行检测。

二、碳源投加的判定条件

生物需氧量（BOD）与化学需氧量（COD）比值失衡，即污水中的BOD/COD低于0.3时，表明污水中可生物降解的有机物含量较低，微生物活性受限，此时应适当投加碳源以提升微生物降解能力。

1. 硝化与反硝化过程需求

在厌氧氨氧化或反硝化脱氮过程中，为实现高效的氮素转化，需要足够的有机碳作为电子供体。若系统内部碳源不足，则可能导致反硝化反应受阻，这时就需要考虑额外补充碳源。

2. 污泥沉降性能下降

碳源对污泥的絮凝及沉降特性具有重要影响。当发现污泥沉降性能变差、SVI值升高时，可能是由于微生物代谢产生的多糖类物质减少导致，适当的碳源投加能够恢复污泥的正常结构与功能。

3. 冬季低温期运行

在低温环境下，微生物活性显著降低，自我合成碳源的能力减弱，为了保证生化系统的稳定运行，可能需要增加碳源的投加量。

4. 出水水质不达标

在常规处理流程下，如果出水水质仍无法达到排放标准，尤其是COD指标持续偏高时，也提示可能需要通过投加碳源来增强污染物的生物降解效果。

5. 生化处理效率与C、N、P比失衡

当污水中的碳、氮、磷比例失调，特别是碳元素不足时，即C∶N低于微生物正常生长代谢所需的适宜范围（一般认为是4～6之间），此时需要额外投加碳源以满足微生物进行生

物降解过程中的能量需求。

6. 总氮达标

为了实现总氮（TN）的去除目标，在硝化、反硝化等工艺中，如果原水体中的有机物不足以提供足够的碳源来支持反硝化菌利用 NO_x-N 还原为氮气，那么就需要补充碳源。

7. 培养驯化阶段

在新建或重启的污水处理厂中，活性污泥微生物群落的初期培养和驯化阶段，往往需要充足的碳源来促进微生物快速繁殖并形成稳定的生态系统。

8. 工业废水处理成本优化

对于某些工业废水来说，若通过投加经济且有效的碳源能够提高整个污水处理工艺的经济效益，并确保出水水质达标，则会考虑投加碳源。

9. 特殊环境下的冲击负荷应对

当污水厂受到高浓度污染物冲击或者季节性变化导致进水水质波动较大时，可能也需要临时增加碳源投加量以增强系统的抗冲击能力和稳定运行性能。

在污水处理工艺，尤其是在脱氮除磷过程中，碳源的投加扮演着至关重要的角色。一方面，它是微生物进行生化反应的重要"燃料"，另一方面，其对于优化处理流程、提高氮磷去除效率具有决定性的影响。

三、碳源的选择与投加

1. 碳源的选择

在理论上，各类碳源都能保证出水总氮达到排放标准，但要考虑以下多个因素。

（1）碳源投加的成本　碳源吨水运行成本为碳源采购价格×每日投加量÷每日进水量；碳源每日投加量根据碳源完全氧化所需的氧气量决定。

（2）碳源产泥率　投加碳源，必定会增加污泥的产量，而污泥处理成本很高，这个是选择碳源必须考虑到的重要一项。

（3）保证污水运行的稳定性　投加碳源是为了脱氮，因此在选择碳源的时候，要兼顾污水处理厂的运行稳定，如尽可能地避免污泥膨胀、出水 COD 升高、亚硝基氮累积等。

因此，碳源的选择不是单纯的经济账，而是与稳定运行的实际紧密结合的。科学地选择碳源，才能有效地降低污水处理厂的运行成本，保证污水处理厂的稳定运行。其中甲醇的使用最普遍，且被证明是最合适的碳源。

2. 适时添加碳源

（1）硝化-反硝化过程　生物脱氮主要包括氨氧化（硝化）和硝酸盐还原（反硝化）两个阶段。在硝化过程中，尽管微生物可以利用废水中的有机物作为能量来源，但如果进水BOD/N 过低，即可生物降解的有机碳相对缺乏时，微生物可能无法获得充足的能量来完成硝化过程，这将直接影响后续的反硝化进程。因此，在这种情况下，补充适量的外加碳源，如乙酸钠等易降解有机物，有助于保障硝化与反硝化的稳定进行，实现高效脱氮。

（2）厌氧释磷和好氧吸磷阶段　在除磷过程中，聚磷菌首先在厌氧条件下释放磷酸盐以获取能量，然后在好氧环境下通过吸收有机碳源重新积累细胞内的磷酸盐。当进水中有机碳含量不足以支持微生物在此交替代谢过程中充分利用磷元素时，就需要额外添加碳源，以促进微生物更好地进行磷的吸收和储存,从而提高除磷效率。

(3) 系统恢复及稳定运行　当污水处理厂遭遇冲击负荷、污泥活性下降或系统处于调整恢复期时,合理投加碳源能激活并复苏微生物活性,增强污泥沉降性能,恢复和稳定整个系统的处理效能。

综上所述,科学合理地判断并适时添加碳源是优化脱氮除磷效果的关键措施之一,需结合污水处理厂的实际运行参数(如 BOD、N、P 浓度,生物活性等)以及工艺特点做出精准决策。

3. 碳源投加位置的选择

由于 TN 检测时间较长,无法满足及时调整的要求,可以采用在线监测的手段,将 TN、COD、NH_3-N 等数据传输给控制系统,系统经过计算自动调整碳源加药泵的流量或调节阀开度,实现碳源自动投加控制。

碳源投加点应设在反硝化池前端,必须保证投药与进水及回流液充分混合。混合后在阶段曝气和潜水搅拌机的作用下,混合液与反硝化污泥继续充分混合。只有碳源、污水和污泥充分混合的情况下,才能保证反硝化细菌与污染物质充分接触并进行足够时间的反硝化作用,达到最佳的处理效果。

该过程需要注意的是尽量避免短流,并保证反硝化池的充分搅拌。搅拌不应过度,过大的水力搅拌强度会造成水力切削和污泥过度碰撞,造成污泥絮体的物理性解体,并且使碳源难以吸附在污泥表面上,影响反硝化效率。同时需要注意内回流携带溶解氧造成碳源投加量增加,因此碳源投加点远离内回流出水口,具体需要根据工艺运行情况而定。

碳源补充应尽量以液态方式进行。并做好计量或自动控制。碳源溶液的浓度以高量、较低浓度为宜。投加前还应注意药品的预处理,加药泵前过滤,药品质量控制等问题。

碳源在反硝化系统中的投加不能太过超量,否则会影响反硝化池中的微生物菌种优势。太过量的 BOD 会造成在缺氧条件下出现过多的厌氧细菌,也会出现较多的好氧细菌,消耗 BOD 和溶解氧,从而导致好氧细菌、厌氧细菌与反硝化细菌菌群竞争,影响反硝化处理效果。

4. 碳源的投加量

各类碳源投加量都有一个相应的范围,可以通过实际情况确定碳源的投加量,但在实际运行中要兼顾到亚硝态氮的累积和产泥率。以下为经验数据。

(1) 甲醇　甲醇投加量不足的情况下,会出现亚硝态氮的累积。有研究表明,甲醇为碳源时理想的 COD/N 为 4.3～10.6。实验结果表明,理想的投加量碳氮比大于 5 时,反硝化才能进行完全,硝态氮去除率可达 95%,产泥率在 0.35 左右。

(2) 乙酸钠　研究表明,乙酸钠作为碳源加入污水中,碳氮比在 4.6 时,可以达到稳定的脱氮效果,而且它的水解产物为小分子有机物,容易被微生物降解,反硝化响应时间快,而且无毒,能作为应急碳源。但是,乙酸钠价格较贵,产泥率高,对污水厂的污泥处置带来一定的压力。

(3) 工业葡萄糖　工业葡萄糖的理想碳氮比在 6.4～7.5,比甲醇大得多,而且它是高分子有机物,不易被微生物所利用,容易导致出水中 COD 的上升,同时与甲醇、酒精相比,工业葡萄糖更易出现亚硝态氮的累积,因此,不建议大量使用工业葡萄糖作为碳源。

常规的生物脱氮工艺,甲醇应直接投加在缺氧段,并通过缺氧段内的搅拌器与进水及混合液充分混合。须防止水流剧烈紊流导致甲醇从液相中挥发至空气,也应防止因多余的氧气存在造成部分甲醇被细菌好氧呼吸消耗。

多级反硝化系统由于反硝化过程在主体曝气工艺的下游，进水中的所有溶解性 BOD 都已经被去除，所以甲醇通常投加于反硝化进水中。

四、甲醇投加系统

甲醇投加系统由甲醇加药间、甲醇储罐区、消防设备间三部分组成。

1. 甲醇加药间

甲醇加药间内设置加药泵用以提升来自甲醇储罐的甲醇药液。由于甲醇属于易燃液体，甲醇加药间本身具有一定的火灾危险性，加药间内所有电气、仪表、通风设备须考虑防爆功能，加药间所用建筑材料应为非燃烧体。

2. 甲醇储罐区

甲醇为毒性易燃药品，对消防要求高。甲醇储罐可采用钢制，两端封堵，储罐容积为 5～6d 的加药量。甲醇储罐要和甲醇加药系统分开布置。甲醇罐区需要进行消防设计，消防系统采用低倍数泡沫灭火系统及自动喷水冷却系统，用于储罐区消防的泡沫来自消防设备间。

为防止甲醇泄漏发生爆炸事故，甲醇储罐要单独隔离放置在封闭的钢筋混凝土防渗池内，池外设围墙与外界隔离。

为防止储罐发生破裂事故，可燃液体流到储罐外，需在储罐周围设置防火堤。

为保证甲醇储罐区内日常雨水的及时排除及日常维护管理，储罐区设置放空闸井，可将日常雨水排至厂区雨水管内；为防止甲醇的挥发，在放空闸井后设置水封井。

甲醇管道材质建议采用 304 不锈钢无缝厚壁管，若为纯甲醇，可用无缝碳钢管，采用焊接或法兰连接。

3. 消防设备间

消防设备间内通常配备有以下关键设备和系统。

（1）泡沫消防泵　用于提供泡沫灭火系统所需的压力和水流，确保泡沫能够迅速、有效地覆盖到甲醇储罐区。

（2）泡沫比例混合器　该设备用于将泡沫原液与水按一定比例混合，形成泡沫混合液，以满足灭火需求。

（3）泡沫原液储罐　用于储存泡沫原液，是泡沫灭火系统的重要组成部分。

（4）消防栓和消防水带　提供传统的水灭火方式，作为泡沫灭火系统的补充。

（5）消防控制系统　用于监控和控制消防设备的运行状态，确保在火灾发生时能够迅速启动相应的灭火系统。

4. 甲醇投加系统的安全措施

甲醇的闪点为 12℃，是高可燃性物质。甲醇的储存池、管道及其附件和电气系统需要考虑相应的防爆措施。甲醇投加系统通常宜安装在室外，并远离其他设备。甲醇储罐应安装浮动式顶盖和压力释放阀与灭火器。

五、碳源投加发展方向

当前，国内绝大多数的市政污水处理厂面临着必须投加碳源和碳源成本高的现实问题，如何做到减少碳源投加和降低碳源成本，是污水处理行业面临着的共同问题。通过近几年碳源的实际使用情况，提出如下的建议。

① 重塑厌氧池和缺氧池流态，促进池容近100%的利用，避免短流，提高混合效率和碳源利用率，尽量减少碳源投加或者不投加。

② 新设计的污水处理厂可选用多级AO工艺，充分考虑碱度在污水处理中的重要作用，减少污泥内回流，达到更好的脱氮效果。

③ 碳源选择与投加，需要综合考虑各种因素，除碳氮比这个参数外，重点要考虑水的流态、碱度和水温这3方面的影响。

④ 根据目前的发展趋势，碳源的综合成本将成为污水处理厂首选、新兴的生物质碳源是综合碳源，利于生物降解，很有可能逐渐占据主导地位，可以小规模的试用，避免走弯路。

⑤ 目前碳源的选择种类很多，在保证不产生二次污染的情况下，选择性价比最高的碳源作为首选碳源，乙酸钠可以作为应急碳源储备做应急使用。

实训二　碳源投加系统的巡检与运维控制

污水处理中碳源至关重要，碳源包括有机和无机碳源，它能为微生物提供能量和营养，促进生物反应进行。选择碳源需考虑成本、效果及毒害作用。采取合理的投加量和方式，探索新型碳源和投加技术，可提高污水处理效率，保证污水处理的环保性。

首先，选择合适的碳源种类是关键。有机碳源主要包括乙醇、甲醇、乙酸、柠檬酸等有机物质，而无机碳源则主要是碳酸盐等无机化合物。这些碳源可以满足不同的处理需求，如增加污泥的生长和代谢、促进有机物的去除、脱氮除磷等。

碳源投加位置通常在厌氧池或缺氧池的进水口，以确保碳源在微生物处理过程中得到充分利用。

实训目标

熟练进行碳源投加系统的操作和监控；

实训记录

根据某污水处理厂的碳源投加情况（图4-10），独立对碳源投加系统进行分析。

图4-10　碳源投加巡视情况

（1）某污水处理厂采用 A^2/O 工艺，污水来源全部为生活污水。进行巡视时发现，系统采用甲醇作为外加碳源。同时发现：①投加点位于厌氧段进水口；②运行过程中存在碳源不足的问题；③甲醇药耗高，运行成本偏高。

试分析：碳源投加位置是否正确？碳源不足的问题如何解决？

（2）污水处理厂运营过程中，哪些情况需要加碳源？

实训思考

污水处理如何投加碳源？碳源投加系统的运行有哪些异常问题？并提出解决对策。

项目三　智慧水务中央控制系统的运维

任务一　智慧水务中控系统的组成与运维

知识目标

熟悉智慧水务系统的基本架构，包括数据采集、传输、处理、存储和应用等环节。掌握中控系统的基本操作，包括参数设置、数据监控、报警处理等。了解如何分析中控系统收集的数据，用于工艺优化和故障诊断。

能力目标

能够实时监控中控系统的运行状态，包括污水处理各环节的参数。能够有效地管理中控系统收集的数据，并进行分析。掌握中控系统的日常维护和定期检修技能，确保系统稳定运行。

素质目标

培养岗位意识，能够细心观察系统运行状态，及时发现问题并解决。具备良好的学习能力，能够快速掌握新技术、新方法。能够与团队成员有效沟通，协同解决问题。

知识链接

智慧水务中控系统的运维是确保污水处理厂稳定、高效运行的关键环节。它涉及的内容广泛，既包括技术层面的操作和维护，也涵盖了管理层面的监控和优化。

一、智慧水务中控系统的组成

智慧水务中控系统是一个集成先进的信息技术、自动化控制技术和专业水处理技术的综合性系统。它通过对污水处理过程的全面监控、智能控制和优化管理，实现污水处理厂的高效、稳定、安全运行。智慧水务中控系统的组成主要包括以下几个核心部分。

（1）数据采集与监控系统　①传感器与仪表：安装在污水处理厂各关键节点的，用于实时采集水质、水量、温度、压力等数据。②数据采集终端（DTU/RTU）：将传感器采集的数据转换为数字信号，通过网络传输至中控系统。

（2）通信网络　①有线/无线网络：用于连接数据采集终端与中控系统，包括以太网、4G/5G 网络等。②物联网平台：提供设备连接管理、数据传输和存储等服务。

（3）中央控制软件平台　①数据处理与分析：接收、存储和分析从污水处理厂采集的数据。②人机界面（HMI）：提供直观的操作界面，展示实时数据、历史趋势、报警信息等。③智能决策支持：基于数据分析结果，提供操作建议、故障预警、优化方案等。

（4）自动化控制系统　①PLC（可编程逻辑控制器）：直接控制污水处理过程中的各种设备，如泵、阀、风机等。②SCADA（监控控制和数据采集）系统：实现对 PLC 的远程监控和控制，执行中央控制软件的指令。

（5）安全管理系统　①访问控制：管理用户权限，确保系统安全。②数据加密：保护数据传输和存储的安全。③应急响应：预设应急预案，快速响应系统故障或安全事件。

（6）辅助决策支持系统　①模型预测：基于历史数据和实时数据，预测未来水质变化趋势。②优化调度：根据预测结果和出水要求，自动调整运行参数，优化处理过程。

智慧水务中控系统通过对上述组成部分的紧密配合，实现了对污水处理全过程的智能化监控、控制和优化，极大地提高了污水处理厂的运行效率和管理水平。

二、智慧水务中控系统的维护管理

1. 日常监控与巡检

（1）实时监控　通过中控系统的人机界面（HMI）或专用监控软件，实时查看污水处理过程的关键参数（如水质、水量、设备状态等），确保一切运行正常。

（2）定期巡检　按照预定计划对系统硬件（如传感器、PLC、服务器等）进行定期检查，包括设备外观检查、连接线缆检查、设备运行状态检查等，预防潜在问题。

2. 故障排除

（1）快速响应　一旦系统报警或出现异常情况，须立即响应，启动故障诊断程序。

（2）故障诊断　利用系统提供的诊断工具或专业经验，确定故障原因，可能涉及硬件故障、软件问题或操作失误等。

（3）故障修复　根据诊断结果，采取相应措施进行修复，如更换损坏的硬件、更新软件版本、调整运行参数或提供操作培训等。

3. 系统维护

（1）硬件设备的维护　这包括对服务器、交换机、路由器、防火墙、显示器、工作站等硬件设备的检查、保养和维修。具体工作包括检查硬件设备的运行状态、清理设备内部的灰尘、更换损坏的部件、更新设备固件等。

（2）软件维护　这包括对中控系统软件、操作系统、数据库、应用程序等进行更新、升级和维护。具体工作包括检查软件的运行状态、安装更新补丁、优化软件配置、备份和恢复数据等。

（3）网络维护　这包括对中控系统网络设备的检查、维护和保养。具体工作包括检查网络设备的运行状态、调整网络配置、优化网络性能等。

（4）数据维护　这包括对中控系统内的数据进行备份、恢复、清洗和整理。具体工作包括定期备份数据、恢复丢失的数据、清洗不准确的数据、整理杂乱的数据等。

（5）安全维护　这包括对中控系统的安全进行检查、防护和维护。具体工作包括检查系统的安全设置、更新安全补丁、防御网络攻击、保护系统数据安全等。

（6）系统升级　这包括对中控系统进行升级，更新系统架构，增加新功能，提高系统性能。具体工作包括制定升级计划、实施升级操作、测试升级结果等。

（7）系统优化　这包括对中控系统进行优化，提高系统的运行效率，减少系统的故障率。具体工作包括优化系统配置、优化系统流程、优化数据结构等。

（8）文档管理　这包括对中控系统的相关文档进行管理和更新。具体工作包括撰写操作手册、更新维护记录、管理系统文档等。

实训一　智慧水务中控系统的运维管理

智慧水务中控管理系统是在调度中心搭建智慧水务平台，为污水处理各环节安装智能测控设备，应用物联网、互联网、大数据、云计算、人工智能等新一代信息技术，构建智慧水务综合管理系统，贯穿从进水口到出水口全流程的业务管理。它通过对水厂生产过程中的各个环节进行实时监控、数据分析、远程调控，确保水厂安全、稳定、高效运行。

中控系统对污水处理厂的进水、曝气、污泥处理等环节进行监控，实现污水厂的自动化运行，降低能耗，提高处理效果。

实训目标

能够有效地管理中控系统收集的数据，进行分析。

实训记录

（1）根据给出的某污水处理厂的智慧水务中控系统运行的场景（图 4-11），了解中控系统。展示的中控系统软件界面的构成一般包括哪些内容？

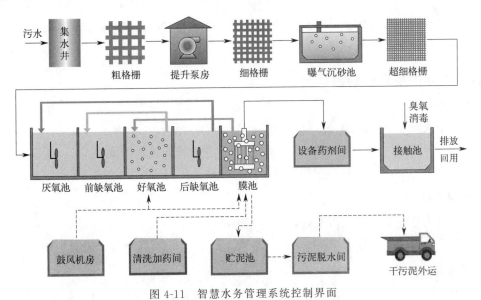

图 4-11　智慧水务管理系统控制界面

（2）根据智慧水务中控系统运行状态，分析中控系统如何实现对污水处理全过程的实时监控？

  实训思考

如何进行中控系统的日常维护和定期检修，确保系统稳定运行？

任务二　智慧水务中控系统的数据记录

知识目标

了解污水处理的基本原理、流程和各处理单元的作用。了解智慧水务系统的组成，包括数据采集、传输、处理、存储和应用等环节。了解智慧水务中控系统数据记录和报告的要求。

能力目标

能够操作智慧水务中控系统，进行数据查询、记录。具备基本的数据分析技能，能够从记录的数据中识别趋势、异常和潜在问题。

素质目标

有细心和耐心处理问题的能力，以确保数据的准确性。有高度的责任心。具备良好的学习能力，能够掌握新知识与新方法。

 知识链接

智慧水务中控系统在污水处理厂中扮演着核心角色，它不仅实时监控污水处理过程，还负责记录和分析大量数据，以优化操作和提高处理效率。

一、智慧水务中控系统的数据

1. 水质数据

（1）进水水质　包括pH值、化学需氧量（COD）、生化需氧量（BOD）、悬浮固体（SS）、氨氮（NH_3-N）、总磷（TP）、总氮（TN）等参数的进水浓度。

（2）出水水质　与进水水质参数相对应的出水浓度，用于评估处理效果。

2. 水量数据

（1）进水流量　记录进入污水处理厂的原水量。

（2）出水流量　处理后的净水量。

3. 设备运行数据

（1）设备状态　各处理单元和设备的运行状态，如开启/关闭、运行时长等。

（2）能耗数据　记录主要设备的能耗，如泵、风机、搅拌器等的电力消耗。

4. 化学品投加数据

（1）化学品类型和用量　如絮凝剂、消毒剂等的种类和投加量。

（2）投加时间和频率　记录化学品投加的准确时间和频率。

5. 操作日志

（1）操作记录　操作人员执行的重要操作，如参数调整、设备启停等。

（2）巡检记录　日常巡检中发现的问题和处理情况。

6. 故障与维护记录

（1）故障记录　设备故障发生的时间、原因及处理结果。

（2）维护记录　定期维护和必要修理的记录，包括维护内容、时间和结果。

7. 报警记录

报警信息　系统报警的发生时间、类型和解决情况。

8. 历史趋势数据

参数趋势　关键运行参数的历史变化趋势，有助于分析和预测系统行为。

这些数据的记录对于评估污水处理厂的运行状况、优化处理过程、满足合规要求以及进行科学研究都具有重要价值。通过分析这些数据，运营人员可以识别潜在问题、调整操作参数、预测未来趋势，并做出科学决策，以确保污水处理厂的高效、稳定和环保运行。

二、精准曝气系统

精准曝气系统是一个集成的控制系统，旨在为生物处理过程提供精准曝气。精准曝气系统以气体流量作为控制信号，溶解氧信号作为辅助控制信号，根据污水厂进水水量和水质实时计算需气量，实现按需曝气的精细化控制。

污水处理系统具有大扰动、非线性的特点，生物处理工艺内置冗余的控制策略组合，基于多参数控制模式，能够实时精确计算所需曝气量，并通过控制鼓风机的出口风量降低曝气能耗。

1. 系统原理

系统首先接收进水流量、COD、氨氮等信号，以及从现场受控曝气单元采集到的 DO、MLSS 等反馈信号，经数据处理模块对数据进行预处理后，生物需气量计算模块根据处理前馈、反馈信号，计算出总需气量，并将总气量信号发送至鼓风机主控柜 MCP，利用鼓风机控制模块，自动控制鼓风机的启停、导叶的开度或变频器的频率，从而调节鼓风机的输出气量。

2. 系统操作界面介绍

（1）首页　在精准曝气系统工作站由关机状态转变为开机后，若系统未进入运行界面，单击工作站桌面上的"精准曝气系统"键进入"精准曝气系统"首页。如图 4-12。

（2）工艺流程　"工艺流程"界面主要分为"上侧菜单栏""左侧水质数据显示栏""中部工艺流程示意图"和"右侧系统工艺数据及系统控制"。如图 4-13。

（3）鼓风机数据　在任意界面的菜单栏点击鼓风机数据，即可跳转至"鼓风机数据"界面。如图4-14。

图4-12　精准曝气系统"首页"界面

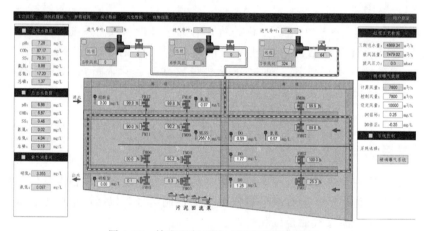

图4-13　精准曝气系统"工艺流程"界面

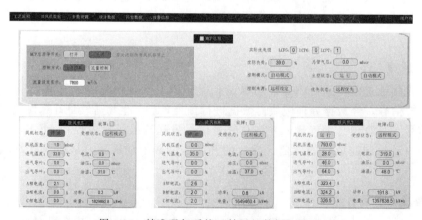

图4-14　精准曝气系统"鼓风机数据"界面

（4）参数设置　在任意界面的菜单栏点击参数设置，即可跳转至"参数设置"界面。如图4-15。

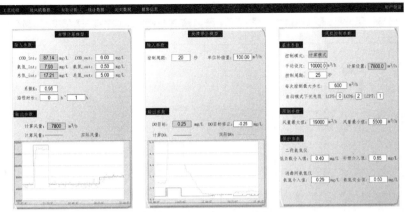

图 4-15　精准曝气系统"参数设置"界面

（5）统计数据　在任意界面的菜单栏点击统计数据，即可跳转至"统计数据"界面。如图 4-16。

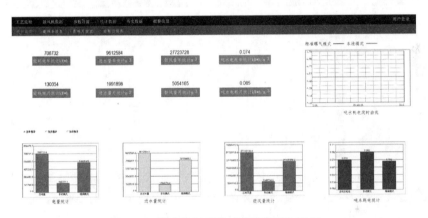

图 4-16　精准曝气系统"统计数据"界面

（6）能耗年报、月报、日报　在"统计数据"界面的菜单栏点击对应按键，即可跳转至"能耗年报表、月报表、日报表"界面。如图 4-17、图 4-18、图 4-19 所示。

图 4-17　精准曝气系统"能耗年报表"界面

（7）工艺历史数据　在"历史数据"界面的菜单栏点击工艺数据，即可跳转至"工艺数

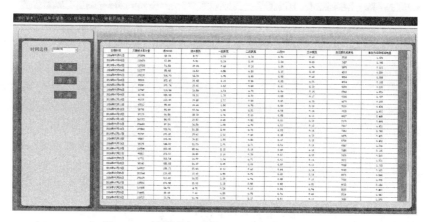

图 4-18 精准曝气系统"能耗月报表"界面

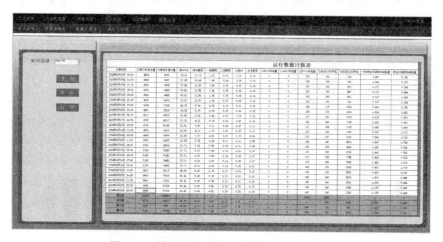

图 4-19 精准曝气系统"能耗日报表"界面

据"历史数据界面。如图 4-20。

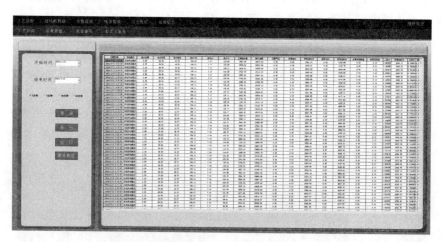

图 4-20 精准曝气系统"工艺历史数据"界面

(8) 能耗历史数据　在"历史数据"界面的菜单栏点击能耗数据,即可跳转至"能耗数据"历史数据界面。如图 4-21。

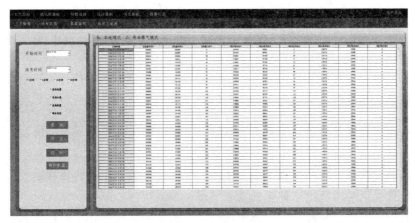

图 4-21　精准曝气系统"能耗历史数据"界面

（9）数据曲线　在"历史数据"界面的菜单栏点击数据曲线，即可跳转至"数据曲线"界面。如图 4-22。

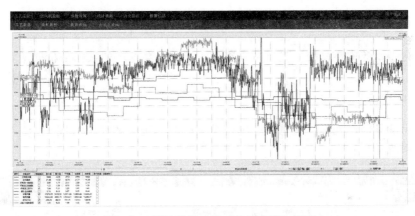

图 4-22　精准曝气系统"数据曲线"界面

（10）报警信息　在任意界面的菜单栏点击报警信息，即可跳转至"报警信息"界面。在此界面显示系统当前报警信息以及事件信息。如图 4-23。

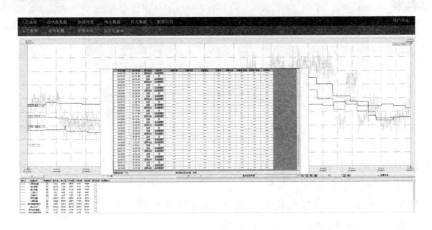

图 4-23　精准曝气系统"报警信息"界面

实训二　智慧水务中控系统的数据记录与处理

对运行规模化的污水厂来说，拥有一个能够收集现场数据的中控计算机已经成为标准配置，这些数据真实地反映了安装在工艺现场的各项仪表参数和设备与运行状况的变化，可以提供给运行人员对历史运行工况的一些基本判断。

中控计算机收集了污水厂日常的运行数据，每天都有大量数据信息不断产生和记录，这些数据信息存储在计算机内。根据化验室每日化验结果进行统计的生产数据看起来是随机变化，毫无规律的，但是从长期观测的角度来说，这些数据都是很有规律性的，可以通过计算机上的一些数据变化来说明这个问题。

污水厂的中控系统会对每一台设备都进行信息的采集，对设备的开停状态会进行开关量统计，对设备的运行电流、流量、压力等都可以进行模拟量信号的采集。利用这些采集回来的数据可以对工艺段的设备运行状况有一个准确翔实的了解。一些比较完善的自控系统有对设备运行时间的统计，能够记录每台设备的运行时间等。

实训目标

会操作智慧水务中控系统，进行数据查询、记录。会基本的数据分析处理。

实训记录

根据给出的某污水处理厂智慧水务中控系统的数据记录的界面（图 4-24），能独立对智慧水务中控系统进行检查。

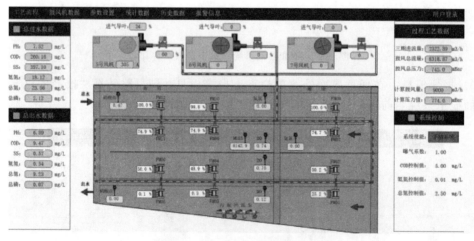

图 4-24　中控系统的数据记录界面

（1）通过实践学习如何从中控系统中准确、有效地记录关键数据。中控系统主要记录内容有哪些？数据记录有什么要求？

（2）初步学会使用记录的数据进行简单的趋势分析和问题识别。

（3）污水处理厂现场检查，检查哪些内容？

实训思考

从记录的数据中识别污水处理厂的变化趋势、异常和潜在问题。

 匠心筑梦

勤于思考，启迪创新意识

一身白大褂，一排实验瓶，这是王佳伟工作的日常。从清华大学环境科学与工程专业博士毕业后，王佳伟在北京城市排水集团一干就是 18 年，如今已成长为集团科技研发中心主任，2020 年荣获"全国劳动模范"荣誉称号。

经过生产一线的充分锻炼，王佳伟在研发岗位多年致力于科技创新以及技术转化工作的落地。他带领研发中心团队通过反复论证，提出了建设"全国水环境科创中心"、北京方庄"未来水厂"等具体实施规划方案，完成了一批科技项目。王佳伟坚定创新与实践的执着信念，成为北京污水处理行业里的一名技术能手。

2003 年，王佳伟进入北京城市排水集团，当时正值新的科研项目研发——沼气脱硫，这是北京第一家大规模排水企业采用厌氧消化技术处理污水。

"厌氧消化在当时是非常先进的技术，但在处理污水过程中，会产生有毒有害气体，所以为研究沼气脱硫专门成立了课题组，集团给出的实验时间是 4 个月"，王佳伟回忆道。

时值酷暑。白天，全副武装的王佳伟跟同事们一起在现场做实验，一次、两次、一百次……晚上，又进入实验室检测分析数据。经过大家的不懈努力，2003 年 11 月 10 日，实验终于取得了稳定成果，集团建成了自主研发的第一个沼气脱硫装置，同时也开启了王佳伟将污水资源化的新征程。

北京是典型的资源型缺水城市，将污水资源化是解决城市缺水至关重要的手段，可是当再生水回补至河湖时，水体富营养化很难避免。如何避免回补时出现水体富营养化，提升河湖水质，是王佳伟一直努力的方向，也是他研究脱氮除磷技术的根本目的。

为了打破技术壁垒，他学习了自动控制原理、数学建模和互联网知识，结合污水处理的专业知识，开发了一套实验装置。实验的过程漫长而艰辛，他带领团队每天 24 小时值守，分时取样进行数据分析，就这样"盯"了一年半的时间。除了每天"泡"在实验室，他还经常到生产一线了解情况，探索将控制系统的指令设计与生产实践结合的有效途径。

经过缜密的实验与分析，王佳伟的研究思路不断成熟，最终开发了基于脱氮除磷原理前馈模型和反馈调节相结合的优化控制技术，并结合互联网实现了工业化和信息化在污水处理行业的融合，形成了具有污水处理行业特色的污水处理厂动态调度控制系统，这也是国内首次实现污水处理技术从单一污染物减排到多元综合利用的转变。

由于脱氮除磷处理工艺相对复杂，王佳伟带领团队建立了一个每天可处理 300 吨污水的实验装置，以此模拟和实验在各种条件下对污染物去除的影响。

研究的过程需要反复进行实验，不断调整工艺，每一个环节，他都秉持严谨求实的科学精神进行探索研究，有时为了保证数据的科学性和连续性，需要进行至少十几个小时的测试实验。

终于，在团队的不懈努力下，在一次次的实验和数据分析中，王佳伟实现了在合理范围内的精准脱氮除磷，使再生水水质稳定达标。仅脱氮一项应用新技术就将污水中氮的数值降低了一半以上。

随着再生水水质变好，出水稳定达标，王佳伟又开始琢磨新的研究方向。结合自己在北京高碑店污水处理厂工作8年的实践积累，他始终认为，污水处理厂在运行方面还有进一步优化的空间，为此他开始积极探索水厂的自动化、智能化运行。

面对此项研究涉及的环境工程、自动控制技术、通信工程技术和数学建模技术等多学科知识，王佳伟不断充实自己，一边加强自身学习，掌握自动控制原理、数学建模等相关知识，一边统筹精干力量，聚力开展研究。他带领团队建立了实验模型预测和计算药物的投加量及参数，做好实验参数的记录和分析，查看数据变化趋势是否与预测预想的相符合，并根据实际情况不断调整参数。

王佳伟为了将实验成果与现有工艺更好地结合，带着技术实施方案来到了再生水厂，积极推动技术成果的应用转化，希望技术可以更好地服务基层。"通过再生水厂的升级改造，实现了精准曝气，加药除磷、脱氮等正在逐步实现智能化。"

作为技术骨干，王佳伟先后承担了国家高技术研究发展计划、国家科技支撑计划、北京市科技计划等近十项省部级课题的研究工作，解决了国内污水处理厂处理设施能耗高、达标不稳定等一系列问题，研究成果获得了国家科技进步奖1项，国际水协会全球项目创新奖1项，省部级科技进步奖5项。在科技创新领域的辛勤耕耘，也让他获得了"首都劳动奖章""全国水业杰出青年"等荣誉称号。

王佳伟经常嘱咐团队中的年轻人，科研要有前瞻性，未来要继续朝着让再生水厂智慧化、资源化、生态化的方向，打通技术研发、产品开发、市场推广应用的创新链，让科技创新真正应用到实际当中。

模块五

监测系统运维

学习指南

根据促进职教内涵发展的职业教育定位，以及落实职业教育的使命和责任的要求，本模块提出污水处理厂在线监测现场运维人员的基本素质和要求，以满足废水在线监测处理系统运维岗位要求。

项目一　进出水口水质及生化系统运行水质监测

● 任务一　进水口水质监测 ●

知识目标

掌握进水口水质监测的作用及目的，并用于指导调整污染治理设备的运行，以及预判现有工艺能否将进水口污染物处理达标排放。

能力目标

会根据进水污染物浓度大小调整治理设备的运行；会根据进水污染物浓度大小判断现有工艺是否能处理、达标排放，提前做好截流重新处理的预防措施。

素质目标

培养岗位意识，培养逻辑分析能力、问题解决能力，培养应急响应能力。

知识链接

一、进水口水质的设计

污水处理厂的进水口水质浓度要求，一般会在环评报告中体现，其数值来源于《污水综合排放标准》（GB 8978—1996）三级标准以及污水处理厂的实际情况。进水口水质监测的污染物包含五日生化需氧量（BOD$_5$）、化学需氧量（COD$_{Cr}$）、氨氮（NH$_3$-N）、总磷（TP）、总氮（TN）、悬浮物（SS）和 pH 等，如表 5-1 所示。

表 5-1　某污水处理厂设计的进水口水质要求

项目	BOD$_5$	COD$_{Cr}$	NH$_3$-N	TN	TP	SS	pH
指标(mg/L)	400	160	35	45	4	250	7.2

根据《排污许可证申请与核发技术规范　水处理（试行）》的要求，污水处理厂进水总管监测指标主要有化学需氧量（COD$_{Cr}$）、氨氮（NH$_3$-N）、总磷（TP）、总氮（TN）和流量，其中化学需氧量（COD$_{Cr}$）、氨氮（NH$_3$-N）和流量采用的是自动监测，进水总管自动监测数据须与地方生态环境主管部门污染源自动监控系统平台联网。总磷（TP）、总氮（TN）监测频次为 1 次/d。

二、进水口水质监测的作用及目的

进水口水质在线监测的采水点位，一般是设置在粗格栅与细格栅之间，在污水生化反应池之前。进水口水质监测的目的和作用，大概分为两个，一是指导调整治理设备的合理运行，二是判断现有工艺能否处理达标排放，为突发事件做好预防措施提供一定的依据。某污水处理厂工艺流程如图 5-1 所示。

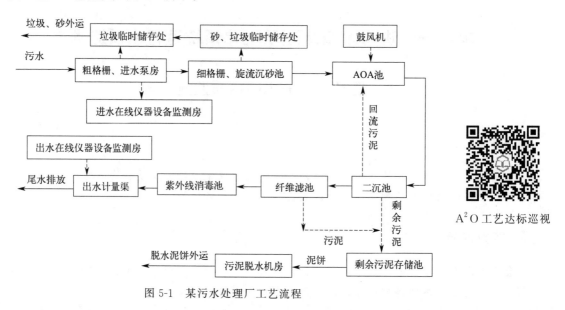

图 5-1　某污水处理厂工艺流程

A^{2}O 工艺达标巡视

1. 指导调整治理设备的运行

运行人员应按照一定的周期，查看进水口水质的污染物浓度。当进水口水质的某一项或某几项污染物浓度过高时，在现有污水处理厂处理工艺处理能力范围内，运行人员可以通过调整生化反应部分的设备运行，有效地控制污染物的处理，使之达标排放。

以表 5-1 为例，运行人员查看进水口在线监测数据时，发现悬浮物浓度远大于进水口水质的设计浓度，在 1200mg/L 以上。此时应根据平时运维的经验，及时调整污水进入细格栅前渠道内的水流速度，使细格栅尽可能高效地过滤污水中的悬浮物。

同样地，如果发现进水口水质氨氮的浓度远大于设计的进水浓度，生化反应池的溶解氧过低，不能使氨氮充分被除去。此时应增大曝气风机的转速或开启备用风机，增加曝气，使溶解氧的浓度满足生化反应的需要。

2. 判断能否达标排放，提前做好预防措施

当进水口水质的污染物浓度超过现有工艺的处理能力时，运行人员应提前做好截流、重新处理的预防措施，尽可能避免超标排放。

如进水口水质的化学需要量（COD）浓度在 3000mg/L 以上，现有污水处理厂的工艺处理下来，也不能保证 COD 达标排放。此时运行人员应根据运行的经验或污水实际的水力停留时间，在排放口前做好截留准备，将处理不达标的污水截留，重新处理，直至达标。

● 实训一 污水厂进水口水质监测与分析 ●

对污水厂进水口进行监测，可以了解进水水质的基本情况，包括水量、悬浮物浓度、化学需氧量（COD）、氨氮、总氮、总磷等，帮助监测人员判断进水的质量，并对处理工艺进行调整。

实训目标

会根据进水污染物浓度大小，判断现有工艺是否能处理、达标排放，提前做好截流重新处理的预防措施。

实训记录

某污水处理厂以进水早、中、晚的混合样反映当天污水处理厂进水水质的基本情况。通过对该污水处理厂早中晚混合进水 COD 浓度进行监测，得出其进水水质变化图，如图 5-2。该污水处理厂的进水浓度主要集中在 80~100mg/L。

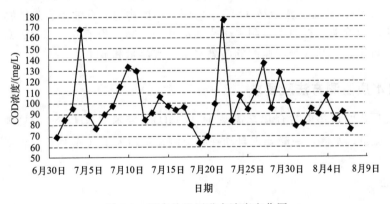

图 5-2 污水处理厂进水浓度变化图

（1）该污水处理厂进水浓度是否正常？不正常的原因有哪些？如何解决？
（2）在中控系统核查时，检查哪些内容？

实训思考

现场检查进水环节时，核查要点有哪些？

任务二　出水口水质监测

知识目标

掌握污染物治理过程与出水口水质污染物浓度的关系，掌握污水处理厂的排放限值，掌握出水口水质监测的目的。

能力目标

会判断污水是否达标排放，会根据排放的污染物浓度调整治理过程，能够排查出水口水质超标原因并给出解决方案。

素质目标

培养分析问题、解决问题的能力，培养应急响应能力。

知识链接

一、出水口水质的设计

污水处理厂出水口水质的污染物类型及排放限值，是按照《城镇污水处理厂污染物排放标准》（GB 18918—2002）或地方排放标准执行的。排污企业在编写《环境影响评价报告书》时，会根据设计单位的设计要求，体现出排放的污染物类型和对应的排放限值；申请排污许可证时，也会登记在其中。根据《排污许可证申请与核发技术规范　水处理（试行）》的要求，污水处理厂出水监测指标主要有化学需氧量（COD）、氨氮（NH_3-N）、总磷（TP）、总氮（TN）、水温、悬浮物（SS）、色度、动植物油、石油类、悬浮物、色度、五日生化需氧量、动植物油、石油类、阴离子表面活性剂、粪大肠菌群、总镉、总铬、总汞、总铅、总砷、六价铬、烷基汞等，监测的污染参量还有流量和pH。

二、出水口水质监测方法及要求

污水处理厂出水口污染物有化学需氧量（COD）、氨氮（NH_3-N）、总磷（TP）、总氮（TN）、pH、流量、水温，一般要求自动在线监测，辅为人工（或手工）监测。其他指标均为手工监测。

1. 自动监测

一般情况下，属于重点排污单位名录、排污许可证中自行监测章节的"监测设施"类型注明"自动"的，或地方要求安装的，应安装污染物自动监测设备。排污许可证的自动监测要求如图5-3所示。

（1）做样周期要求　依据《水污染源在线监测系统（COD_{Cr}、NH_3-N等）运行技术规范》（HJ 355—2019），水质自动分析仪是1h做一次水样。但是，由于水质自动分析仪分析时长和其他种种原因，大多数省份的污水处理厂水质自动分析仪是2h做一次水样。

（2）采样要求　依据《水污染源在线监测系统（COD_{Cr}、NH_3-N等）运行技术规范》

(HJ 355—2019)，水质自动采样单元在做样周期内，按照时间等比例或流量等比例采集瞬时样，如每 15min 采集一次瞬时样，2h 内采集 8 次水样，保证做样周期内采集到的样品满足使用。到达做样时间，水质自动采样单元将采集到的 8 次瞬时样混合均匀，提供给水质自动分析仪分析、测试，测量的污染物浓度计为该时段连续排放的平均浓度。

污染源类别/监测类别	排放口编号/监测点位	排放口名称/监测点位名称	监测内容	污染物名称	监测设施	自动监测是否联网	自动监测仪器名称	自动监测设施安装位置	自动监测设施是否符合安装运行、维护等管理要求	手工监测采样方法及个数	手工监测频次	手工测定方法	其他信息
废水	DW001	废水总排口	色度	五日生化需氧量	手工					瞬时采样/多个瞬时样	1次/月	《水质 五日生化需氧量（BOD$_5$）的测定 稀释与接种法》HJ 505—2009	
废水	DW001	废水总排口	色度	化学需氧量	自动	是	化学需氧量检测仪	出水口	是	瞬时采样/多个瞬时样	1次/月	《水质 化学需氧量的测定 重铬酸盐法》HJ 828—2017	
废水	DW001	废水总排口	色度	粪大肠菌群	手工					瞬时采样/多个瞬时样	1次/月	稀释与接种法	
废水	DW001	废水总排口	色度	阴离子表面活性剂	手工					瞬时采样/至少4个瞬时样	1次/月	亚甲蓝分光光度法	
废水	DW001	废水总排口	色度	总汞	手工					瞬时采样/至少4个瞬时样	1次/季	《水质 总汞的测定 冷原子吸收分光光度法》HJ 597—2011	
废水	DW001	废水总排口	色度	烷基汞	手工					瞬时采样/至少4个瞬时样	1次/季	气相色谱法	
废水	DW001	废水总排口	色度	总镉	手工					瞬时采样/至少4个瞬时样	1次/季	《水质 镉的测定 双硫腙分光光度法》GB 7471—1987	
废水	DW001	废水总排口	色度	总铬	手工					瞬时采样/至少4个瞬时样	1次/季	《水质 总铬的测定》高锰酸钾氧化-二苯碳酰二肼分光光度法，GB 7466—1987	

图 5-3 排污许可证的自动监测要求

2. 人工监测

特别地，不属于重点排污单位名录、排污许可证中自行监测章节的"监测设施"类型注明"手工"的或地方未要求安装水质自动分析仪的，可按照排污许可证中要求的手工监测采样方法及个数、手工监测频次和手工测定方法，进行人工监测，保证出水口水质达标排放。排污许可证中的手工监测要求如图 5-4 所示。

水质自动分析仪在运行过程中，难免会存在一些问题。所以，污水处理厂即使安装水质自动分析仪，仪器正常运行，也会按照一定的周期和对应污染物的标准手工测定方法进行人工监测，以保证出水口水质达标、排放。

污染源类别/监测类别	排放口编号/监测点位	排放口名称/监测点位名称	监测内容	污染物名称	监测设施	自动监测设施是否联网	自动监测仪器名称	自动监测设施安装位置	自动监测设施是否符合安装运行、维护等管理要求	手工监测采样方法及个数	手工监测频次	手工测定方法	其他信息
废水	DW001	废水总排口	色度	六价铬	手工					瞬时采样/至少4个瞬时样	1次/季	《水质 六价铬的测定 二苯碳酰二肼分光光度法》GB 7467—1987	
废水	DW001	废水总排口	色度	总砷	手工					瞬时采样/至少4个瞬时样	1次/季	《水质 总砷的测定 二乙基二硫代氨基甲酸银分光光度法》GB 7485—1987	
废水	DW001	废水总排口	色度	总铅	手工					瞬时采样/至少4个瞬时样	1次/季	《水质 铅的测定 双硫腙分光光度法》GB 7470—1987	
废水	DW001	废水总排口	色度	总氮（以N计）	自动	是	总氮检测仪	出水口	是	瞬时采样/多个瞬时样	1次/月	《水质 总氮的测定 碱性过硫酸钾消解紫外分光光度法》HJ 636—2012	自动监测设施出现故障时采用手工监测，4次/日，每次间隔时间不得少于6小时

图 5-4 排污许可证中的手工监测要求

三、出水口水质监测的作用及监测点位的要求与管理

1. 出口水质监测的作用

出水口水质监测的终极目的是达标排放。出水口水质的污染物浓度，是污水治理工艺运行和水质自动分析仪准确测量的最终结果反馈。若出水口水质的污染物浓度超标，可能是治理工艺过程的问题，也可能是水质自动分析仪的测量问题，运行人员应能排查定位问题、分析定性问题和解决问题。

出水口水质的监测，采用水质自动分析仪施行自动监测，这也是整个污水处理厂的重要组成部分，对于评估出水水质、防止其超标排放、检测治理效果和提高污水治理效率有重要的意义和作用。

（1）评估出水口水质，防止超标排放　出水口水质监测的污染物一般有化学需氧量

(COD)、氨氮（NH_3-N）、总磷（TP）、总氮（TN）、悬浮物（SS）等，监测的污染参量有流量、pH 和水温，通过水质监测能够为环境监管部门和污水处理厂提供实时的污染物监测数据。污水处理厂通过实时监测或人工监测数据，能够及时掌握出口水质情况，防止超标排放污染物。

（2）检测治理效果，提高污水治理效率　出水口水质的污染物浓度是治理的最终结果，也是对治理过程的有效检验。通过对比治理前后的水质数据，可以评估治理工艺的有效性和治理效果，为优化水治理设备运行维护和提高污水治理的效率提供有效的数据支撑，同时还能减少污水治理过程中的能源消耗，降低污染物的排放浓度，实现节能减排的目标。

为了更好地发挥进出水口水质的监测作用，分析仪厂家需要加强对监测设备的研发，污水处理厂需要加强监测设备的应用，提高监测技术的精度和可靠性，为水污染源的管理提供真实、准确、完整和有效的数据支持。

2. 排放口监测点位标志牌设置要求与管理

（1）排放口监测点位标志牌设置要求

① 排污单位应在距排放口监测点位较近且醒目处设置环境保护图形标志和监测点位信息标志牌，并长久保留。环境保护图形标志应符合 GB 15562.1—1995 的要求。

② 排污单位可根据监测点位情况，设置立式或平面固定式监测点位信息标志牌。

③ 监测点位信息标志牌的技术规格及信息内容应符合以下规定：

a. 标志牌技术规格。标志牌颜色形状有：警告性信息标志牌形状为矩形边框，背景颜色为黄色，边框颜色为黑色，文字颜色为黑色；提示性信息标志牌形状为矩形边框，背景颜色为绿色，无边框颜色，文字颜色为白色。标志牌信息内容字型应为黑体字。标志牌边框尺寸为 600mm×500mm，二维码尺寸为边长 100mm 的正方形。标志牌板材应为 1.5~2mm 的冷轧钢板。标志牌的表面应经过防腐处理。标志牌的外观应无明显变形，图案清晰，色泽一致，不应有明显缺损。

b. 标志牌信息内容。监测点位信息应包括单位名称、点位编码、经纬度、生产设备及其投运年月、净化工艺及其投运年月、监测断面尺寸、排气筒高度及污染物种类等。

其中点位编号包含排污单位编号和排放口编号两部分。排污单位编号应符合 HJ 608—2017 的规定；排放口编号应与排污许可证副本中载明的编号一致。

④ 监测点位信息标志牌右下角应设置与标志牌图案总体协调、符合排放口监测点位信息化、网络化管理技术要求的二维码，二维码包含信息应涵盖基本数据服务内容，基本原则、数据结构、管理要求等。

（2）排放口监测点位管理

① 排污单位应制定相应的管理办法和规章制度，选派专职或兼职人员对排放口监测点位进行管理，并保存相关管理记录。

② 排污单位应建立排放口监测点位档案，档案内容应包含监测点位二维码涵盖的信息，以及监测点位的管理记录，包括标志牌的标志是否清晰完整，工作平台、梯架、自动监测系统是否能正常使用，安全防护装置是否过期失效，防护设施有无破损现象，排放口附近堆积物等方面的检查和维修清理记录。

③ 排放口监测点位信息变化时，排污单位应及时更换排放口监测点位信息标志牌相应内容。

实训二　污水厂出水口水质监测与分析

污水厂应当监测污水处理后的出水质量，确保出水符合排放标准和环境要求。监测参数包括悬浮物浓度、COD、氨氮、总氮、总磷、溶解氧、pH 值等。这可以评估污水处理的效果和出水的环境安全性。

实训目标

会判断污水是否达标排放，会根据排放的污染物浓度调整治理过程。

实训记录

为进一步提高乡镇污水处理厂水质达标情况，健全完善区域水污染防治体系，保障水生态安全，县市对辖区乡镇污水处理厂进行采样监测，不断强化乡镇污水处理设施出水水质监测，督导乡镇污水处理厂正常运行，发挥处理成效，有序推进乡镇生活污水处理设施稳定运行，确保设施运行效率。请根据上述内容编制出水水质检查方案，明确以下内容：
（1）出水消毒现场检查的内容有哪些？
（2）污水处理厂出水现场检查的内容有哪些？
（3）污水处理厂在线监测现场检查的内容有哪些？

实训思考

如何排查出水口水质超标原因？并给出解决方案。

任务三　生化系统运行工艺参数监测

知识目标

掌握溶解氧的合理范围，溶解氧对于生化反应的作用，能够根据溶解氧的高低调整治理设备的运行。掌握活性污泥浓度的动态变化范围，活性污泥对于生化反应的作用，能够根据污泥浓度调整治理设备的运行。掌握沉降比的测量方法、观察方法及观察要点；能够通过观察沉降过程，合理地调整治理工艺，从而控制污水治理的效果。

能力目标

会排查导致溶解氧过高或过低的原因，根据溶解氧的浓度调整曝气风机的运行；会根据污泥浓度调整脱泥机的运行，排查导致污泥浓度过高或过低的原因；会测量沉降比，观察沉降过程，根据沉降结果合理地调整治理工艺，从而控制污水治理的效果。

素质目标

培养岗位意识，培养排查定位问题、分析定性问题和解决问题的能力，培养规范操作意识，强化安全生产意识。

 知识链接

污水治理是一个生化反应相对比较复杂的过程，其中涉及的运行工艺参数是比较多的，比如污泥体积指数、污泥泥龄、有机负荷、酸碱度等，本任务重点介绍的是溶解氧、污泥浓度和沉降比。

一、溶解氧

1. 溶解氧简介

溶解在水中的分子态氧称为溶解氧，通常记作 DO（dissolved oxygen）。水中溶解氧的多少是衡量水体自净能力的一个指标。

在污水治理的生化反应过程中，好氧条件下溶解氧的浓度一般控制在 2~4mg/L，厌氧条件下溶解氧的浓度一般控制在 0.2mg/L 以下，缺氧条件下溶解氧的浓度一般控制在 0.2~0.5mg/L。运行人员可根据实际的治理情况对每个生化反应段具体的溶解氧浓度，进行控制。

2. 溶解氧在污水治理过程中的指导作用

污水中溶解氧会在有机物的降解和好氧菌代谢过程中被消耗，会在空气中氧气溶于水和曝气风机的作用下得到不断补充，两种方式相互消长，使得污水中的溶解氧达到动态平衡，为好氧段的生化反应提供了环境基础。

如果进水口污水中的有机物过多，生化反应会耗氧严重，溶解氧得不到及时补充，好氧菌也不能有效降解有机物，有机物腐败后会使水体变黑、发臭，从而使污水处理不达标。所以，当好氧段污水中溶解氧浓度过低时，运行人员应及时加大曝气风机的工作频率或启动备用风机，使污水中溶解氧恢复到合理范围，保证好氧段的生化反应正常进行。

当好氧段污水中的溶解氧浓度过高时，微生物生长过快，污泥容易老化，运行人员应降低曝气风机的工作频率，或关闭曝气风机，使污水中的溶解氧恢复到合理范围。

二、污泥浓度

1. 污泥浓度简介

污泥浓度，指活性污泥法中曝气区单位体积悬浮混合的干污泥净重的质量（单位：mg），是生化反应系统的重要参数，直接影响污水治理系统的有机物去除能力。

国内外大多数研究表明，污泥浓度与溶解性微生物是影响生物降解能力的重要参数。

2. 污泥浓度在污水治理过程的指导作用

好氧段前、中、后部的污泥浓度，一般采用自动监测方法，运行人员可以实时了解污水中的污泥浓度，及时采取相应措施，保证活性污泥的浓度达到动态平衡。

当发现污水中的活性污泥浓度过高时，运行人员可以减少污泥回流量，增加剩余污泥排放量，将多余的活性污泥除去；当发现污水中的污泥浓度过低时，运行人员应及时增加污泥回流量，减少剩余污泥排放量，提高活性污泥浓度；有必要的情况下，添加新的活性污泥，以保证处理过程的污水中的有机物降解。

三、沉降比

沉降比是污水治理过程中非常重要的参数,它与许多参数都有关联,比如溶解氧、污泥浓度、污泥龄、生物相、回流比等。

1. 定义

沉降比又称30min沉降率,其定义或监测方法是:使用1000mL的量筒,取曝气池出口处的混合液1000mL,放置在平稳的避光处静置30min,沉降的活性污泥体积占整个取样体积的百分比。沉降比监测过程如图5-5所示。

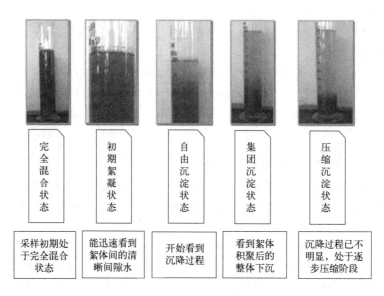

图 5-5 沉降比监测过程

2. 沉降比监测注意事项

(1)采样位置 曝气池末端的混合液代表了进入二沉池的待沉降的活性污泥。所以,1000mL混合液的取样位置,应设置在曝气池末端。

(2)量筒选择 取样量筒不能随便选择。量筒过小,沉降过程可能会出现挂壁现象;量筒过大,可能会测量不准确。使用1000mL的量筒取样,更加的真实、准确。

(3)静置位置 沉降过程的静置场所,应避光、防震动。如果装有样品的量筒被阳光直射,混合液温度升高,溶液中的气体析出会夹带污泥上浮;震动会影响沉降的结果。

(4)过程观察 量筒中混合液的沉降过程能够代表二沉池中活性污泥的沉降过程,所以要想获得生化系统的重要信息,应观察整个沉降过程,即30min的沉降过程,而不能只观察某一过程。

3. 沉降比的观察要点

沉降比观察要点如图5-6所示。

(1)观察点1:上清液液面 观察上清液的上层液面是否存在油状物、浮渣、气泡;鼻子靠近量筒口,用手轻轻地扇空气闻气味。

①油状物。通常比较稀薄,覆盖在上清液表面,不易引起注意。油状物存在的原因:进水口的污水中含有矿物油、乳化油等油类物质;进水口的污水中含有洗涤剂或消泡剂;进

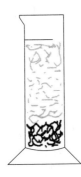

图 5-6　沉降比观察要点

水水量较少，远小于曝气池的设计负荷，曝气风机正常运转，风量过大，导致活性污泥解体；活性污泥老化解体。

② 浮渣。通常是棕黄色或黑色絮团，漂浮在上清液面。浮渣存在的原因：活性污泥中毒、老化或缺氧；曝气过度；丝状菌膨胀；液面存在油状物。

③ 气泡。大多在两个位置，一是液面与量筒之间，此处的气泡比较大；二是附着在浮渣之上，此处的气泡比较小。气泡形成的原因：活性污泥老化解体；曝气过度；反硝化；丝状菌膨胀；液面存在油状物。

④ 沉降过程散发的气味。一般是在沉降初期，越往后越淡。气味存在的原因：土腥味越重，污泥活性越高；出现臭味，可能是曝气池缺氧，酸碱味重，混合液 pH 异常；其他异味，可能是工业废水流入。

(2) 观察点 2：沉降过程　主要观察的是整沉性、速度、间隙水和絮态。

① 整沉性的表现是泥水界面清晰和整体沉淀，发生在自由沉淀到集团沉淀的阶段。影响整沉性效果的因素：活性污泥活性越低，整沉性效果越好；活性污泥负荷越高越好；曝气过渡效果较差；中毒污泥的整沉性差。

② 沉降速度大概分为三个方面：一是初期絮凝的速度，二是自由沉淀和集团沉淀的速度，三是泥水界面形成的速度。影响沉降速度的因素：污泥活性越高，沉降速度越快；活性污泥负荷越高，沉降速度越慢；污泥老化程度越高，沉降速度越快；丝状菌越膨胀，沉降越慢。

③ 间隙水。是指絮体形成后，絮体间的水体情况，观察指标是清晰度和颗粒度。影响间隙水的因素：曝气过度，不絮凝的细小颗粒增加；活性污泥老化解体；活性污泥负荷较高，混合液浑浊；丝状菌膨胀，清晰度高。

④ 絮态的观察指标是颗粒大小、絮体活动方向和絮体色泽。影响絮态的因素：曝气过度絮体松散；活性污泥老化絮体粗实、色泽深暗；活性污泥负荷过高，形成的细小絮体越多；丝状菌越膨胀，絮体越细密。

(3) 观察点 3：上清液　主要观察清澈度、颗粒、间隙水和挂壁现象。

① 清澈度。指上清液的整体色度、浊度。影响清澈度的因素：污泥活性越高，清澈度越差；曝气越过量，清澈度越差；丝状菌膨胀，上清液清澈。

② 颗粒。指上清液悬浮的颗粒数量。影响颗粒数量的因素：污泥中毒，混合液伴有细小的颗粒；活性污泥负荷越高，越浑浊；惰性物含量越多越浑浊。

③ 间隙水。指颗粒间的水体清晰度。影响间隙水清晰度的因素：活性污泥越老化，间隙水越清澈；曝气过度，间隙水间的小颗粒越多；活性污泥负荷越高越浑浊；污泥中毒，间隙水浑浊。

④ 挂壁现象。是指量筒内壁挂有活性污泥絮体颗粒，存在原因是活性污泥老化和曝气过度。

(4) 观察点4：沉淀物　主要的观察指标有压实性、色泽、卷毡度和气泡。

① 压实性。是指最终沉淀物的密实度。影响压实性的因素：惰性物含量越多越密实；活性污泥活性越低越密实；曝气过度，密实性较低。

② 色泽。是指沉淀物的颜色深浅、光泽、鲜艳度。影响色泽的因素：活性污泥活性越高色泽越淡；活性污泥越老化，沉淀物色深越无光泽；污泥中毒色泽晦暗；污泥负荷越高色泽越淡；丝状物膨胀色泽淡而泛白；污泥浓度越高色泽越深；污泥反硝化色泽鲜艳、亮丽。

③ 卷毡度。是指沉淀后污泥的絮凝进一步强化，表面非压缩部将增强其吸附性。影响卷毡度的因素：正常状态的活性污泥卷毡度适度；活性污泥老化过度时，卷毡度表现明显；污泥中毒和高负荷时，沉淀物不具备卷毡性。

④ 此处的气泡与上清液液面的有所不同，是指沉淀絮体内夹有的气泡。气泡存在的原因：曝气过度，沉降后会有可见的细小气泡；丝状菌膨胀会产生气泡；活性污泥反硝化搅拌后，会释放出来气泡。

4. 沉降比在污水治理过程中的指导作用

当下，大多数污水处理厂使用的是活性污泥法处理污水，污水在这套系统的停留时间在10～20h，影响污水治理效果的因素有很多，任何环节都有可能，在没有经验和有效数据支撑的情况下，运行人员或工艺工程师均以沉降比作为指导治理工艺运行的重要参数。根据沉降比可以判断曝气池工艺运行的情况，为治理工艺的调整提供一定的科学依据，从而改善污水治理的效果。

沉降比不仅具有操作简单、耗时短的特点，而且运行人员可以通过测量活性污泥的沉降比，方便、快速地观察活性污泥的絮凝和沉降过程，直观地反映出污水治理系统的运行情况、掌握活性污泥的特性，如污泥膨胀、污泥解体、污泥脱氮，污泥腐败等问题。

运行人员可以通过活性污泥的沉降过程发现问题，从污泥沉降比大小的突变、活性污泥颜色及静置后的上浮情况，了解污泥性质及曝气池的供氧情况。沉降比还可以直观地反映活性污泥的浓度，从而间接地反映出污泥的负荷，对于调整负荷，控制治理过程的F（基质的总投加量）值、M（微生物的总量）值有一定的指导作用。此外，运行人员可以通过观察活性污泥的沉降比来确定污泥的排放量，从而控制好氧段曝气池中的污泥浓度的大小，使曝气池的污泥负荷处于沉降区，确保出水水质达标排放。

四、碳氮比

C/N是常规生物脱氮需要控制的参数，一般C/N＞4即可满足生物脱氮的要求，与此类似参数还有C/P比（＞20）。一般生化处理系统中，C∶N∶P比100∶5∶1，该类参数的意义在于提供一个设计值或初始参考值，实际运行中依据此数值上下调整。需要说明的是，C/N是进入生化系统的水质，而不是水厂进水的水质，两者之间有时候是存在巨大差异的。水厂进水经预处理后，会受到碳源流失或异常升高、氮磷短期内释放等因素影响，因此测定进入生化段的C/N更能判断是否需要投加碳源或指导碳源投加量的大小。根据工艺不同，C∶N∶P的范围为：

除碳工艺：C∶N∶P=100∶5∶1；

脱氮工艺：C∶N为4～6，取中间值5，此工艺可以忽略TP的去除；

除磷工艺：C∶P=15，此工艺可以忽略TN的去除；

脱氮除磷工艺：需要同时满足 C∶N=4~6 与 C∶P=15。

C∶N∶P 失衡的调整手段就是补充缺少的营养来补齐比例，所以，C∶N∶P 失衡调整成功的前提，就是保证营养投加量的正确。

除碳工艺就是以曝气去除 COD 为主，例如单纯的曝气工艺、MBR 工艺、接触氧化工艺、经典 SBR 工艺等；脱氮工艺是缺氧和好氧反应的交替，以去除 TN 为主，例如带内回流的 AO 工艺、氧化沟工艺、AAO 工艺等；除磷工艺是厌氧和好氧反应的交替，以去除 TP 为主，例如带外回流的 AO 工艺。

五、氧化还原电位（ORP）

氧化还原电位（ORP）可用于反映污水中的氧化还原性。电位值越高，说明系统氧化性越强，同理，电位值越低（负值），说明还原性越强。ORP 在线仪表一般安装在厌氧池和缺氧池，以测定是否满足厌氧环境和缺氧环境，从而达到良好的厌氧释磷和缺氧反硝化的效果。

1. ORP 在不同工艺段的控制范围

厌氧段 ORP 一般在 −150~−300，数值越低表明类似溶解氧、硝态氮等氧化态物质含量越少，越有利于厌氧释磷。但当脱氮的紧迫性高于除磷时，ORP 越低越表明可以加大污泥回流量，让更多的硝态氮回流至厌氧区，提高脱氮效果。

缺氧段 ORP 一般在 −100~−50，高于此范围，说明缺氧环境较差，含有溶解氧或硝态氮等氧化态物质浓度较高，此时应减小硝化液回流量或者增加外部碳源投加量。

2. 建立 ORP 和硝态氮的线性关系

好氧池硝化液回流量大（内回流比大），缺氧池的硝态氮（氧化态物质）浓度就会升高，ORP 值就会增大。反之，好氧池硝化液回流量小（内回流比小），缺氧池的硝态氮浓度较低或没有硝态氮，处在厌氧环境，ORP 值就会减小。因此通过 ORP 在线监测，就可以得知缺氧池的硝态氮含量，以判断硝化液回流比的大小，及时调整回流比。这既高效迅速又节省了大量的人力和时间，实现了系统的优化控制。笔者在运维的某市政水厂时，总结出两者之间关系如下：y（硝态氮浓度）$=0.025x$（ORP）$+7$。当 ORP 为 −100 时，硝态氮浓度约为 4.5mg/L，当 ORP 为 −200 时，硝态氮浓度约为 2mg/L。当然两者之间的线性相关系数并不高，且不同水厂、不同水质类型、不同的控制条件下，线性关系参数可能差别巨大。但运行人员通过对水厂实际数据进行摸索，可极大地提高运行调控的准确性和预判性。

3. 作为异常进水的初步判断依据

对于工业园区的污水厂，因来水复杂，除常规污染物指标可通过在线设备检测外，一些非常规污染物不时进入水厂，影响生化系统的运行，如余氯、氟化物等。此时可通过检测进水 ORP 变化来大致表征该类污染物，提醒水厂运行人员加强管网排查和水质检测，提前调整工艺运行，以应对水质突变的情况。

● 实训三　生化系统运行工况分析 ●

生化处理系统设计时有的参数都是通过经验常数取得，这些数据都是长期的调试运营实践得来的，掌握这些数据对设计和调试运营都有很大的帮助。活性污泥法的运行需要众多控制参数的合理控制，各个运行指标都是互相关联的。活性污泥法中最常用的有 11 个参数。

如 pH 值、水温、原水成分、F/M、溶解氧、活性污泥浓度（MLSS）、沉降比（SV_{30}）、污泥容积指数（SVI）、污泥龄（SRT）、回流比、营养剂的投加量等。

 实训目标

会排查导致溶解氧过高或过低的原因，会根据溶解氧的浓度调整曝气风机的运行；会根据污泥浓度调整脱泥机的运行，会排查导致污泥浓度过高或过低的原因；会测量沉降比，会观察沉降过程，会根据沉降结果合理地调整治理工艺，从而控制污水治理的效果。

 实训记录

某污水厂采用的是前置式奥贝尔氧化沟工艺，近期在运行上出现问题。设计进水 5×10^4 t/d、COD 接纳指标为 350mg/L、BOD 接纳指标为 150mg/L、SS 接纳指标为 220mg/L、实际进水量 5000m³/d，COD 接纳指标为 300mg/L，BOD 接纳指标为 120mg/L，SS 接纳指标为 180mg/L。运行方式是内外沟四台推进器全开，内外沟溶解氧控制在 3mg/L（近期化验室检测溶解氧与在线仪表数据不一样，仪表数据比化验数据高 3mg/L，运行两个月化验才开始）。采用间歇曝气，曝气 5h，静沉 1h（推进器全部关闭），进水 1.5h，进水 1min 开推进器开始曝气，氧化沟内污泥浓度在 100mg/L 左右。一台回流泵长期回流污泥，流量 700m³/h，回流污泥浓度在 100mg/L 左右，氧化沟内的污泥浓度一直不变保持在 200mg/L 左右，出水 COD 为 140mg/L（最好是在 100mg/L 左右），BOD 为 50mg/L，SS 为 50mg/L，二沉池出水混浊。现有如下情况：①二沉池污泥不沉降，整个池面很混浊；②氧化沟污泥没有絮凝体，全部是很细小的颗粒；③镜检只发现一种微生物，样子像豆角籽，中间有气泡，头部多些；④氧化沟一直存在白色黏性泡沫；⑤处理水全部是生活污水，但运行 3 个月污泥浓度无法升高，出水水质一直不好。请分析造成这种情况的原因。

 实训思考

生化系统现场检查的内容有哪些？

项目二 在线监测系统的运维

任务一 在线监测系统的运维控制

 知识目标

掌握《水污染源在线监测系统（COD_{Cr}、NH_3-N 等）安装技术规范》（HJ 353—2019）、《水污染源在线监测系统（COD_{Cr}、NH_3-N 等）验收技术规范》（HJ 354—2019）、《水污染源在线监测系统（COD_{Cr}、NH_3-N 等）运行技术规范》（HJ 355—2019）、《水污染源在线监测系统（COD_{Cr}、NH_3-N 等）数据有效性判别技术规范》（HJ 356—2019）等技术规范对在线监测系统（水质自动分析仪）的要求；掌握水质自动分析仪所有运维活动的操作过程，熟悉水质自动分析仪的基本工作原理；掌握向环境监管部门报备的所有流程。

能力目标

会操作水质自动分析仪,能够配置水质自动分析仪常用的标液,能够处理水质自动分析仪的常规故障。

 素质目标

培养岗位意识,培养排查定位问题、分析定性问题和解决问题的能力。

知识链接

一、运维内容

水质自动分析仪的运维内容大概分为 7 类:巡检维护、标液核查、校准、实际水样比对、数据补录、故障处置和废液处置。

1. 巡检维护

巡检是预防故障和保证设备正常运行的运维活动。不同的项目,对应的巡检周期不一样。

(1) 日巡检　水质自动分析仪的报警状态检查、工作参数检查、采样泵的采水情况、数采仪的报警信息、数据采集和上报情况等,是每天都需要检查的。

(2) 周巡检　更换标准溶液、标准是否在保质期、数采仪与水质自动分析仪的连接、检查监控中心平台接收的数据与现场数据的一致性等,每 7 天至少进行一次维护。

(3) 月巡检　检查 pH 电极是否钝化、仪器管路保养、消解杯加热情况等,每 30 天至少进行一次维护。

(4) 季度巡检　检查关键部件的可靠性、校验等,每季度至少进行一次维护。

具体的巡检内容和巡检的周期,可以根据实际情况,并参照《水污染源在线监测系统(COD_{Cr}、NH_3-N 等)运行技术规范》(HJ 355—2019)的附录 B 执行。如表 5-2 的巡检维护记录样例。

表 5-2　巡检维护记录样例

项目	内容	日期:___年___月						备注
		日	日	日	日	日	日	
水污染源在线监测仪器	标准溶液、试剂是否在保质期[b]							
	更换标准溶液、清洗液、试剂[b]							
	检查泵、管、加热炉等[c]							
	检查电极是否钝化,必要时进行更换[c]							
	检查超声波流量计高度是否发生变化[c]							
	仪器管路进行保养、清洁[c]							
	检查采样部分、计量单元、反应单元、加热单元、检测单元的工作情况[c]							
	根据水污染源在线监测仪器操作维护说明,检查及更换易损耗件,检查关键零部件可靠性,如计量单元准确性、反应室密封性等,必要时进行更换[c]							

续表

项目	内容	日期：___年___月						备注
		日	日	日	日	日	日	
水污染源在线监测仪器	校验[d]							
数据采集传输系统	数据采集系统报警信息[a]							
	数据上传情况[a]							
	数据采集情况[a]							
	检查数采仪和仪器的连接[b]							
	检查上传数据和现场数据的一致性[b]							
	数据采集、传输设备电源[b]							
巡检人员签字：								
异常情况处理记录								
本周巡检情况小结		（负责人签字）： 日期： 年 月 日						

正常请打"√"；不正常请打"×"并及时处理并做相应记录；未检查则不用标识。
[a] 为每天需要检查的；
[b] 为每 7 天至少进行一次的维护；
[c] 为每 30 天至少进行一次的维护；
[d] 为每季度至少进行一次的维护。

本表格内容为参考性内容，现场可根据实际需求制订相应的记录表格。

2. 标液核查

标液核查是快速检验水质自动分析仪测量是否准确的一种手段。

标液核查使用的标液浓度，一般是水质自动分析仪当前工作量程的 0.5 倍，测量一次即可初步判断仪器测量是否准确。若测量结果与标液浓度的相对误差在±10%范围以内，则水质自动分析仪测量基本准确，反之，测量不准确。相对误差计算如式(5-1)：

$$\Delta A = \frac{X-B}{B} \times 100\% \tag{5-1}$$

式中　ΔA——相对误差；
　　　B——标准样品标准值，mg/L；
　　　X——分析仪测量值，mg/L。

具备自动标液核查功能的水质自动分析仪，核查周期最长间隔不超过 24h；不具备自动标液核查功能的水质自动分析仪，运维人员一般会在校准完成之后，进行一次标液核查，一方面是检验校准是否合格，一方面是检验仪器是否测量准确。

3. 校准

校准是运维人员对水质自动分析仪测量曲线进行校正的运维活动。测量曲线一般是一条直线，两点可以确定一条直线，所以运维人员常规会进行两点校准，即零点校准和量程校准，校准的点数越多，测量曲线越直，测量越准确。

零点校准液浓度，通常是水质自动分析仪工作量程 20% 以内的标液，大多数使用的是蒸馏水、纯净水或无矿物质的水。量程校准液浓度，通常是当前工作量程 50%～100% 的标液。

重点注意，无论是两点校准，还是多点校准，水质自动分析仪屏幕端设置的校准液浓度应与运维人员实际使用校准液浓度和标液瓶上的标签浓度一致。

4. 实际水样比对

实际水样比对指采用水质自动分析仪与国家环境监测分析方法标准分别对相同的水样进行分析，两者测量结果形成一个测定数据对，至少需要获得 3 个测量数据对。实际水样环境监测分析方法标准如表 5-3 所示。

表 5-3　实际水样环境监测分析方法标准

项目	分析方法标准	标准号
COD_{Cr}	水质　化学需氧量的测定　重铬酸盐法	HJ 828—2017
	高氯废水　化学需氧量的测定　氯气校正法	HJ/T 70—2001
NH_3-N	水质　氨氮的测定　纳氏试剂分光光度法	HJ 535—2009
	水质　氨氮的测定　水杨酸分光光度法	HJ 536—2009
TP	水质　总磷的测定　钼酸铵分光光度法	GB/T 11893—1989
TN	水质　总氮的测定　碱性过硫酸钾消解紫外分光光度法	HJ 636—2012
pH 值	水质　pH 值的测定　玻璃电极法	GB/T 6920—1986
水温	水质　水温的测定　温度计或颠倒温度计测定法	GB/T 13195—1991

排污口水样的浓度不同，实际水样比对的允许误差也不同，误差计算方式有绝对误差和相对误差，详情请参见 HJ 355—2019 技术规范的表 1，即表 5-4。

表 5-4　水污染源在线监测仪器运行技术指标

仪器类型	技术指标要求	试验指标限值	样品数量要求
COD_{Cr}、TOC 水质自动分析仪	采用浓度约为现场工作量程上限值 0.5 倍的标准样品	±10%	1
	实际水样 COD_{Cr}＜30mg/L（用浓度为 20～25mg/L 的标准样品替代实际水样进行测试）	±5mg/L	比对试验总数应不少于 3 对。当比对试验数量为 3 对时应至少有 2 对满足要求；4 对时应至少有 3 对满足要求；5 对以上时至少需 4 对满足要求
	30mg/L≤实际水样 COD_{Cr}＜60mg/L	±30%	
	60mg/L≤实际水样 COD_{Cr}＜100mg/L	±20%	
	实际水样 COD_{Cr}≥100mg/L	±15%	
NH_3-N 水质自动分析仪	采用浓度约为现场工作量程上限值 0.5 倍的标准样品	±10%	1
	实际水样氨氮＜2mg/L（用浓度为 1.5mg/L 的标准样品替代实际水样进行测试）	±0.3mg/L	同化学需氧量比对试验数量要求
	实际水样氨氮≥2mg/L	±15%	
TP 水质自动分析仪	采用浓度约为现场工作量程上限值 0.5 倍的标准样品	±10%	1
	实际水样总磷＜0.4mg/L（用浓度为 0.2mg/L 的标准样品替代实际水样进行测试）	±0.04mg/L	同化学需氧量比对试验数量要求
	实际水样总磷≥0.4mg/L	±15%	

续表

仪器类型	技术指标要求	试验指标限值	样品数量要求
TN水质自动分析仪	采用浓度约为现场工作量程上限0.5倍的标准样品	±10%	1
	实际水样总氮<2mg/L（用浓度为1.5mg/L的标准样品替代实际水样进行测试）	±0.3mg/L	同化学需氧量比对试验数量要求
	实际水样总氮≥2mg/L	±15%	
pH水质自动分析仪	实际水样比对	±0.5	1
温度计	现场水温比对	±0.5℃	1
超声波明渠流量计	液位比对误差	12mm	6组数据
	流量比对误差	±10%	10min累计流量

水质自动分析仪运维人员执行实际水样比对的运维，一般是1个月执行一次，目的是检验水质自动分析仪测量是否准确。排污企业执行的实际水样比对的周期，一般是1个季度执行一次，一是检验运维质量是否合格，二是判断是否超标排污。

5. 数据补录

数据补录的运维活动没有固定的周期，数据补录的前提条件是数采仪端接收了前端水质自动分析仪的上传数据。当出现网络中断时间过长，网络正常但数采仪因自身原因不能向监控中心平台上传数据等情况时，恢复正常后，运维人员须在数采仪端选择缺失时间段的数据类型，进行手工补录。数采仪数据补录页面如图5-7所示。

重点注意，如果是因水质自动分析仪故障未产生数据，或水质自动分析仪与数采仪的通信线路中断，数采仪没有接收到前端数据，那么不能进行数据补录。

6. 故障处置

故障问题一般来自于巡检维护、水质自动分析仪屏幕端报警或监控中心平台的报警。巡检维护过程中发现的异常，应记录在巡检维护台账中；排查出原因、处理完成之后，应记录在故障处置台账中，故障持续时间应与实际一致；水质自动分析仪屏幕端的报警或监控中心平台的报警，在处理完成之后，也应记录在故障处置台

图5-7　数采仪数据补录页面

账中，并解除报警；给监控部门报备的故障处置时间应与实际故障时间一致。

重点注意，当水质自动分析仪因故障不能正常测量，故障时间大于6h时，运维人员应启动手工监测，监测方法应符合排污许可证要求的手工监测方法，并将人工监测的污染物数据上报监管部门，进行人工修约，每天不少于4次。

7. 废液处置

水质自动分析仪的试剂中含有硫酸、重铬酸钾等物质，分析测量和清洗管路产生的废液属于危险废物，须专业回收、专业处理，并形成转移联单。危险废物转移联单如图5-8所示。

危险废物转移联单

联单编号：

第一部分 危险废物移出信息（由移出人填写）								
单位名称：					应急联系电话：			
单位地址：								
经办人：		联系电话：			交付时间：___年___月___日___时___分			
序号	废物名称	废物代码	危险特性	形态	有害成分名称	包装方式	包装数量	移出量（吨）
1	实验室废液	900-047-49	毒性	液态	重金属	桶	5	0.506
第二部分 危险废物运输信息（由承运人填写）								
单位名称：					营运证件号：			
单位地址：					联系电话：			
驾驶员：					联系电话：			
运输工具：					牌号：			
运输起点：					实际起运时间：___年___月___日___时___分			
经由地：								
运输终点：					实际到达时间：___年___月___日___时___分			
第三部分 危险废物接受信息（由接受人填写）								
单位名称：					危险废物经营许可证编号：			
单位地址：								
经办人：		联系电话：			接受时间：___年___月___日___时___分			
序号	废物名称	废物代码	是否存在重大差异		接受人处理意见		拟利用处置方式	接受量（吨）
1	实验室废液	900-047-49	无		接受		D10	0506

图 5-8 危险废物转移联单

二、水质自动分析工作参数备案

（1）排放限值 系指污水处理厂按照《城镇污水处理厂污染物排放浓度标准》（GB 18918—2002）执行的排放标准，污水处理厂排出污水的污染物浓度应在排放限值之下。

（2）测量周期 系指持续性排污单位正常情况下的两次自动测量的时间间隔，或是属地监管部门要求的做样时间间隔，非分析仪的分析时长，通常为2h。

（3）当前工作量程 系指水质自动分析仪应用在污水处理厂测量使用的工作量程，一般设置为排放限值的 2~3 倍。

（4）修正系数 系指修正斜率和修正截距，水质自动分析仪出厂默认为 1、0。当测量环境或测量因素发生变化时，运行人员想通过调整修正斜率和修正截距保证水质自动分析仪的测量准确性时，应向环境监管部门报告并进行备案。

（5）零点校准设置浓度 系指运维人员进行零点校准时使用的零点校准液的浓度，浓度范围是当前工作量程的 20% 以内，大多数运维人员使用的是蒸馏水、纯净水或无矿物质的水。重点注意，水质自动分析仪屏幕端设置的零点校准液浓度应与实际使用的浓度一致。

（6）量程校准液设置浓度 系指运维人员进行量程校准时使用的量程校准液浓度，浓度范围是当前工作量程 50%~100% 的标准溶液浓度。重点注意，水质自动分析仪屏幕端设置的量程校准液浓度，应与实际使用的浓度一致。

（7）标液核查设置浓度 系指运维人员核查分析仪测量准确性时使用的标液浓度，一般为当前工作量程 0.5 倍的标准溶液。

（8）消解温度 系指水质自动分析仪分析、测量反应过程加热到的最高温度，一般是在 165~175℃。水质自动分析仪屏幕端设置的消解温度数值，应与仪器说明书中的一致。

(9) 消解时间 系指水质自动分析仪分析、测量反应过程中加热到最高温度后保持该温度持续的时间,一般是 10~30min。水质自动分析仪屏幕端设置的消解时间数值,应与仪器说明书中的一致。

以上未涉及的水质自动分析仪的工作参数,设置的时候应与仪器说明书一致且合理。水质自动分析仪的工作参数备案,可以根据属地监管要求,参照表 5-5 进行备案。

表 5-5 水质自动分析仪工作参数备案表

污染物	仪器厂家与型号	工作参数名称	工作参数标准值或范围值
COD_{Cr}		排放限值	_____mg/L
		测量周期	_____min
		当前工作量程	_____mg/L
		修正斜率 k	_____
		修正截距 b	_____
		零点校准设置浓度	_____mg/L
		量程校准设置浓度	_____mg/L
		标液核查设置浓度	_____mg/L
		消解温度	_____℃
		消解时长	_____min
氨氮		排放限值	_____mg/L
		测量周期	_____min
		当前工作量程	_____mg/L
		修正斜率 k	_____
		修正截距 b	_____
		零点校准设置浓度	_____mg/L
		量程校准设置浓度	_____mg/L
		标液核查设置浓度	_____mg/L
		显色温度	_____℃
		显色时长	_____min
总磷		排放限值	_____mg/L
		测量周期	_____min
		当前工作量程	_____mg/L
		修正斜率 k	_____
		修正截距 b	_____
		零点校准设置浓度	_____mg/L
		量程校准设置浓度	_____mg/L
		标液核查设置浓度	_____mg/L
		显色温度	_____℃
		显色时长	_____min
总氮		排放限值	_____mg/L
		测量周期	_____min
		当前工作量程	_____mg/L
		修正斜率 k	_____
		修正截距 b	_____
		零点校准设置浓度	_____mg/L
		量程校准设置浓度	_____mg/L
		标液核查设置浓度	_____mg/L
		消解温度	_____℃
		消解时长	_____min
其他污染物		……	……

实训一 在线监测系统的数据记录

水污染源在线监测系统的运行状态分为正常采样监测时段和非正常采样监测时段。

1. 正常采样监测时段

正常采样监测时段获取的监测数据,根据《水污染源在线监测系统(COD$_{Cr}$、NH$_3$-N 等)数据有效性判别技术规范》(HJ 356—2019)第 5 章、第 6 章规定的数据有效性判别标准,进行有效性判别。

① 当流量为零时,在线监测系统输出的监测值为无效数据。

② 水质自动分析仪、数据采集传输仪以及监控中心平台接收到的数据误差大于1%时,数据为无效数据。

③ 发现标准样品试验不合格、实际水样比对试验不合格时,从此次不合格时刻至上次校准校验(自动校准、自动标样核查、实际水样比对试验中的任何一项)合格时刻期间的在线监测数据均判断为无效数据,从此次不合格时刻起至再次校准校验合格时刻期间的数据,作为非正常采样监测时段数据,判断为无效数据。

2. 非正常采样监测时段

非正常采样监测时段包括仪器停运时段、故障维修或维护时段、校准校验时段。在此期间,无论在线监测系统是否获得或输出监测数据,均为无效数据。

实训目标

会通过查台账记录数据,分析在线系统的运行是否正常。

实训记录

某污水厂巡视在线监测系统时,发现台账记录数据为:COD$_{Cr}$、氨氮、总磷、总氮每月一次水样比对记录,明渠流量计每季一次比对试验记录,备用仪器使用记录为 42d。请分析该污水厂台账记录数据是否符合要求,并分析以下问题:

(1) COD$_{Cr}$、氨氮、总磷、总氮每月至少进行一次实际水样比对试验,是否可以理解为只要每月进行一次实际水样比对就可以?

(2) 超声波明渠流量计每季至少进行一次比对试验,是否可以理解为只要每季度进行一次比对试验就可以?

(3) 故障期间临时使用备用机,临时使用的时间可以用多久?

(4) 如果工厂 COD 平时在线监测数据都是低于 30mg/L,那么做季度比对时,在线仪器在做完 0.5 倍量程的标液后,是否需要先测 3 个水样,然后再测 3 个标准样品的替代样?氨氮、总磷、总氮等是否也存在同样的疑问?

(5) 根据《水污染源在线监测系统(COD$_{Cr}$、NH$_3$-N 等)运行技术规范》(HJ 355—2019),针对 COD$_{Cr}$、TOC、NH$_3$-N、TP、TN 水质自动分析仪应每月至少进行一次实际水样比对试验。雨水排水口的水质在线监测设施是否需要按照此规范要求每月至少进行一次实际水样比对试验?

 **实训思考**

如何配置水质自动分析仪常用的标液,如何处理水质自动分析仪的常规故障。

● 任务二　在线监测系统基本情况自查自纠 ●

知识目标

掌握《水污染源在线监测系统（COD_{Cr}、NH_3-N等）安装技术规范》（HJ 353—2019）、《水污染源在线监测系统（COD_{Cr}、NH_3-N等）验收技术规范》（HJ 354—2019）、《水污染源在线监测系统（COD_{Cr}、NH_3-N等）运行技术规范》（HJ 355—2019）、《水污染源在线监测系统（COD_{Cr}、NH_3-N等）数据有效性判别技术规范》（HJ 356—2019）等关于在线监测系统的技术规范要求。了解《污水监测技术规范》（HJ 91.1—2019），能够判断第三方检测机构监测的合规性。

能力目标

会判断在线监测系统的安装、建设、验收和运行是否符合技术规范要求，能够提出合理可行的整改方案。

素质目标

培养岗位意识，培养排查定位问题、分析定性问题和解决问题的能力，培养自查自纠能力。

 知识链接

一、在线监控系统自查自纠清单

近年来，在生态环境保护的监管和执法方面，相关部门严厉打击非法处置危险废物和自动监测数据弄虚作假，污水处理厂的在线监测系统都有涉及。作为污水处理厂的运行人员，尤其是进行自行运维在线监测系统的运行人员，除了守住底线不主动参与生态环境违法犯罪以外，在平时的在线监测系统的运行维护期间，应主动排查系统操作是否涉嫌违法犯罪，排查的方向和内容，可参照表 5-6 执行。

表 5-6　在线监测系统自查自纠清单

检查项目	检查内容	结果记录(打"√")
污水排放口		
明渠建设规范性	①计量堰槽是巴歇尔槽的,水流行进渠道长度(平流段、直流段)应是渠道宽度(水面宽度)5倍以上 ②计量堰槽是薄壁堰的,水流行进渠道长度(平流段、直流段)应是渠道宽度(水面宽度)10倍以上 ③渠道底部应平整,无异常凹凸	是□否□

续表

检查项目	检查内容	结果记录(打"√")
污水排放口		
堰槽建设规范性	①巴歇尔槽的收缩段、喉道段、扩散段的建设尺寸,应符合 HJ 353—2019 技术规范表 D.1 的要求 ②实际建设的巴歇尔槽的喉道宽度应与验收备案资料和流量计表头端设置数值一致 ③堰槽施工允许偏差:喉宽度最大偏差值≤0.01m,堰高最大偏差值≤0.02m ④实际建设的矩形堰型号应与验收备案资料和流量计表头端设置数值一致 ⑤实际建设的三角堰型号应与验收备案资料和流量计表头端设置数值一致 ⑥堰槽的中心线应与渠道的中心线重合 ⑦堰槽应与渠道紧密贴合,不漏水 ⑧堰槽内壁应光滑、平整	是□否□
超声波流量计探头安装规范性	①使用巴歇尔槽为计量单元的,流量计探头应安装在收缩段 1/3 处 ②使用薄壁堰板为计量单元的,流量计探头应安装距离前端堰板 0.5~1m 之间 ③探头顶端距离可能出现的最高液面应大于等于 40cm ④探头安装应固定,不能来回摇晃、改变液位零点	是□否□
流量计工作参数的设置规范性	①流量计表头端设置的堰槽种类,应与实际建设的堰槽尺寸一致 ②流量计表头端设置的修正系数,应与张贴在铭牌上的一致 ③使用模拟量传输流量的现场,流量计表头端工作量程应与数采仪端一致	是□否□
pH、悬浮物传感器安装规范性	①传感器探头安装位置应在水质自动分析仪采样点位附近 ②探头应放到排放的待测水样里面,与待测水样直接接触,不能有其他包裹装置 ③使用模拟量传输 pH、悬浮物的现场,表头端工作量程应与数采仪端一致	是□否□
采样管路		
采样管路的安装规范性	①尽量是明管 ②材质要求:PVC、PPR 等硬管 ③采样管线应固定,不能来回摇晃 ④管线上应标有水流的方向 ⑤采样管路应保障排水口水样真实、不变质地输送到采样器或分析仪	是□否□
过滤器规范性	①Y 型过滤器过滤大的砂石与颗粒 ②过滤器装置应保障水样生化性质无变化	是□否□
水质采样器		
水质采样器安装	重点排污单位须安装水质采样器	是□否□
水质采样器功能	①采集瞬时样。水质采样器应能按照固定的采样模式(时间等比例、流量等比例等)采集瞬时样品,放入采样桶中 ②提供混合样。到达做样周期后,水质采样器应能将采集的瞬时样混合均匀之后,提供混合水样给水质自动分析仪做样 ③超标留样。分析仪测量的水样数据超标之后,数采仪或分析仪应能控制水质采样器留下超标样品	是□否□
日志查询	重点查看 4 类日志:采样、供样、留样和故障日志应与水质采样器的实际工作情况一致	是□否□
供样管线管路	①由于水质采样器供样问题新增的采样杯,或者分析仪自带的溢流杯,每一个做样周期结束之后,杯中的水样应能排空,不影响下一个周期的测量 ②采样杯或溢流杯中的水样,应来源于采样器的正常供样品,非人工添加 ③供样管路中,不宜设置水槽 ④供样管路应能保障水样不变质地输送到分析仪,不应存在异常的稀释三通或挂瓶 ⑤采样管路环节不应存在化学过滤	是□否□

续表

检查项目	检查内容	结果记录(打"√")
水质自动分析仪		
重点功能满足	①采样/做样周期是1～2h ②自动标液核查,24h执行1次 ③分析仪端设置的自动校准的最大时间间隔不大于168h	是□否□
多通阀	①多通阀的管路应连接到管路标签对应的溶液瓶中或管路中 ②管路通畅、清洁,无堵塞现象	是□否□
试剂	①试剂瓶上的标签信息不少于试剂名称、容量、配置时间、保质期和配置人员(或生产厂商) ②每瓶试剂应能保证水质自动分析仪使用一周	是□否□
标液	①标液瓶上的标签信息不少于标液名称、浓度、容量、配置时间、有效期和配置人员(或生产厂商) ②标液标签浓度应与瓶中实际浓度一致 ③标液至少有零点校准液、量程校准液、标样核查液 ④量程校准液实际浓度、标签浓度、分析仪器屏幕端设置的量程校准液浓度应保持一致	是□否□
工作参数	①水质自动分析仪的当前工作量程应是污染物排放限值的2～3倍 ②做样周期应与属地监管要求一致 ③具有修正k、修正b值的水质自动分析仪,其数值一般默认为1、0,排污企业若有修改,应备案并向主管部门报备 ④消解温度、消解时间的设置,应符合仪器厂家对分析仪的要求或与仪器说明书基本一致 ⑤标液核查设置浓度应是当前工作量程的一半 ⑥水质自动分析仪的校准曲线斜率、截距应是完成校准运维后自动生成的,非人工修改	是□否□
消解杯(消解池)	①消解杯应密封不漏气 ②水质自动分析仪测量、校准过程的光源,应由仪器自身提供,人工不能额外打光干扰 ③消解杯应具备保温作用	是□否□
日志查询	重点关注5类日志:校准、标液核查、故障、运维、参数修改日志,应与实际情况基本一致	是□否□
废液	①废液标志有名称、类别、废物代码、主要成分、有害成分、收集单位、联系人、重量等 ②水质自动分析仪的废液属于危险废物,应专业回收、专业处理	是□否□
数据采集传输仪(数采仪)		
通信方式	①水质自动分析仪数据应直传给数采仪,中间不允许有任何异常装置 ②谨防模拟量传输线路存在加装电阻、衰减电流带来的"假数据"	是□否□
数据处理	①使用模拟量通信时,数采仪端设置的对应污染物的工作量程应与前端分析仪一致 ②分析仪数据、数采仪数据与监控中心平台数据的误差应不大于1%	是□否□
数据一致性	①流量计、pH、悬浮物瞬时数据应与数采仪实时数据基本一致 ②COD_{Cr}/氨氮/总磷/总氮等分析仪器采样数据与数采仪实时数据一致	是□否□
数采仪数据传输情况	①四类数据:实时数据2011,分钟数据2051,小时数据2061,日数据2031要上报给环境管理部门,且与监控中心平台基本一致 ②谨防数据传输给未知的平台	是□否□

续表

检查项目	检查内容	结果记录(打"√")
运维台账		
校准	①运维人员校准运维的最大时间间隔应不大于168h,即每7d校准一次分析仪 ②台账中记录的零点校准液浓度和量程校准液浓度应与实际的标液瓶中的浓度和分析屏幕端设置的浓度一致 ③量程校准测量值应与实际标液浓度值相近	是□ 否□
标样核查	①具备自动标液核查功能的分析仪,应每天进行一次核查 ②标液核查偏差值应在±10%范围内,否则,应进行重新校准、重新核查,直至合格 ③标液核查浓度应是当前工作量程的一半	是□ 否□
实际水样比对	①运维开展的实际水样比对应1个月进行一次 ②比对产生的误差(同一组水样,水质自动分析仪的测量结果与实验室分析仪的结果的相对误差)应符合HJ 355—2019技术规范的要求,否则,应重新校准、重新核查或重新进行实际水样比对,确保分析仪处于正常测量状态 ③实际水样比对期间,排污企业应处于正常生产状态	是□ 否□
故障处置	①故障超过6h应启动人工监测,每天不少于4组,并将人工监测数据报备监控中心平台 ②48h内应恢复故障,确不能恢复的,应向主管部门报备 ③向主管部门报备的故障起始时间应与实际情况一致	是□ 否□
其他运维表单	①巡检维护:7d 1次 ②试剂更换运维表单 ③废液收集:注意跟《危废固废转运联单》的关联 ④易耗品更换:注意跟《故障处置运维表单》的关联	是□ 否□
报备信息		
数据标记	①废水数据标记包括:调试、故障、日常维护、校准、超量程、核查比对、人工修约(手工监测数据) ②在监控中心平台报备的数据标记应与实际情况一致	是□ 否□
运行情况报备	报备给环境管理部门信息较多,一般有如下几类: ①企业停产; ②自动监测设备停运; ③设备故障/人员维护; ④环保局检查/设备调试; ⑤站房断电。 以上报备情况,应符合企业实际情况	是□ 否□
备案资料		
在线监测系统相关资料	①验收报告中的工作参数处于合理范围、过程参数的设置和安装调试情况等应符合实际情况 ②第三方检测机构出具的季度比对报告的误差应符合HJ 355—2019技术规范表1的要求,否则,应重新校准、核查,直至比对合格 ③水质自动分析仪、数采仪和污染参量传感器的产品CCEP认证、合格证、说明书等应在有效期内,能够应用于现场 ④排污企业应制定突发事件的应急预案	是□ 否□
信息公开		
污染物数据公开	污水厂监测的污染物数据,应在信息公开平台依法公开	是□ 否□
动手检查		
水质自动分析仪及时采样	排水口水样应能够正常、真实、不变质地输送到水质自动分析仪	是□ 否□
标液核查	开展标液核查,标液核查成功,误差在±10%范围以内	是□ 否□
实际水样比对	开展实际水样比对,实际水样比对误差超出HJ 355—2019技术规范表1的误差范围	是□ 否□

二、废水污染源自动监测无效数据识别规则

废水行业无效数据识别规则如下 7 类情形。

（1）情形 1　自动监测设备维护标记

认定规则：按照《污染物排放自动监测设备标记规则》，自动/人工标记为自动监测设备维护的数据，视为无效数据。

说明：①实施设备标记规则的行业，按照标记后的数据判定其有效性；②自动标记和人工标记同时存在时，以人工标记为准判定数据有效性。

依据：《污染物排放自动监测设备标记规则》。

（2）情形 2　数据缺失

认定规则：非停排期间，小时数据组中任一上报数据缺失，该数据组无效。

说明：数据缺失时段，未进行标记或未实施标记时，按照此规则判定数据的无效性。

依据：《污染物排放自动监测设备标记规则》。

（3）情形 3　pH

认定规则：pH$\geqslant$14 或 pH$\leqslant$0 的数据无效。

说明：未进行标记或未实施标记时，按照此规则判定数据的无效性。

依据：《水质　pH 值的测定　玻璃电极法》GB 6920—1986 中 5.1 章节。

（4）情形 4　水温

认定规则：水温＜－6℃或水温＞40℃时数据无效。

说明：未进行标记或未实施标记时，按照此规则判定数据的无效性。

依据：《水质　水温的测定　温度计或颠倒温度计测定法》GB 13195—1991 第 3 章节。

（5）情形 5　按 HJ 212—2017 等相关规范，现场端数采仪自动上报自动监测设备标记

认定规则：未实施设备标记，但现场设备按照 HJ 212—2017 等规范自动标记为超量程（T）、全系统校准（C）、维护保养（M）、CEMS 系统故障维修（D）时数据无效。

说明：未实施设备标记的行业，按此规则判定数据的无效性。

依据：HJ 212—2017 表 8 数据标记表。

（6）情形 6　流量无效

认定规则：正常排水期间流量计读数无效时，污染物和流量数据组无效。

说明：①未进行标记或未实施标记时，仪器正常采样期间，流量为 0，在线监测系统输出的监测值为无效数据。②按照《污染物排放自动监测设备标记规则》，自动/人工标记为自动监测设备维护的数据，视为无效数据。

依据：HJ 356—2019 中 6.2、7.2 章节。

（7）情形 7　日数据无效

认定规则：正常排水期间，标记后的有效小时数据条数小于应报数据条数 75％时，当日数据无效。

说明：例如，一个自然日内，某企业标记了 16h 的停排，剩余 8h 正常外排废水，自动监测数据正常上传 5h，其余 3h 数据缺失，当日的有效监测数据小于非应获得数据量的 75％，当日数据无效，则按照有效小时数据组判定有效率，即当天有效率为 62.5％（有效率为正常监测的 5h 除以正常外排的 8h）。

依据：HJ 356—2019 中 7.2 章节。

三、无效数据的处理

1. 正常采样监测时段

正常采样监测时段,当 COD_{Cr}、NH_3-N、TP 和 TN 监测值判断为无效数据,且无法计算有效日均值时,其污染物日排放量可以用上次校准校验合格时刻前 30 个有效日排放量中的最大值进行替代,污染物浓度和流量不进行替代。

流量为零时的无效数据不进行替代。

2. 非正常采样监测时段

水质自动分析仪停运期间、因故障维修或维护期间、有计划(质量保证和质量控制)地维护保养期间、校准和校验等非正常采样监测时间段内输出的监测值为无效数据,但对该时段数据做标记,作为监测仪器检查和校准的依据予以保留。

非正常采样监测时段,当 COD_{Cr}、NH_3-N、TP 和 TN 监测值判断为无效数据,且无法计算有效日均值时,优先使用人工监测数据进行替代,每天获取的人工监测数据应不少于 4 次,替代数据包括污染物日均浓度、污染物日排放量。如无人工监测数据替代,其污染物日排放量可以用上次校准校验合格时刻前 30 个有效日排放量中的最大值进行替代,污染物浓度和流量不进行替代。

四、自动监控现场规范化要求

1. 站房建设情况

① 站房面积。废水:面积须达 $15m^2$;废气:面积须达 $6.25m^2$;

② 站房内是否具有照明设施、给排水设施、消防设施、桌椅、空调、排风扇、温湿度仪等设施;

③ 站房内是否清洁卫生、线路规整,管路和分区标识等是否规范。

2. 在线设备基本情况

① 设备是否具有认证证书;

② 试剂、标液、标气是否过期;

③ 量程设置是否正确(一般为排放限值 2~3 倍);

④ 数采仪数据、现场分析仪数据、上端平台数据是否一致(误差不能大于 1%);

⑤ 废水设备基本参数。是否安装自动采水器;是否有自动校准和自动标液核查功能;是否按照规范要求进行等时或等比例采样;系数设置是否合理(重铬酸钾法、氨氮设备的修正系数和修正值分别是 1 和 0,如有其他参数必须有相关的备案资料,TOC 法的设备参数设置与备案资料必须一致,每月进行适用性测试);消解温度设置是否正确(一般为 160~175℃,具体以说明书为准);消解时间设置是否正确(一般 30min,准确度较高时也可 20min)。

⑥ 废气设备基本参数设置是否与备案资料一致;是否有氮氧化物转换器;是否有全流路校准;是否有探头反吹设备。

3. 采样口情况

① 采样点设置是否满足规范要求;

② 采样点是否存在稀释的情况;

③ 采样管的设置。a. 废水：采样管是否满足规范要求（不大于 50m，无软管，无旁路）。b. 废气：采样管路是否有 U 型管；有无故意让采样探头漏气的情况；采样管是否存在旁路；采样管是否不大于 70m；伴热管温度是否大于 120℃；皮托管流速仪探头，正负压管是否安装正确。

④ 采样平台是否满足规范要求。

4. 质量控制

① 日常巡检是否每 7d 一次；

② 校准、校验。a. 废水是否满足准确度要求；是否每周进行质控样测试；是否每月进行 1 次 3 个实际水样测试；是否每季度进行一次比对监测。②废气二氧化硫和氮氧化物校准是否每周一次；粉尘校准是否每 15d 至少一次；流速校准是否每 30d 至少一次；全流路校准是否每季度一次；比对监测是否每季度一次。

③ 废水危废处置：废液是否按照要求收集处置（除 TOC 法和水杨酸法的氨氮设备废液不是危废外，其他废液均要求收集处置）；废液桶是否有满足管理要求的托盘；是否交给有资质的运输单位和处置单位进行转运、处置，转运处置相关证明材料是否放在现场备查；废液台账记录是否准确、齐全，记录的量是否符合逻辑，并与实际产生量保持一致。

5. 运维记录情况

① 运维记录是否书写工整，字迹清晰；

② 运维记录是否齐全，有逻辑性；

③ 巡检记录、维修记录、试剂和备品备件更换记录等，是否能够对应。

6. 判定数据真实性

① 分析仪、数采仪、平台数据是否一致；

② 数据是否连续相等或长期为零；

③ 通过改变污染治理设施运行状态、调整生产负荷等方式，观察在线数据是否发生变化；

④ 是否存在非现场检查时在线数据不超标，现场检查时在线数据超标的情况。

7. 数据测试情况

① 测试标液、标气否满足规范要求误差。

② 标气测试：标气浓度是否满足规范的要求（量程的 80%～100%）；全回路测试标气是否满足规范要求（响应时间 200s，误差不超过 2.5%FS）。

实训二　在线监测系统的规范要求实施

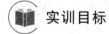

实训目标

会判断在线监测系统的安装、建设、验收和运行是否符合技术规范要求。

实训记录

某污水厂巡视在线监测系统时，发现在线监测仪器因故障或维护等原因不能正常工作，现场检查场景如图 5-9。分析存在哪些不合规行为，并说明在线监测仪器不能正常工作时，企业需要补充做哪些监测数据。

图 5-9 在线监测系统现场检查场景

（1）水污染源在线监测仪器因故障或维护等原因不能正常工作时，应及时向相应环境保护管理部门报告，必要时采取人工监测，监测周期间隔不大于 6h，数据报送每天不少于 4 次。关于手工数据提供的时间问题：是故障或维护发生时就需要提供手工监测数据，还是故障或维护时间超过 6h 后提供手工监测数据？

（2）水污染源在线分析仪、烟气污染源在线监测分析仪在没有更换设备的情况下，只修改参数是否需要重新进行验收比对，验收比对完成后是否需要参考 HJ 355—2019 技术规范的要求重新进行验收流程？

（3）COD 消解时间 10min 后比对验收合格并经环保局备案，可否认作正常运行？计算得出的全年总量可否认为是真实有效？

（4）设备验收完成后因某种原因需要对参数进行变更（消解时间 10min 变更为 15min），参数变更后是否需要重新进行设备验收？验收结束后进行备案，环保部门是否需要给出具体意见或盖章同意？

（5）HJ 353—2019 技术规范要求监测站房内应配置合格的给、排水设施，使用符合实验要求的用水清洗仪器及有关装置。若站房内配置水龙头、排水池是否符合合格的给排水设施？

 实训思考

对在线监测系统不合规的情形提出合理可行的整改方案。

 匠心筑梦

沉着冷静，树立担当精神

陈志星是湖南郴州人，2009 年考上广东工业大学环境工程专业研究生。"本科时我读的也是环境工程专业"，陈志星说，因小时候感觉人类生存环境被严重破坏，因此在高考后志愿填报时选择了环境工程专业。"我在想，争取尽自己的一份力量，为改善环境做点实事。"

2013 年夏季，即将硕士毕业的陈志星到达州污水处理厂面试。幸运的是，陈志星通过了面试，正式成为该厂职工。

工作前三个月,他被安排去公司各个岗位实习,以便尽快熟悉污水处理的流程。在实习期间,陈志星发现公司里的老师傅们实际操作经验丰富,正好可以弥补自己理论强但实操弱的缺点。为此,他一有时间便跟随老职工到一线各个岗位去熟悉各项流程,以丰富自己的实操经验。

实习期间,陈志星发现,污水处理厂的工作其实并不轻松,甚至可以归结为"脏活累活"这一类型。在污水处理过程中,清理污水中残留的固体垃圾是其中重要一环。为此,工人们每隔一两小时便得去清理机器上的固体垃圾,鱼骨、辣椒、饭粒……各种固体垃圾混合在一起,散发着浓烈气味。最初去清理固体垃圾时,陈志星还真有点受不了那股浓烈刺鼻的气味。"后来便觉得没啥大不了的,可能是久而久之鼻子便被堵住了",陈志星调侃道。

顶岗实习结束后,陈志星被分配到运行科工作,协助管理污水处理厂运行。在调至运行科不久,因出现工艺缺陷,导致污水不能实现稳定达标排放。陈志星凭借着丰富的理论知识和一线实习经验,通过向专家请教、查阅资料等渠道,彻底解决了这一工艺缺陷,使出水水质稳定达标。

2017年,污水处理厂在污水处理过程中突发仙女虫害问题,这直接导致污水生化处理系统全面瘫痪。面对突发的生产难题,陈志星迎难而上,主动请缨带领技术攻关小组攻克难关。经过14个昼夜奋战,他们终于找到杀灭仙女虫害的有效方法,污水处理系统恢复正常。随后,陈志星潜心研究污泥减量、节能降耗、化学除磷、出水消毒等多项课题,使得污水处理厂出水水质全面达到一级A标。

2018年1月,因陈志星在工作中表现出色,公司派遣其前往达州污水处理厂二厂区(达州市周家坝污水处理厂)工作。

为尽快推动周家坝污水处理厂投入使用,作为总负责人的陈志星,带头加班加点检查设备安装、管网建设等相关工作。与陈志星一同前往周家坝的李红回忆道,"陈志星是我们所有人中年龄最小的,但是他踏实肯干,带领我们一起加班,跟我们吃住在一起,共同为污水处理厂尽快投产而努力。他能吃苦、敢担当的精神让我们大家佩服。"

污水处理厂要正常运转,培养活性污泥是重中之重。为尽快推动污水处理厂投用,陈志星带领团队创新污泥培养方式,用短短两个月时间,便完成了至少六个月才能完成的活性污泥培养量。

经过半年多努力,2018年10月,周家坝污水处理厂正式投入营运,这让达州城区日污水处理量由8万吨提升至13万吨,基本能满足城区污水处理需求。如今,周家坝污水处理厂二期工程正在紧张进行中,预计将于明年年底建成。届时,达州污水日处理量将达18万吨,将完全满足城区污水处理需求。望着二期工程热火朝天的建设场景,陈志星颇为自信地说。

"我们是城市血液的净化师。"在周家坝污水处理厂办公楼底楼,这样的一句宣传语格外引人注目。"其实,这也是对我们工作的肯定,"陈志星说,"希望能尽我们之力,让我们共同生活的城市能够更加干净整洁,这样也算是圆了我最初许下的为环保出份力的愿望。"

模块六

污水的采样控制与化验质量管理

学习指南

根据职普融通、产教融合、科教融汇的理念，以及优化职业教育类型定位的要求，本模块提出污水处理厂污水监测与化验人员、污水厂质量管理人员的基本素质和要求，以满足污水化验与质量管理岗位要求。

项目一　污水的采样、保存与运输

任务一　污水的采样与控制

知识目标

掌握污水采样的方法，污水采样时的基本要求，污水取样位置和频率的控制要求。掌握污水的测定方法和类型。

能力目标

会分析污水处理厂污水进水和出水取样位置，取样频率及取样质量；样品采集人员会填写样品采集记录表、样品流转记录表等。熟练进行污水测定的过程。

素质目标

培养爱岗敬业的精神，明确岗位职责，强化操作要求；培养吃苦耐劳的工匠精神；加强采样人员责任意识和职业素质，做到从业人员持证上岗。

知识链接

一、水样的采样

1. 水样的三种类型

（1）瞬时水样　指从水中不连续地随机（就时间和断面而言）采集的单一样品，一般在一定的时间和地点随机采取。当水体水质稳定，或其组分在相当长的时间或相当大的空间范围内变化不大时，瞬时水样具有很好的代表性；当水体组分及含量随时间和空间变化时，就应隔时、多点采集瞬时样，分别进行分析，摸清水质的变化规律。

（2）混合水样　混合水样是指在同一采样点于不同时间所采集的瞬时水样的混合水样。

① 等比例混合水样。指在某一时段内，在同一采样点位所采水样量随时间或流量成比例的混合水样。

② 等时混合水样。指在某一时段内，在同一采样点位（断面）按等时间间隔所采等体积水样的混合水样。

（3）综合水样　把不同采样点同时采集的各个瞬时水样混合后所得到的样品称综合水样。这种水样在某些情况下更具有实际意义。例如，当为几条排污河、渠建立综合处理厂时，以综合水样取得的水质参数作为设计的依据更为合理。

2. 水样采集的种类

（1）污废水采集

① 从浅埋的污水排放管（渠、沟）中采样，一般用采集器直接采集，或用聚乙烯塑料长把采样；

② 对于埋层较深的，将深层采水器或固定负重架的采样容器沉入监测井内一定深度的污水中采样，也可用塑料手摇泵或电动采水泵采样。

（2）地表水/地下水采样

① 表层水。用系有绳子、带有坠子的采样瓶直接汲取；

② 一定深度的水。当水位到达预定深度时，能闭合采样，汲取；

③ 泉水。能自喷时，直接在涌口处采样；泉水不自喷时，抽水管抽水汲取；

④ 井水。抽水管抽水汲取；

⑤ 自来水。先放数分钟，自来水排除杂质，陈旧水后采样。

3. 采样点位的管理

（1）采样点位应设置明显标志　采样点位一经确定，不得随意改动。应执行 GB 15562.1—1995 标准。

（2）采样点的管理档案　经设置的采样点应建立采样点管理档案，内容包括采样点性质、名称、位置和编号，采样点测流装置、排污规律和排污去向，采样频次及污染因子等。

（3）采样点位的日常管理　经确认采样点是法定排污监测点的，如因生产工艺或其他原因需变更时，由当地环境保护行政主管部门和环境监测站重新确认。排污单位必须经常进行排污口的清障、疏通工作。

二、污水监测的采样频次、要求及注意事项

1. 采样频次

（1）监督性监测频次　地方环境监测站对污染源的监督性监测每年不少于 1 次，如被国家或地方环境保护行政主管部门列为年度监测的重点排污单位，应增加到每年 2～4 次。因管理或执法的需要所进行的抽查性监测或对企业的加密监测由各级环境保护行政主管部门确定。

（2）企业自我监测频次　工业废水按生产周期和生产特点确定监测频次。一般每个生产日至少 3 次。

（3）污染源调查性监测频次　污染源调查性监测或排污单位为了确认自行监测的采样

频次，应在正常生产条件下的一个生产周期内进行加密监测：周期在 8h 以内的，每小时采 1 次样；周期大于 8h 的，每 2h 采 1 次样，但每个生产周期采样次数不少于 3 次。采样的同时测定流量。根据加密监测结果，绘制污水污染物排放曲线（浓度-时间，流量-时间，总量-时间），并与所掌握资料对照，如基本一致，即可据此确定企业自行监测的采样频次。

2. 污水采样的要求

① 污水的监测项目根据行业类型有不同要求。在分时间单元采集样品时，测定 pH、COD、BOD_5、溶解氧、硫化物、油类、有机物、余氯、粪大肠菌群、悬浮物、放射性等项目的样品，不能混合，只能单独采样。

② 对不同的监测项目应选用的容器材质、加入的保存剂及其用量与保存期、应采集的水样体积和容器的洗涤方法均不同，具体应参考《地表水和污水监测技术规范》（HJ/T 91—2002）。

③ 自动采样用自动采样器进行，有时间等比例采样和流量等比例采样两种。当污水排放量较稳定时，可采用时间等比例采样，否则必须采用流量等比例采样。

④ 采样的位置应在采样断面的中心，在水深大于 1m 时，应在表层下 1/4 深度处采样，水深小于或等于 1m 时，在水深的 1/2 处采样。

3. 污水采样的注意事项

① 用样品容器直接采样时，必须用水样冲洗三次后再行采样。但当水面有浮油时，采油的容器不能冲洗。

② 采样时应注意除去水面的杂物、垃圾等漂浮物。

③ 用于测定悬浮物、BOD_5、硫化物、油类、余氯的水样，必须单独定容采样，全部用于测定。

④ 在选用特殊的专用采样器（如油类采样器）时，应按照该采样器的使用方法采样。

⑥ 凡须现场监测的项目，应进行现场监测。

三、污水采样位置、频率的控制

1. 采样位置的确定

按照《地表水和污水监测技术规范》《水污染物排放总量监测技术规范》等标准、规范的要求，污染源污水监测点位的布设原则如下：

① 第一类污染物采样点位设在车间或车间处理设施的排放口或专门处理此类污染物设施的排放口。

② 第二类污染物采样点位设在排污单位的外排口或厂区处理设施排放口。

③ 所有的排放口均须分别设置采样点位；进入集中式污水处理厂和进入城市污水管网的污水采样点位应根据地方环境保护行政主管部门的要求确定。

④ 在污水处理设施效率监测采样点的布设中，对整体污水处理设施效率监测时，在各种进入污水处理设施的入口和污水处理设施的总排口设置采样点。对各污水处理单元效率监测时，在各种进入处理设施单元污水的入口和设施单元的出口均须设置采样点。

2. 污水采样位置、频率的控制

污水采样位置、频次和采样点详见表 6-1。样品的采集必须填写样品采集记录表，表中详细记录以下内容：污染源名称、监测目的、监测项目、采样点位、采样时间、样品编号、

污水性质、污水流量、采样人姓名及其他有关事项等。

表 6-1 污水采样位置、频次和采样点

样品名称	采样工艺段	样品数量	采样位置	总量	采样频次
总进水	粗格栅前	500mL/次	水面1m以下	6L	每2h一次,取24h混合样 24h混合样
总出水	消毒渠后	500mL/次	出水槽汇水口	6L	每2h一次,取24h混合样
曝气池混合液	曝气池出口	2L	水面0.5m以下	2L	每日一次
脱水后污泥	泥斗	500g	—	500g	每日一次

注：混合水样不适用于测试成分在水样存储过程中发生明显变化的水样，如粪大肠菌群等。

样品采集人员填写样品采集记录表，污水厂的样品采集记录表可参考表 6-2。在流转至化验室进行检测时，必须填写样品流转记录表。

表 6-2 样品采集记录表

被测单位：_____ 采样日期：_____
联系人：_____ 电话：_____ 地址：_____
排污口：_____ 废水种类：_____ 采样频次：_____
样品状态：_____ 监测目的：_____
采样依据：_____

样品编号	采样时间	容器种类	添加剂种类	测定项目	现场描述
废水去向					
备注					
被测单位签字					
采样人		记录人		校对人	

3. 采样过程的质量控制

采样过程的质量控制贯穿于采样的全过程，包括采样人员、采样方法、采样点位、采样容器、样品的保存和运输、全程序空白及运输空白、现场平行样、采样点周围情况以及采样原始记录等方面。

① 采样人员应考核合格，持证上岗。

② 采样断面、点位的设置、使用的采样容器均应符合环境监测技术规范；采样频次、时间和方法应根据监测对象和分析方法的要求，按相应的技术规范执行。

③ 采样时要详细了解排污单位的生产状况，包括用水量、工艺流程、废水来源、废水治理设施处理能力和运行状况等，特别注意是否存在异常情况。

④ 每次监测过程中，需采集不少于10%的现场平行样。要求现场固定的监测项目按照环境监测技术规范加以固定，在有效保存期内尽快送至实验室；水样送交实验室时，应及时做好样品交接工作，并由送交人和接收人签字。

⑤ 测定 SS、pH、BOD_5、油类、硫化物、放射性物质、余氯、微生物等项目须单独采样；测定 BOD_5、硫化物和有机污染物项目的水样必须充满容器；测定 pH、水温、电导率、DO 和 ORP 宜在现场。采样时，除细菌总数、大肠菌群数、油类、BOD_5、有机物、余氯等有特殊要求的项目外，要先用采样水荡洗采样器与水样容器 2~3 次，然后再将水样采入容器中，并按要求立即加入相应的固定剂，贴好标签。应使用正规的不干胶标签。

⑥ 认真填写采样记录，主要内容有：排污单位名称、样品类别、采样目的、采样日期、样品编号、采样地点、采样时间、监测项目和所加保存剂名称、废水表观特征描述、流速、流量、采样人员等。保证采样按时、准确、安全；采样结束前，应仔细检查采样记录和水样，若有漏采或不符合规定者，应立即补采或重采。

实训一　污水水样采集的规范要求实施

水样采集需使用一个干净的容器。取样前，先用被采集的样品冲洗容器几次。把每个样品采集的位置和操作程序记录下来。水质采样时间频率、采样方法以及采样器和贮样器等都是关系到水质监测分析数据是否有代表性，是否真实反映水质现状以及变化趋势的关键问题。为更好地进行水样检测分析，检测人员应规范水样采集。

实训目标

会对污水处理厂污水进水和出水进行取样，取样的频率、质量要求达到标准的要求，并会填写样品采集记录表、样品流转记录表等。

实训记录

现需对某城镇生活污水处理厂（日处理量为 $5×10^4$ t）进水和出水水样进行取样，请制定一个水样取样的方案，并分析如下问题：

(1)《城镇污水处理厂污染物排放标准》（GB 18918—2002）24 小时平均水样如何采样？

(2) 污水处理厂自行监测采样时，采样频次有何要求？

(3) 如何选择污废水采样位置？

(4) 水样样品采集的量一般为多少适宜？

实训思考

水样样品采集过程中，如何进行质量控制？

任务二　污水水样的保存与运输

知识目标

掌握污水水样保存的方法和管理的基本要求；掌握样品的运输和样品的接收；掌握采样

技术和部分其他行业的基础知识；掌握常用样品保存技术。

能力目标

会对污水采样样品进行保存和质量管理；会对样品进行标志和记录；能根据技术要求对样品进行采集、运输以及保存。

素质目标

培养对环境监测工作的责任意识和职业素养，要有吃苦耐劳的精神；具备安全防护意识。

知识链接

一、水样保存

各种水质的水样，从采集到分析这段时间内，由于物理（光照、温度、静置或震动）、化学（氧化、聚合、解聚）、生物（代谢、降解）作用会发生不同程度的变化，这些变化使得分析时的样品已不再是采样时的样品，为了使这种变化降低到最小的程度，必须在采样时对样品加以保护。常用水样保存技术的要求可参考《水质采样 样品的保存和管理技术规定》（HJ 493—2009）。

1. 容器的选择

采集和保存样品的容器应充分考虑以下几方面（特别是被分析组分以微量存在时）：

① 最大限度地防止容器及瓶塞对样品的污染。一般的玻璃在贮存水样时可溶出钠、钙、镁、硅、硼等元素，在测定这些项目时应避免使用玻璃容器，以防止新的污染。一些有色瓶塞含有大量的重金属。

② 容器壁应易于清洗、处理，以减少如重金属或放射性核类的微量元素对容器的表面污染。

③ 容器或容器塞的化学和生物性质应该是惰性的，以防止容器与样品组分发生反应。如测氟时，水样不能贮于玻璃瓶中，因为玻璃与氟化物会发生反应。

④ 防止容器吸收或吸附待测组分，引起待测组分浓度的变化。微量金属易于受这些因素的影响，其他如清洁剂、杀虫剂、磷酸盐同样也受到影响。

⑤ 深色玻璃能降低光敏作用。

2. 容器的要求

① 所有的准备都应确保不发生正负干扰。

② 尽可能使用专用容器。如不能使用专用容器，那么最好准备一套容器进行特定污染物的测定，以减少交叉污染。同时应注意防止以前采集高浓度分析物的容器因洗涤不彻底污染随后采集的低浓度污染物的样品。

③ 对于新容器，一般应先用洗涤剂清洗，再用纯水彻底清洗。但所用的洗涤剂类型和选用的容器材质要随待测组分来确定。测磷酸盐不能使用含磷洗涤剂，测硫酸盐或铬则不能用铬酸-硫酸洗液。

二、水样的保存方法

对需要测定物理-化学分析物的样品,应使水样充满容器至溢流并密封保存,以减少因与空气中氧气、二氧化碳的反应干扰及样品运输途中的振荡干扰。但当样品需要被冷冻保存时,不应溢满封存。

1. 冷藏或冷冻

在大多数情况下,从采集样品后运输到实验室期间,应在 1~5℃ 冷藏并暗处保存,对保存样品就足够了。冷藏并不适用长期保存,废水的冷藏时间更短。

-20℃ 的冷冻温度一般能延长贮存期。分析挥发性物质不适用冷冻程序。如果样品包含细菌或微藻类,在冷冻过程中,细胞组分会破裂、损失,因此该类样品同样不适用冷冻。冷冻需要掌握冷冻和融化技术,以使样品在融化时能迅速地、均匀地恢复其原始状态。用干冰快速冷冻是较好的方法之一。一般选用塑料容器,如聚氯乙烯或聚乙烯等塑料容器。

2. 过滤和离心

采样时或采样后,用滤器(滤纸、聚四氟乙烯滤器、玻璃滤器)等过滤样品或将样品离心分离都可以除去其中的悬浮物、沉淀、藻类及其他微生物。滤器的选择要注意与分析方法相匹配、用前清洗及避免吸附、吸收损失,因为各种重金属化合物、有机物容易吸附在滤器表面,滤器中的溶解性化合物如表面活性剂会滤到样品中。一般测有机项目时选用砂芯漏斗和玻璃纤维漏斗,而在测定无机项目时常用 $0.45\mu m$ 的滤膜过滤。

过滤样品的目的就是区分被分析物的可溶性和不可溶性的比例(如可溶和不可溶金属部分)。

3. 添加保存剂

(1) 控制溶液 pH 值 测定金属离子的水样常用硝酸酸化至 pH 为 1~2,既可以防止重金属的水解沉淀,又可以防止金属在器壁表面上的吸附,同时 pH 1~2 的酸性介质还能抑制生物的活动。用此法保存水样,大多数金属离子可稳定数周或数月。测定氰化物的水样需加氢氧化钠调至 pH 为 12。测定六价铬的水样应加氢氧化钠调至 pH 为 8,因在酸性介质中,六价铬的氧化电位高,易被还原。保存总铬的水样,则应加硝酸或硫酸至 pH 为 1~2。

(2) 加入抑制剂 为了抑制生物作用,可在样品中加入抑制剂。如在测氨氮、硝酸盐氮和 COD 的水样中加氯化汞或三氯甲烷、甲苯作防护剂,以抑制生物对亚硝酸盐、硝酸盐、铵盐的氧化还原作用。在测酚水样中用磷酸调溶液的 pH 值,加入硫酸铜以控制苯酚分解菌的活动。

(3) 加入氧化剂 水样中痕量汞易被还原,引起汞的挥发性损失,加入硝酸-重铬酸钾溶液可使汞维持在高氧化态,汞的稳定性大为改善。

(4) 加入还原剂 测定硫化物的水样,加入抗坏血酸对保存有利。含余氯的水样,能氧化水中的氰离子,可使酚类、烃类、苯系物氯化生成相应的衍生物,为此在采样时加入适当的硫代硫酸钠予以还原,除去余氯干扰。样品保存剂如酸、碱或其他试剂在采样前应进行空白试验,其纯度和等级必须达到分析的要求。

三、水样标签

水样采集后,往往根据不同的分析要求,分装成数份,并分别加入保存剂,对每一份样品都应附一张完整的水样标签。水样标签应事先设计打印，内容一般包括：采样目的，项目唯一性编号，监测点数目、位置，采样时间，采样日期，采样人员，保存剂的加入量等。标签应用不褪色的墨水填写，并牢固地贴于盛装水样的容器外壁上。对于未知的特殊水样以及危险或潜在危险物质如酸，应用记号标出，并将现场水样情况作详细描述，如表6-3的采样现场数据记录表所示。

对需要现场测试的项目，如pH、电导率、温度、流量等应按表6-3进行记录，并妥善保管现场记录。

表 6-3 采样现场数据记录表

项目名称：

样品描述：

采样地点	样品编号	采样日期	时间		pH	温度	其他参数			备注
			采样开始	采样结束						

采样人：　　　　　交接人：　　　　　复核人：　　　　　审核人：

注：备注中应根据实际情况填写水体类型、气象条件（气温、风向、风速、天气状态）、采样点周围环境状况、采样点经纬度、采样点水深、采样层次等。

四、样品运输

水样采集后必须立即送回实验室，根据采样点的地理位置和每个项目分析前最长可保存的时间选用适当的运输方式，在现场工作开始之前，就要安排好水样的运输工作，以防延误。

水样运输前应将容器的外（内）盖盖紧。装箱时应用泡沫塑料等分隔，以防破损。同一采样点的样品应装在同一包装箱内，如需分装在两个或几个箱子中时，则需在每个箱内放入相同的现场采样记录表。

运输前应检查现场记录上的所有水样是否全部装箱。要用醒目色彩在包装箱顶部和侧面标上"切勿倒置"的标记。

每个水样瓶均须贴上标签，内容有采样点位编号、采样日期和时间、测定项目、保存方法，并写明用何种保存剂。

装有水样的容器必须妥善保存和密封，并装在包装箱内固定，以防在运输途中破损。

水样运送过程中应有押运人员，每个水样都要附有一张管理程序登记卡。在转交水样时，转交人和接受人都必须清点和检查水样并在登记卡上签字，注明日期和时间。

五、样品接收

水样送至实验室时，首先要检查水样是否冷藏，冷藏温度是否保持1～5℃。其次要验明标签，清点样品数量，确认无误时签字验收。如果不能立即进行分析，应尽快采取保存措施，防止水样被污染。

实训二 污水水样保存的规范要求实施

一、水样保存的规范要求主要包括以下几个方面

（1）冷藏或冷冻保存 水样若不能及时进行分析，一般应保存在 4℃以下的低温暗室内，以抑制生物活性和减缓化学反应速率。

（2）加入保存剂 水样保存的另一种方法是加入保存药剂。常用的保存剂包括控制溶液 pH 值的硝酸、氢氧化钠等，以及加入抑制剂如氯化汞、三氯甲烷等，以抑制生物作用或其他化学反应。

（3）采样后立即处理 水样采集后，应尽快进行分析检验。某些项目还要求现场测定，如水中的溶解氧、二氧化碳、硫化氢、游离氯等。

（4）选择合适的保存容器 根据水样的性质、组成和环境条件选择合适的保存方法和保存剂。例如，测氟化物的水样应使用聚乙烯塑料瓶保存。

（5）冷藏温度控制 冷藏保存的温度必须控制在 4℃左右，以避免水样结冰体积膨胀导致容器破裂或样品瓶盖失去密封性。

二、样品的保存和管理的要求

① 采集的水样应注满容器，上部不留空间，并使用干燥的样品瓶；
② 测定硫化物的水样应单独采样，先加入适量乙酸锌-乙酸钠溶液，再采集水样。

实训目标

会对污水采样样品进行保存和质量管理；会对样品进行标志和记录。会样品的采集、运输以及保存的技术要求。

实训记录

在水质检测的过程中，水样的采集和保存是水质分析的重要环节。要想获得准确、全面的水质分析资料，首先必须使用正确的采样方法和水样保存方法并及时送样分析化验，正确的采样和保存方法是获得可靠检测结果的前提。现有某企业对进水口和出水口水体进行采样，请编制水样保存的方案。并分析下列问题：

（1）保存剂的加入应按照具体项目所要求的试剂纯度、浓度、剂量和加入顺序等规定，同时选用的保存剂还应考虑哪些因素？
（2）什么是水样保存时间？
（3）为什么保存时间如此重要？
（4）如何记录保存时间？
（5）水样运输时间一般为多少适宜？

实训思考

水样样品的采集、运输以及保存有何技术要求？

项目二 污水水样的化验检测

任务一 化验项目选择与频次控制

知识目标

掌握污水处理厂进出水化验的目的、化验的主要项目、化验的频次和质量控制要求;掌握污水处理厂化验的周期;掌握污水处理厂化验室管理规范要求。

能力目标

会对污水处理厂进出水水质进行化验;会对化验项目进行频次控制。

素质目标

培养责任意识和职业素养,培养认真负责、求实求真的精神,培养吃苦耐劳的精神;具备安全防护意识。

知识链接

一、污水处理厂化验的基本要求

1. 基本要求

① 根据《城镇污水处理厂运行、维护及安全技术规程》(CJJ 60—2011)、《城镇供水与污水处理化验室技术规范》(CJJ/T 182—2014),污水处理厂均应按要求设置化验室,并实行有效管理。

② 化验室的设施、设备和人员配备应根据化验室检测项目确定,并建立相应的管理制度。

③ 污水处理厂应按国家现行标准,对进厂水、出厂水、污泥、噪声、废气及工艺参数进行检测。

④ 化验检测项目、检测频率应符合国家现行标准的相关规定,并建立突发事件的应急检测预案。

⑤ 化验室应建立健全质量管理体系,并对检测全过程进行质量控制。

2. 检测的目的与内容

(1) 检测目的 通过检测项目的分析、比较,反映污水处理厂及主要处理设施的运行效果。与自动控制系统联合作用,自动调节处理设备的运行状态,如曝气池的曝气机或曝气转刷的开启台数与位置、污泥回流的流量、加热的蒸汽用量等。

(2) 检测内容

① 反应进水水质的项目：污水原水中有机物、无机物、营养物与有毒物质的污染物项目。

② 反映处理效果的项目：进出水的 COD_{Cr}、BOD_5、SS、pH 值、色度、TN、TP、污泥、噪声、废气等。

③ 反映运行状态的项目：曝气池的溶解氧、污水水量、回流污泥量、加热蒸汽温度及用量、污水水位及水温、沼气气量、污泥浓度及沉降比等。

④ 反映污泥情况的项目：污泥浓度、可挥发酚含量、污泥沉降比、污泥指数、微生物观测数等。

二、污水处理厂分析化验过程及检测频次

1. 化验取样

取样点应在工艺流程各阶段具有代表性的位置选取，并应符合下列规定：

① 应在总进水口处取进水水样，并应避开厂内排放污水的影响，宜为粗格栅前水下 1m 处；

② 应在总出水口处取出水水样，宜为消毒后排放口水下 1m 处或排放管道中心处；

③ 应依据不同污水、污泥及臭气处理工艺确定中间控制参数的取样点；

④ 应在污泥处理前、后处取泥样；

⑤ 应在脱硫塔前、后取沼气样；

⑥ 应在除臭系统进、出口处取臭气样。

2. 检测频次的一般规定

① 反映污水处理厂总体处理效果的指标，应每天或每班测试一次；

② 反映主要处理设施运行效果的指标，应每 1~2 周测试一次；

③ 反映处理设施运行状态的指标，应每班测试 2~3 次，或由在线检测仪器连续自动检测；

④ 反映污泥情况的指标，应每 1~2 周测试一次，并根据运行需要（如发生故障）增加不定期检测；

⑤ 进水水质指标仅需根据生产及其变化适当检测即可。

3. 基本化验项目及检测周期

污水处理厂分析化验项目和检测周期按《城镇污水处理厂运行、维护及安全技术规程》（CJJ 60—2011）和《城镇污水处理厂污染物排放标准》GB 18918—2002 的规定，并满足工艺运行管理和需要。

（1）污水分析化验项目及分析周期　结合《排污单位自行监测技术指南　水处理》（HJ 1083—2020）中城镇污水处理厂和其他生活污水处理厂废水监测排放指标及最低监测频次，污水厂日常水质检验项目和分析周期见表 6-4。可根据工艺运行管理需要，增加检验项目或频率。

表 6-4 污水厂水质检验项目和分析周期

序号	采样位置	分析周期	检验项目	序号	采样位置	分析周期	检验项目
1	进水口、出水口	日	COD_{Cr}	23	出水口	日	粪大肠菌群数
2			BOD_5	24	进水口	周	粪大肠菌群数
3			SS	25	各工艺段	周	COD_{Cr}
4			氨氮	26			氨氮
5			总氮	27			总氮
6			总磷	28			总磷
7			pH	29			硝酸盐氮
8			水温	30	生化系统	日	MLSS
9		周	硝酸盐氮	31			MLVSS
10			总碱度	32			SV_{30}
11			氯化物	33			SVI
12			色度	34			DO
13			总硬度	35			pH
14	出水口	月	动植物油	36			镜检
15			石油类活性剂	37			水温
16			阴离子表面	38	脱泥间	日	进泥污泥浓度
17		季度	总汞	39			泥饼污泥含水率
18			总铬	40		周	泥饼 pH
19			总镉	41			泥饼有机物含量
20			总砷				
21			六价铬				
22		半年	烷基汞				

注：1. 各工艺段包括：总进水口、预处理段、二级处理段、深度处理段及总排放口等。
2. 原先有检测数据的检测点不需重复检测（如总进水口），各工艺段的总进水可取前一工艺段数据，无须重复检测。

（2）污泥分析化验项目及检测周期　污水厂日常污泥分析化验项目及检测周期见表 6-5。建制镇污水处理厂可结合当地相关规定适当选择执行。

表 6-5 污泥分析化验项目及分析周期

采样位置	序号	分析周期	分析项目	
污泥处理前	1	每日	含水率	
	1	每周	pH	
	2		有机物	
	3		脂肪酸	
	4		总碱度	
	5		沼气成分	
污泥回流系统	6	每周	上清液	总磷
	7			总氮
	8			悬浮物
	9		回流污泥	污泥沉降比（SV）
	10			污泥指数（SVI）
	11			污泥浓度（MLSS）
	12			挥发性污泥浓度（MLVSS）

续表

采样位置	序号	分析周期	分析项目	
污泥处理后	1	每月	矿物油	
	2		挥发酚	
	1	每季度	总镉	
	2		总汞	
	3		总铅	
	4		总铬	
	5		总砷	
	6		总镍	
	7		总锌	
	8		总铜	
污泥脱水	1	每月	好氧发酵	粪大肠菌群值
	2			蛔虫卵死亡率
	3		好氧、厌氧、堆肥	有机物降解率

注：采用厌氧消化处理方法，每周检测一次脂肪酸和总碱度。

（3）气体分析化验项目及检测周期　污水厂日常气体分析化验项目及检测周期见表6-6。各项检测项目可根据工艺需要酌情增减。

表6-6　气体分析化验项目及检测周期

检测周期	序号	分析项目	
每周	1	沼气成分	甲烷
	2		二氧化碳
	3		硫化氢
	4		氮
每半年（排气筒）	1	臭气	氨
	2		硫化氢
	3		臭气浓度

（4）其他分析化验项目及检测周期

① 污水处理厂厂界噪声监测周期：一般每季度监测一次。

② 厂界废气监测周期：氨、硫化氢、臭气一般为每半年监测一次，甲烷一般为每半年监测一次。

③ 再生水出水水质化验项目及检测周期应根据再生水用途分别符合相应的现行国家标准《城市污水再生利用　城市杂用水水质》（GB/T 18920—2020）、《城市污水再生利用　景观环境用水水质》（GB/T 18921—2020）、《城市污水再生利用　地下水回灌水质》（GB/T 19772—2005）和《城市污水再生利用 工业用水水质》（GB/T 19923—2024）的规定。

④ 城镇污水处理厂应根据相关规定安装进出水在线监测仪表，并确保数据有效性。

实训一　污水进出水水质化验

在污水处理过程中，为确保处理效果和出水质量符合环保要求，必须对水质进行严格的监测和控制。污水一般是pH值、悬浮物（SS）、氨氮（NH₃-N）、生化需氧量（BOD）和化学需氧量（COD），总氮（TN）、总磷（TP）构成了污水处理的基本监测框架，这些项目能够全面反映水体的污染状况和处理效率。

 实训目标

会对污水处理厂进出水水质进行化验；会对化验项目进行频次控制。

 实训记录

现需对某城镇生活污水处理厂（日处理量为 5×10^4 t）进水和出水水样和污泥进行监测，请制定一个监测方案，并分析如下问题：
（1）污水处理常规分析控制指标有哪三大类？
（2）反映水中有机物含量的常用指标有哪些？
（3）污泥分析化验项目有哪些？检测周期为多久？

 实训思考

污水处理厂化验室管理规范要求有哪些？

任务二　化验室质量控制与管理

 知识目标

掌握污水处理厂化验的过程控制和质量控制；掌握污水处理厂化验室管理规范要求。

能力目标

会控制污水处理厂进水、出水、污泥、噪声、废气及工艺参数化验过程；会对各化验项目进行质量控制；会按照污水处理厂化验室管理规范要求进行操作和管理。

素质目标

培养环境监测工作的责任意识和职业素养；培养吃苦耐劳的精神；培养按照操作规程、规范要求进行操作和管理的能力；具备安全防护意识。

知识链接

一、化验室质量控制

1. 过程管理

① 玻璃器皿清洗干净。使用过程中根据不同的需要采用不同的洗液，保证实验中所用玻璃器皿的清洁度。

② 水样采集和预处理规范。根据国家检测标准中各检测项目要求，采取不同的取样、保存和预处理措施，避免造成人为误差。

③ 检验项目必须有专人操作，从预处理一直到结果报出均由一人完成。

④ 化验过程须设置全程序空白样，以减小检测误差。

⑤ 化验数据应即时填入原始记录表，需计算的分析结果应在确认无误后填写。

⑥ 原始记录表的填写必须本着实事求是的原则，遵守有效数字及其运算的规律，做到书面字迹清楚、规范、准确无误，用钢笔填写。原始数据由于计算错误确需更改时，应将错的数据划一横线，在其右上方写上正确数字，并签名。审核人在审核原始记录表时发现不当，经指出后填写人拒不改正者，可拒收其记录。对填写数据不真实者，责令其写出书面检查。

⑦ 化验原始记录必须由检验者本人填写，确认无误后，报告给化验班长或运行经理复核/审核。化验者应对原始记录的真实性和检验结果的准确性负责，化验班长或运行经理应对计算公式及计算结果的准确性，数据报告的及时性、准确性和完整性负责，对报告单的质量负责。

⑧ 化验数据宜采用计算机处理和管理，包括数据采集、运算、记录、报告、存贮和检索的全过程。

2. 质量控制

质量控制的关键环节是指从采样至出具检测数据结果的过程，包括监测计划采样、运输、储存、样品前处理、人员、仪器设备、标准物质及耗材、方法、环境、数据记录与处理等。

化验员每日对出水必须进行标样及平行水样的检测，包含COD_{Cr}、氨氮、总磷和总氮等项目。标样的检测结果必须在允许的不确定度范围内，平行水样间的相对误差范围必须满足表 6-7 的要求。

表 6-7　平行水样间的相对误差范围

待测水样的质量浓度/(mg/L)	100	10	1	0.1	0.01	0.001	0.0001
相对误差最大允许值/%	1.0	2.5	5.0	10.0	20.0	30.0	50.0

每月至少进行一次标准曲线的绘制，在药剂重新配置，环境条件、仪器设备发生变化时，必须重新进行标准曲线的绘制。其中总氮标准曲线必须每周绘制一次，标准曲线必须包含 6 个点及以上。

绘制的标准曲线必须满足以下要求：

① 相关系数 $R \geq 0.999$；

② 任取标准曲线的两点代入方程，其理论值和实际值的相对偏差小于等于 5%；

③ 斜率与截距比值的绝对值必须大于 100；

④ 滴定用标准溶液每日在使用之前必须进行标定，才能使用；

⑤ 质量控制结果必须与原始记录统计进行记录。

二、污水处理厂化验室管理规范要求

根据《城镇供水与污水处理化验室技术规范》（CJJ/T 182—2014），化验室应建立健全质量管理体系，并按质量管理体系要求进行全过程质量管理。

(1) 人员　化验室应建立相应的人员管理制度，并根据检测项目和检测频率配备相应数量、能力的管理人员和检测人员，所有人员须经过培训和考核。

(2) 仪器设备

① 化验室应配备检测所需的仪器设备，其数量、性能均应满足要求。在用仪器设备均应按国家相关标准定期进行检定/校准和期间核查，以确保检测结果的准确性、可靠性和溯源性。

② 仪器设备应进行日常管理，包括建立仪器设备档案。仪器设备档案以一台一档的方式建立，包括供应商资质和评价、验收调试运行记录、检定/校准证书和确认记录、使用记录、维修（护）和期间核查等记录。

③ 大型及精密仪器设备应由经过化验室授权的检测人员进行操作。

④ 仪器设备应实行标志管理。仪器设备的状态标志除溯源标志外，还应采用三色状态标志，分为"合格""准用"和"停用"，以绿、黄、红三种颜色表示。

(3) 方法标准

① 化验室使用的方法标准必须保证现行有效，一般一季度应检查更新一次，并按要求受控。

② 城镇污水处理厂日常化验检测项目的检测方法应符合国家现行标准《城镇污水处理厂污染物排放标准》（GB 18918—2002）、《污水综合排放标准》（GB 8978—1996）、《城市污水水质检验方法标准》（CJ 26系列现行标准）的规定。

(4) 标准物质、试剂和耗材　化验室应根据检测项目配备相应的标准物质、试剂和耗材。标准物质应具有溯源性，尽量采用有证标准物质，标准物质、试剂（包括易制毒易制爆试剂）和耗材应进行日常管理，包括供应商资质评价、标准物质和关键试剂的验收、有效期核查等，并建立出入库和使用台账制度。

(5) 环境管理

① 化验功能区的环境条件应满足方法标准和仪器设备的要求，相邻区域间的活动不得相互干扰。

② 化验及附属设施功能区应设置警示标志，关键功能区设置门禁系统及影像采集装置，无关人员不得进入。

③ 化验室应配备安全防护装备，检测人员应根据所从事检测项目的要求做好人身安全防护（如工作服、手套、护目镜、防毒面具等）。

④ 化验室应保持整齐洁净，与检测无关的物品不得带入。

(6) 安全管理

① 化验室应建立健全安全管理制度，有防火、防盗措施，建立安全应急预案，有安全培训和考核，并定期进行应急演练，在出现险情和意外事故等紧急情况下能第一时间作出快速反应，尽量减少损失。

② 应设安全员，负责日常安全监督检查，每天工作完毕后应对水、电、气、门、窗等进行安全检查。

③ 检测人员应身体健康，适应工作要求，工作时加强安全防护措施。现场采样时至少两人同时在场，采样过程中佩带必要的防护设备、急救用品。现场采样时，若采样位置附近有腐蚀性、高温、有毒、挥发性、可燃性物质，须穿戴防护用具。现场监测人员要特别注意

安全，避免滑倒落水，必要时应穿戴救生衣。

④ 化学危险品的安全管理。应制定化学危险品安全措施，严格控制危险物品的存放时间、地点和最高允许存放量。对易制毒、易燃易爆药品的管理要按照双人管理、双人验收、双人发货、双人双锁、双本账的"五双"制度执行。

⑤ 有毒有害废弃物管理。检测过程产生的有毒有害废弃物应实施无害化处理后排放，或依照物质的性质以及危险品管理规定进行收集、保管、建档、记录，并定期送往有资质的专业处理单位进行处理。

● 实训二　化验室质量控制实施 ●

化学实验室质量控制分为实验室内部和实验室之间。

（1）实验室内部质量控制　包括环境的质量控制、设备和器具的质量控制、样品的质量控制、检测过程的质量控制。

（2）实验室间质量控制　包括内部实验室比对、外部实验室比对、参加能力验证实验、测量审核。

实训目标

会按照污水处理厂化验室管理规范要求进行操作和管理。

实训记录

对某污水处理厂的化验室进行巡视和台账检查，并记录巡视结果，填写表6-8。

表6-8　化验室巡视记录单

记录人：		年　月　日　时	
巡视记录单			
时间		上报人员	
巡视描述	1. 化验室台账记录是否齐全、数据真实可靠,填写规范;是□否□ 2. 是否建立原始记录、日报表、药品仓库登记、设备使用登记等台账;是□否□		
巡视情况说明			
处理方法			
处理结果			
完成时间			

（1）化验室质量控制的关键是什么？
（2）什么是标准物质？标准物质有什么要求？
（3）实验室仪器设备有哪些管理要求？

实训思考

实验室进行质量控制的要求有哪些？

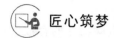 匠心筑梦

精益求精,牢记质量意识

污水处理厂就像一座城市的肾脏,是城市水污染防治的第一道防线,也是维护绿水青山的生命线。在人们的印象中,污水处理工更是一门苦差事,天天与刺鼻的气味和肮脏的管道打交道。就是这一个许多人都不愿意干的活,在中原环保股份有限公司马头岗水务分公司,有一位年轻人一干就是近十年。他就是"全国五一劳动奖章""全国技术能手"等多项荣誉加身,5年内获得30余项专利成果的中原环保马头岗水务分公司副总经理、河南省示范性劳模和工匠人才创新工作室带头人——和笑天。

硕士研究生毕业后,他选择了污水处理厂工作,成为了一名水区车间的运转工人。

初到厂里那段时间,他特别不适应。

但是春夏秋冬、寒来暑往。他和工友不顾恶劣的环境和繁重的任务,抢修设备,巡视生产,默默地守护着郑州的排水安全。夜间值班的时候,经常能看到同事们为了一个关键的调控方案,讨论到深夜,车间工人加班加点维修一个重要设备,他慢慢理解了这份工作对于个人、对于城市、对于社会的真正内涵。

新时代赋予了产业工人更高的历史使命。在公司"创新驱动高质量发展"的总目标指引下,2016年,中原环保"和笑天劳模创新工作室"正式运行。和笑天作为工作室的带头人,带领团队敢闯敢干、自我革新,围绕公司战略目标,结合污水处理生产实际,站在科技前沿,瞄准先进技术,加强自主创新,在污水深度处理、污泥资源化利用等关键技术领域实现重大突破。

"特别是我们的精确曝气技术。所谓的精确曝气是通过软件和上位机来自动控制曝气量从而精确控制生物池的溶解氧。为了节省人力,保障生产的稳定性,我们一期也要上精确曝气,但2017年国外厂家给我们的报价都是数百万元以上。我们没有这么多的预算,当时的总经理王小玲给我们下定决心自己研发,我们把污水厂运行这么多年的经验总结起来,专门抽调自控工程师脱产去外面培训编程,不断摸索,不断优化,历时一年时间终于自主设计并实施了一期(30万吨/日)生物池精确曝气系统,能够实现曝气池溶解氧值、空气蝶阀的开度、空气总管的压力和鼓风机运行参数的联动控制程序,能实现鼓风机自动调整运行参数、自动启停。同时建立节能分析模块软件,能自动采集进出水水质、水量、曝气池的曝气量、气水比、溶解氧,鼓风机的用电量和用电单耗等参数,并统计分析出一段时间内最节能的运行模式。该技术就获得两项计算机软件著作权登记证书和两项国家实用新型专利。"和笑天说。

据了解,和笑天和他的团队自主研发的一期精确曝气技术仅花费30万元,较马头岗水务分公司二期采用的某厂家精确曝气技术节约费用90%,其稳定性和节能效果优于二期精确曝气系统,已处于国内领先水平。2018年,劳模工作室自主研发的精确曝气技术已在五龙口水务分公司实施应用,效果良好。2018年11月,中原环保精确曝气技术在与国内外知名精确曝气厂家的竞标中脱颖而出,成功中标中国电建集团成都勘测设计研究院有限公司科技园污水处理厂二期远期项目和商丘市第二污水处理厂项目,打响了中原环保精确曝气技术迈向市场化的第一枪。

身在一线工作近十年来,和笑天在科技创新领域不断取得突破,为污水处理行业解决各类疑难杂症和技术难题,有效地提升了污水处理厂的效能,增强了中原环保的综合竞争力。"授人以鱼,不如授人以渔。"作为污水处理行业的杰出代表,和笑天不仅凭借自己精湛的技艺成为了"全国技术能手",同时积极提携后辈,甘为人梯,充分发挥劳模工作室人才孵化功能,累计培养出郑州市技术能手、科技创新能手、工程师、高级技师等专业技术等级人才70余人,为郑州市污水处理行业培养出一批高素质的行业科技领军人才,为郑州市生态文明建设注入人才活力。

模块七

污水处理质量与安全管理

学习指南

根据职普融通、产教融合、科教融汇的理念，以及优化职业教育类型定位的要求，本模块提出污水处理厂污水处理工、化验员、污泥脱水工、机修工、电工、泵房操作工、鼓风机房操作工等岗位人员的基本素质和要求，以满足污水厂的质量与安全管理岗位要求。

项目一　污水处理厂运营合规性管理

任务一　排污许可证申请与核发

知识目标

掌握《排污许可证申请与核发技术规范水处理（试行）》（HJ 978—2018）；熟悉排污许可证信息管理平台公开端；掌握污水处理厂排污许可证的申请与填报过程。

能力目标

会使用排污许可证信息管理平台公开端；会填报污水处理厂排污许可证申请的全内容；会编制污水处理厂的自行监测方案。

素质目标

培养污水处理厂运营合规性管理的能力；培养吃苦耐劳的精神。

知识链接

污水处理厂排污许可证的申请包括城镇污水处理厂、其他生活污水处理厂、工业废水集中处理厂。

根据《固定污染源排污许可分类管理名录（2019年版）》，对于工业废水集中处理场所，日处理能力在 2×10^4 t 及以上的城乡污水集中处理场所需要

《固定污染源排污许可分类管理名录（2019年版）》

重点管理；对于日处理能力在500t及以上2×10⁴t以下的城乡污水集中处理场所进行简化管理；对于日处理能力在500t以下的城乡污水集中处理场所进行登记管理。

《排污单位自行监测技术指南 水处理》

一、污水处理厂产排污环节及处理设施

1. 污水产排污环节及处理设施

污水处理产排污信息应填报排污单位生产线、进水、治理设施及出水信息。

（1）生产线 包括污水处理生产线和固体废物处理生产线。采用"SCX+三位流水号数字"（如SCX001）进行编号并填报。

（2）进水

① 进水类别。进水分为厂区外进水和厂区内产生废水。厂区外进水类别包括生活污水、工业废水、雨水等。厂区内产生废水包括污泥脱水间废水、反冲洗废水、膜清洗废水等。

② 进水信息。接纳厂区外生活污水的水处理排污单位，须填报收水四至范围、厂区外进水水量（近三年平均日处理量，m^3/d）、管网属性、管网所有权单位。

接纳厂区外工业废水的水处理排污单位，须填报工业废水排污单位名称、所属行业、协议水量及水质、管网属性、管网所有权单位。若工业废水的排污单位已取得排污许可证，需填报该单位的排污许可证编号。若工业废水排入城镇污水收集系统，可选择填报进入城镇污水收集系统的经纬度坐标（通常为检查井位置）。

③ 治理设施。各生产线分别填报厂区外进水设施和污水处理设施名称、设施编号、设计水质、设计参数、药剂使用情况。

污染物种类为排放标准中各污染物，具体见表7-1所示。城镇污水处理厂和其他生活污水处理厂出水为再生利用时，不许可污染物排放量；工业废水集中处理厂出水为再生利用时，不许可污染物排放浓度和排放量；地方排放标准有更严格要求的，从其规定。

表7-1 出水排污许可管理的废水污染物种类

排污单位类型		许可排放浓度污染物	许可排放量污染物	排放口类型
城镇污水处理厂和其他生活污水处理厂		pH值、悬浮物、色度、化学需氧量、氨氮、总磷、总氮、五日生化需氧量、动植物油、石油类、阴离子表面活性剂、粪大肠菌群数、总镉、总铬、总汞、总铅、总砷、烷基汞、六价铬、厂区外进水中包括且列入GB 18918—2002中表3的污染物①	化学需氧量、氨氮、总磷、总氮	主要排放口
工业废水集中处理厂	处理单一行业工业废水的处理厂	根据相应的行业废水排放标准确定		
	其他工业废水处理厂	将废水排入该污水处理厂的排污单位应执行排放标准中规定的污染物，作为纳入排污许可管理的污染物		

注：① 由地方生态环境主管部门根据水处理排污单位接纳的工业废水适用排放标准中规定的污染物类别确定。

污染处理工艺是否为污染防治可行技术。

④ 出水。包括出水去向及排放规律、排放口设置、排放口类型及编号、排放口信息等。

排放口类型包括废水排放口和雨水排放口，其中废水排放口全部为主要排放口。废水排放口、雨水排放口均应填报排放口编号、排放口经纬度坐标、排放去向、汇入水体信息以及

汇入处经纬度坐标。

2. 废气产排污环节及污染治理设施

（1）产污设施名称　包括污水处理和固体废物处理过程中产生废气的设施。

（2）排放形式　分为有组织排放和无组织排放。

（3）污染物种类　为排放标准中的各污染物，具体见表 7-2 和表 7-3。

表 7-2　纳入排污许可管理的废气有组织排放源、污染物种类和排放口类型

排放源	许可排放浓度（或速率）污染物	许可排放量污染物	排放口类型
危险废物焚烧炉排气筒	烟气黑度,颗粒物（烟尘）,二氧化硫,一氧化碳,氟化氢,氯化氢,氮氧化物,汞及其化合物,镉及其化合物,砷、镍及其化合物,铅及其化合物,铬、锡、锑、铜、锰及其化合物,二噁英类	颗粒物、二氧化硫、氮氧化物	主要排放口
一般固体废物焚烧排气筒	颗粒物,二氧化硫,氮氧化物,氯化氢,汞及其化合物,镉、铊及其化合物,锑、砷、铅、铬、钴、铜、锰、镍及其化合物,二噁英类,一氧化碳	颗粒物、二氧化硫、氮氧化物	主要排放口
除臭装置排气筒	臭气浓度、硫化氢、氨	—	一般排放口

注：地方排放标准有更严格要求的，从其规定。

表 7-3　纳入排污许可管理的废气无组织排放源和污染物种类

	许可排放污染物浓度
厂界	臭气浓度、硫化氢、氨
厂界体积浓度最高处[①]	甲烷

注：① 执行 GB 18918—2002 的排污单位。地方排放标准有更严格要求的，从其规定。

（4）污染治理设施名称及编号　废气治理设施主要包括脱硫、脱硝、除尘及恶臭气体处理等设施。

（5）排放口类型及编号　有组织废气排放口分为主要排放口和一般排放口，具体见表 7-2。

（6）排放口信息　废气排放口填报排放口经纬度坐标、高度、出口内径。

3. 污泥产排污环节及处理设施

污泥产排污环节及处理设施包括产污设施名称、污泥处理设施名称、参数及编号、处理设施工艺及是否为可行技术、污泥去向及其他要求等。

二、污水处理厂产排污环节对应排放口及许可排放限值确定方法

1. 污水许可管理的污染因子浓度及许可量

（1）出水许可管理的污染因子浓度　出水排放口许可污染物排放浓度和排放量。城镇污水处理厂和其他生活污水处理厂出水为再生利用时，仅许可污染物排放浓度，不许可排放量。工业废水集中处理厂出水为再生利用时，不许可污染物排放浓度和排放量。

污水处理厂出水纳入排污许可管理的废水污染物种类如表 7-1 所示。

出水排放口许可污染物排放浓度要求如下：

① 城镇污水处理厂出水（含再生利用）、其他生活污水处理厂出水中污染物许可排放浓度依据 GB 18918—2002 及其修改单确定。

② 处理单一行业工业废水的工业废水集中处理厂出水中水污染物许可排放浓度限值依据相应行业水污染物排放标准确定，没有行业排放标准的依据 GB 8978—1996 确定。

③ 处理混合行业废水的工业废水集中处理厂出水直接（或间接）排入环境水体时，污染物许可排放浓度限值依据公式(7-1)确定。

$$C_{j,许可} = \frac{\sum_{i=1}^{n} C_{i,j} Q_i}{\sum_{i=1}^{n} Q_i} \tag{7-1}$$

式中 $C_{j,许可}$——排污单位出水第 j 项水污染物的许可排放浓度限值，mg/L；计算结果低于监测分析方法检出限时，$C_{j,许可}$ 为不得检出；

$C_{i,j}$——排污单位接收的第 i 个废水排放单位的第 j 项水污染物执行的排放标准中水污染物直接（或间接）排放浓度限值，mg/L；

Q_i——第 i 个废水排放单位协议的年废水水量，但不得超过该排污单位执行的水污染物排放标准中规定的单位产品基准排水量（m³/t）与产品产能的乘积，m³。

（2）废水允许排放量　所有排污单位应明确化学需氧量、氨氮、总磷、总氮许可排放量。地方生态环境主管部门还可以根据需要，明确受纳水体环境质量年均值超标且列入许可排放管控的污染物的许可排放量。

排污单位水污染物年许可排放量采用公式(7-2)计算。

$$E_{j,许可} = Q \times C_{j,许可} \times 10^{-6} \tag{7-2}$$

式中 $E_{j,许可}$——排污单位出水第 j 项水污染物的许可量，t/a；

$C_{j,许可}$——排污单位出水第 i 个污染物的许可排放浓度，mg/L；

Q——取近三年实际排水量的平均值，m³/a，运行不满 3 年的则从投产之日开始计算年均排水量，未投入运行的排污单位取设计水量。

2. 废气许可管理的污染因子浓度及许可量

（1）废气许可管理的污染因子浓度　废气纳入排污许可管理的废气有组织排放源、污染物种类和排放口类型如表 7-2 所示。废气纳入排污许可管理的废气无组织排放源和污染物种类见表 7-3。

废气的许可排放浓度要求如下：

① 有组织废气。焚烧危险废物的设施废气排放口依据 GB 18484—2020 确定废气许可排放浓度限值；焚烧一般固体废物的设施的废气排放口参照 GB 18485—2014 确定废气许可排放浓度限值；除臭装置废气排放口依据 GB 14554—1993 确定废气许可排放浓度限值。若执行不同许可排放浓度的多台生产设施或排放口采用混合方式排放废气，且选择的监控位置只能监测混合废气中的大气污染物浓度时，则应执行各许可排放浓度限值要求中最严格限值。

② 无组织废气。城镇污水处理厂和其他生活污水处理厂厂界污染物许可排放浓度依据 GB 18918—2002 确定废气许可排放浓度限值，工业废水集中处理厂厂界污染物许可排放浓度依据 GB 16297—1996、GB 14554—1993 确定废气许可排放浓度限值。

③ 地方有更严格排放标准要求的，从其规定。

（2）废气允许排放量　焚烧炉烟气中二氧化硫、氮氧化物、颗粒物的年许可排放量，依据污染物许可排放浓度、排放口的排气量和年设计运行时间，采用公式(7-3)计算。

$$E_i = h \times Q \times C \times 10^{-9} \tag{7-3}$$

式中　E——废气污染物排污权量，t/a；

　　　h——设计年生产时间，h/a；

　　　Q——排气量（标准状态下），Nm³/h；排放源的排气量以近三年实际排气量的均值进行核算，未满三年的以实际生产周期的实际排气量均值进行核算，同时不得超过设计排气量；

　　　C——废气污染物许可排放浓度限值，mg/m³。

3. 污泥许可管理的排放量

城镇污水处理厂和其他生活污水处理厂的污泥进行稳定化处理后应满足 GB 18918—2002 中表 5 要求，处理后的污泥农用的，其污染物含量应满足 GB 18918—2002 中表 6 要求。

排污单位污泥年许可排放量为污泥年产生量与年自行综合利用量、自行处置量、委托处置利用贮存量之差，污泥年许可排放量为零。

三、污染防治可行技术要求

1. 污水处理可行技术

处理单一行业废水的工业废水集中处理厂，按相应行业的排污许可证申请与核发技术规范执行，其他水处理排污单位污水处理可行技术参照表 7-4。

表 7-4　污水处理可行技术

废水类别	执行标准	可行技术
生活污水	GB 18918—2002 中二级标准、一级标准的 B 标准	①预处理：格栅、沉淀(沉砂、初沉)、调节； ②生化处理：缺氧好氧、厌氧缺氧好氧、序批式活性污泥、氧化沟、曝气生物滤池、移动生物床反应器、膜生物反应器； ③深度处理：消毒(次氯酸钠、臭氧、紫外线、二氧化氯)
生活污水	GB 18918—2002 中一级标准的 A 标准或者更严标准	①预处理：格栅、沉淀(沉砂、初沉)、调节； ②生化处理：缺氧好氧、厌氧缺氧好氧、序批式活性污泥、接触氧化、氧化沟、移动生物床反应器、膜生物反应器； ③深度处理：混凝沉淀、过滤、曝气生物滤池、微滤、超滤、消毒(次氯酸钠、臭氧、紫外线、二氧化氯)
工业废水	—	预处理①：沉淀、调节、气浮、水解酸化； 生化处理：好氧、缺氧好氧、厌氧缺氧好氧、序批式活性污泥、氧化沟、移动生物床反应器、膜生物反应器； 深度处理：反硝化滤池、化学沉淀、过滤、高级氧化、曝气生物滤池、生物接触氧化、膜分离、离子交换

注：①工业废水间接排放时可以只有预处理段。

2. 废气治理可行技术

废气治理可行技术参照表 7-5。

表 7-5 废气治理可行技术

排放源	污染源	可行技术
预处理段、污泥处理段等产生恶臭气体的工段	氨气、硫化氢等恶臭浓度	生物过滤、化学洗涤、活性炭吸附
焚烧炉烟气	颗粒物	袋式除尘、电除尘
	二氧化硫	带控制系统的湿法脱硫、半干法脱硫、干法脱硫
	氮氧化物	低氮燃烧、选择性催化还原法(SCR)、选择性非催化还原法(SNCR)
	氟化氢、氯化氢	碱吸收
	二噁英类	活性炭/焦炭吸附、烟道喷入活性炭/焦炭或石灰
	一氧化碳	协同处置
	重金属类	协同处置
	烟气黑度	协同处置

3. 污泥处理处置可行技术

污泥处理处置利用可行技术参照表 7-6。

表 7-6 污泥处理处置利用可行技术

分类		可行技术
暂存		封闭
处理		①污泥消化:厌氧消化、好氧消化; ②污泥浓缩:机械浓缩、重力浓缩; ③污泥脱水:机械脱水; ④污泥堆肥:好氧堆肥; ⑤污泥干化:热干化、自然干化
处置利用	一般固体废物	综合利用(土地利用、建筑材料等)、焚烧、填埋
	危险废物	焚烧
		委托具有危险废物处理资质的单位进行处置

四、自行监测要求

水处理排污单位应查清本单位的污染源、污染物指标及潜在的环境影响,制定监测方案,设置和维护监测设施,按照监测方案开展自行监测,做好质量保证和质量控制,记录和保存监测数据,依法向社会公开监测结果。

排污单位可自行或委托监测机构开展监测工作,具体监测频次和要求按照《排污单位自行监测技术指南 水处理》(HJ 1083—2020)进行。

1. 废水自行监测要求

(1) 进水监测

① 城镇污水处理厂和其他生活污水处理厂。进水监测点位、指标及最低监测频次按照表 7-7 执行。

表 7-7　城镇污水处理厂和其他生活污水处理厂进水监测要求

监测点位	监测指标	监测频次
进水总管	流量、化学需氧量、氨氮	自动监测
	总磷、总氮	每日

注：进水总管自动监测数据须与地方生态环境主管部门污染源自动监控系统平台联网。

② 工业废水集中处理厂。进水监测点位、指标及最低监测频次按照表 7-8 执行。

表 7-8　工业废水集中处理厂进水监测要求

监测点位	监测指标	监测频次
进水总管	流量、化学需氧量、氨氮	自动监测
	总磷、总氮	每日
工业废水混合前	根据相关行业排污许可证申请与核发技术规范或自行监测技术指南中废水总排放口确定，无行业排污许可证申请与核发技术规范和自行监测技术指南的按照 HJ 819—2017 中废水总排放口要求确定。	

注：1. 进水总管自动监测数据须与地方生态环境主管部门污染源自动监控系统平台联网。
2. 工业废水混合前废水监测结果可采用废水排放单位的自行监测数据，或自行开展监测。

(2) 废水排放监测

① 城镇污水处理厂和其他生活污水处理厂废水。废水排放监测点位、监测指标及最低监测频次按照表 7-9 执行。

接纳含有毒有害水污染物工业废水的城镇污水处理厂和其他生活污水处理厂，应参照表 7-10 增加有毒有害污染物监测频次。设区的市级及以上生态环境主管部门明确要求安装自动监测设备的污染物指标，须采取自动监测。

表 7-9　城镇污水处理厂和其他生活污水处理厂废水排放监测要求

监测点位	监测指标	监测频次	
		处理量$\geqslant 2\times 10^4 \mathrm{m}^3/\mathrm{d}$	处理量$<2\times 10^4 \mathrm{m}^3/\mathrm{d}$
废水总排放口①	流量、pH 值、水温、化学需氧量、氨氮、总磷、总氮②	自动监测	
	悬浮物、色度、五日生化需氧量、动植物油、石油类、阴离子表面活性剂、粪大肠菌群数	每月	每季度
	总镉、总铬、总汞、总铅、总砷、六价铬	每季度	每半年
	烷基汞	每半年	每半年
	GB 18918—2002 的表 3 中纳入许可的指标	每半年	每半年
	其他污染物③	每半年	每两年
雨水排放口	pH 值、化学需氧量、氨氮、悬浮物	每月④	

注：① 废水排入环境水体之前，有其他排污单位废水混入的，应在混入前后均设置监测点位。
② 总氮自动监测技术规范发布实施前，按日监测。
③ 接纳工业废水执行的排放标准中含有的其他污染物。
④ 雨水排放口有流动水排放时按月监测。如监测一年无异常情况，可放宽至每季度开展一次监测。

② 工业废水集中处理厂。处理混合行业废水的工业废水集中处理厂废水监测指标按照纳入排污许可管控的污染物指标确定，监测点位及最低监测频次按照表 7-10 执行。设区的市级及以上生态环境主管部门明确要求安装自动监测设备的污染物指标，须采取自动监测。

表 7-10 工业废水集中处理厂废水排放监测要求

监测点位	监测指标	监测频次	
		直接排放	间接排放
废水总排放口①	流量、pH 值、水温、化学需氧量、氨氮、总磷、总氮②	自动监测	
	悬浮物、色度	每日	每月
	五日生化需氧量、石油类	每月	每季度
	总镉、总铬、总汞、总铅、总砷、六价铬	每月	
	其他污染物③	每季度	
雨水排放口	pH 值、化学需氧量、氨氮、悬浮物	每月④	

注：① 废水排入环境水体之前，有其他排污单位废水混入的，应在混入前后均设置监测点位。
② 总氮自动监测技术规范发布实施前，按日监测。
③ 接纳工业废水执行的排放标准中含有的其他污染物。
④ 雨水排放口有流动水排放时按月监测。如监测一年无异常情况，可放宽至每季度开展一次监测。

2. 废气自行监测要求

（1）有组织废气排放监测　水处理排污单位自建固体废物焚烧设施、自建除臭装置排气筒的有组织废气排放监测点位、监测指标及最低监测频次按照表 7-11 执行。废气烟气参数和污染物浓度应同步监测。

表 7-11 有组织废气排放监测要求

监测点位	监测指标	监测频次
一般固体废物焚烧炉排气筒	颗粒物、二氧化硫、氮氧化物、一氧化碳、氯化氢	自动监测
	汞及其化合物,镉、铊及其化合物,锑、砷、铅、铬、钴、铜、锰、镍及其化合物	每月①
	二噁英类	每年
危险废物焚烧炉排气筒	颗粒物、二氧化硫、氮氧化物、一氧化碳、氯化氢	自动监测
	烟气黑度、氟化氢、汞及其化合物,镉及其化合物,砷、镍及其化合物,铅及其化合物,铬、锡、锑、铜、锰及其化合物	每月
	二噁英类	每年
除臭装置排气筒	臭气浓度、硫化氢、氨	每半年

注：① 若监测一年无异常情况，可放宽至每年至少开展一次监测。

（2）无组织废气排放监测　点位、监测指标及最低监测频次按照表 7-12 执行。废气烟气参数和污染物浓度应同步监测。

表 7-12 无组织废气排放监测要求

监测点位	监测指标	监测频次
厂界或防护带边缘的浓度最高点①	臭气浓度、硫化氢、氨	每半年
厂区甲烷体积浓度最高处②	甲烷③	每年

注：① 防护带边缘的浓度最高点，通常位于靠近污泥脱水机房附近。
② 通常位于格栅、初沉池、污泥消化池、污泥浓缩池、污泥脱水机房等位置，选取浓度最高点设置监测点位。
③ 依据 GB 18918—2002 的排污单位。

3. 厂界环境噪声监测

厂界环境噪声监测点位设置应遵循 HJ 819—2017 中的原则，点位布设时应考虑表 7-13 中噪声源在厂区内的分布情况。厂界环境噪声每季度至少开展一次昼夜监测，周边有敏感点的，应提高监测频次。

表 7-13　厂界环境噪声监测要求

监测点位	监测指标	监测频次
进水泵、曝气机、污泥回流泵、污泥脱水机、空压机、各类风机等	等效连续 A 声级	每季度

4. 污泥监测

污泥监测指标及频次按表 7-14 执行。对于污泥出厂后有其他用途的，则应按照相关标准要求开展监测。

表 7-14　污泥监测指标及频次要求

监测指标	监测频次	备注
含水率	每日	
蠕虫卵死亡率、粪大肠菌群值	每月	适用于采用好氧堆肥污泥稳定化处理方的情况
有机物降解率	每月	适用于采用厌氧消化、好氧消化、好氧堆肥污泥稳定化处理方的情况

5. 周边环境质量影响监测

排污单位可根据实际情况对周边地表水和海水开展监测，对于废水直接排入地表水、海水的排污单位，可按照 HJ/T 2.3—2018、HJ/T 91—2002、HJ 442.1～10—2020 设置监测断面和监测点位，监测指标及最低监测频次按照表 7-15 执行。

表 7-15　周边环境质量影响监测

监测点位	监测指标	监测频次
地表水	①常规指标：pH 值、悬浮物、化学需氧量、五日生化需氧量、氨氮、总磷、总氮、石油类等 ②特征指标①：重金属类、难降解的有机化合物、余氯②等	每年丰、枯、平水期至少各监测一次
海水	①常规指标：pH 值、化学需氧量、五日生化需氧量、溶解氧、活性磷酸盐、无机氮、石油类等 ②特征指标①：重金属类、余氯②等	每年大潮期、小潮期至少各监测一次

注：① 适用于接收和处理相关废水较多的情况，可根据接收的废水情况确定具体监测指标。
② 适用于采用含氯化学品对污水进行消毒的情况。

实训一　污水处理厂排污许可证的申请

根据《排污许可管理条例》，排污单位应当向其生产经营场所所在地设区的市级以上地方人民政府生态环境主管部门申请取得排污许可证。排污单位有两个以上经营场所排放污染物的，应当按照经营场所分别申请取得排污许可证。未取得排污许可证的，不得排放污染物。

申请排污许可证，可以通过全国排污许可证管理信息平台（permit.mee.gov.cn）提交排污许可证申请表，也可以通过信函等方式提交。

排污许可证有效期为 5 年。排污许可证有效期满，排污单位需要继续排放污染物的，应当于排污许可证有效期满 60 日前向审批部门提出申请。

实训目标

会填报污水处理厂排污许可证申请的全内容。

实训记录

打开全国排污许可证管理信息平台（permit.mee.gov.cn），点击"许可信息公开"，点击"行业类别"，输入"污水处理及其再生利用"，如图 7-1，选择某污水厂，了解污水处理厂排污许可证申请的全内容，并分析以下几种情况。

图 7-1　全国排污许可证管理平台许可信息公开界面

（1）某小型乡镇污水处理站，设计处理量为 400m³/d，没有在线设备，还需要办理排污许可证吗？
（2）污水处理厂建设项目在投入运行前，须办理的环保手续有哪些？
（3）没有环保验收，可以申请排污许可证吗？
（4）取得排污许可证后，每年须做哪些具体工作？
（5）如果未按照《排污许可管理条例》相关规定开展自行监测，会有什么处罚？

实训思考

编制污水处理厂自行监测的方案。

任务二　污水处理厂台账管理、执行报告与信息公开监管

知识目标

掌握污水处理厂的环境管理台账和要求；掌握污水处理厂的执行报告填报的内容，上报的时间和要求；掌握污水处理厂信息公开的要求和依据。

能力目标

会填报污水处理厂的环境管理台账内容；会填报污水处理厂的执行报告；会填报污水处理厂的信息公开内容。

素质目标

培养污水处理厂证后监管的责任意识和职业素养；具有吃苦耐劳的精神；培养按照环保相关政策和要求进行上报和协调的能力。

 知识链接

一、污水处理厂的环境管理台账

环境管理台账是指排污单位根据排污许可证的规定，对自行监测、落实各项环境管理要求等行为的具体记录，包括电子台账和纸质台账两种。

排污单位应建立环境管理台账记录制度，落实环境管理台账记录的责任单位和责任人，明确工作职责，并对环境管理台账的真实性、完整性和规范性负责。一般按日或按批次进行记录，异常情况应按次记录。

环境管理台账的内容包括基本信息、生产设施运行管理信息、污染防治设施运行管理信息、监测记录信息及其他环境管理信息等；实施简化管理的排污单位，其环境管理台账内容可适当缩减，至少记录污染防治设施运行管理信息和监测记录信息，记录频次可适当降低。

《排污单位环境管理台账及排污许可证执行报告技术规范总则（试行）》

1. 环境管理台账的内容

（1）基本信息　包括排污单位生产设施基本信息、污染防治设施基本信息。

①生产设施基本信息：主要技术参数及设计值等。

②污染防治设施基本信息：主要技术参数及设计值；防渗漏、防泄漏等污染防治措施，还应记录落实情况及问题整改情况等。

（2）生产设施运行管理信息　包括主体工程、公用工程、辅助工程、储运工程等单元的生产设施运行管理信息。

① 正常工况：包括运行状态、生产负荷、主要产品产量、原辅料及燃料等信息。

a. 运行状态：是否正常运行，主要参数名称及数值。

b. 生产负荷：主要产品产量与设计生产能力之比。

c. 主要产品产量：名称、产量。

d. 原辅料：名称、用量、硫元素占比、有毒有害物质及成分占比（如有）。

e. 燃料：名称、用量、硫元素占比、热值等。

f. 其他：用电量等。

② 非正常工况：包括起止时间、产品产量、原辅料及燃料消耗量、事件原因、应对措施、是否报告等信息。

对于无实际产品、燃料消耗、非正常工况的辅助工程及储运工程的相关生产设施，仅记录正常工况下的运行状态和生产负荷信息。

（3）污染防治设施运行管理信息

① 正常情况：包括运行情况、主要药剂添加情况等信息。

a. 运行情况：是否正常运行；治理效率、副产物产生量等。

b. 主要药剂（吸附剂）添加情况：添加（更换）时间、添加量等。

c. 涉及 DCS 系统的，还应记录 DCS 曲线图。DCS 曲线图应按不同污染物分别记录，至少包括烟气量、污染物进出口浓度等。

② 异常情况：包括起止时间、污染物排放浓度、异常原因、应对措施、是否报告等信息。

（4）监测记录信息　按照 HJ 819—2017 及各行业自行监测技术指南规定执行。监测质

量控制按照 HJ/T 373—2007 和 HJ 819—2017 等规定执行。

(5) 其他环境管理信息

① 无组织废气污染防治措施管理维护信息：管理维护时间及主要内容等。

② 特殊时段环境管理信息：具体管理要求及其执行情况。

③ 其他信息：法律法规、标准规范确定的其他信息，企业自主记录的环境管理信息。

2. 环境管理台账的记录频次

(1) 基本信息　对于未发生变化的基本信息，按年记录，1次/年；对于发生变化的基本信息，在发生变化时记录1次。

(2) 生产设施运行管理信息

① 正常工况。

a. 运行状态：一般按日或批次记录，1次/日或批次。

b. 生产负荷：一般按日或批次记录，1次/日或批次。

c. 产品产量：连续生产的，按日记录，1次/日。非连续生产的，按照生产周期记录，1次/周期；周期小于1天的，按日记录，1次/日。

d. 原辅料：按照采购批次记录，1次/批。

e. 燃料：按照采购批次记录，1次/批。

② 非正常工况：按照工况期记录，1次/工况期。

③ 危险废物环境管理台账记录要求：应符合《危险废物产生单位管理计划制定指南》等标准及管理文件的相关要求。待危险废物环境管理台账相关标准或管理文件发布实施后，从其规定。

④ 一般工业固体废物环境管理台账记录要求：应符合生态环境部规定的一般工业固体废物环境管理台账相关标准及管理文件要求。

⑤ 工业噪声台账记录要求。

a. 采用手工监测的工业噪声排污单位，应记录手工监测时段信息、噪声污染防治设施维修和更换情况。

b. 采用自动监测的工业噪声排污单位，应记录自动监测时段信息，自动监测设备异常情况以及噪声污染防治设施维修和更换情况。

(3) 污染防治设施运行管理信息

① 正常工况。

a. 运行情况：按日记录，1次/日。

b. 主要药剂添加情况：按日或批次记录，1次/日或批次。

c. DCS曲线图：按月记录，1次/月。

② 非正常工况。按照异常情况期记录，1次/异常情况期。

③ 工业噪声。每发生1次记录1次。

(4) 监测记录信息　按照 HJ 819—2017 及各行业自行监测技术指南规定执行。

(5) 其他环境管理信息

① 废气无组织污染防治措施管理信息：按日记录，1次/日。

② 特殊时段环境管理信息：按照《排污单位环境管理台账及排污许可证执行报告技术规范总则（试行）》中 4.4.1-4.4.4 规定频次记录；对于停产或错峰生产的，原则上仅对停产或错峰生产的起止日期各记录1次。

③ 其他信息：依据法律法规、标准规范或实际生产运行规律等确定记录频次。

3. 环境管理台账的记录存储及保存

（1）纸质存储　应将纸质台账存放于保护袋、卷夹或保护盒等保存介质中；由专人签字、定点保存；应采取防光、防热、防潮、防细菌及防污染等措施；如有破损应及时修补，并留存备查；保存时间原则上不低于 5 年。

（2）电子化存储　应存放于电子存储介质中，并进行数据备份；可在排污许可管理信息平台填报并保存；由专人定期维护管理；保存时间原则上不低于 5 年。

二、污水处理厂的执行报告

执行报告是指排污单位根据排污许可证和相关规范的规定，对自行监测、污染物排放及落实各项环境管理要求等行为的定期报告，包括电子报告和书面报告两种。

污水处理厂的执行报告按报告周期分为年度执行报告、季度执行报告。排污单位须在次年 1 月底前提交年度执行报告，季度执行报告的提交时限为下一周期首月 15 日（分别为 4 月 15 日、7 月 15 日、10 月 15 日）前。

污水处理厂执行报告的内容包括应完整填报的基本信息、产排污节点、污染物及污染治理设施、环境管理要求、工业固体废物自行贮存/利用/处置设施等内容的变化情况。

1. 企业基本信息表

应完整填报运行时间、主要产品产量、原辅料用量、能源消耗量、全年生产负荷和给排水信息等内容。当主要产品产量或主要原辅材料用量超出许可证载明产能或用量时，还应提交相关情况说明。

2. 污染防治设施运行情况表

（1）废水、废气污染防治设施　应完整填报废水污染防治设施的运行时间，处理量，处理效率，废气污染防治设施的运行时间、运行效率等内容。当处理设施涉及药剂使用、污水回用时，还应填报药剂使用量和污水回用率等内容。

若污染防治设施发生过停运或异常运行情况（含设备维护、设备故障等），则应完整填报"污染防治设施异常情况汇总表"，包括停运（异常）的时段、故障设施、故障原因、采取的应对措施等信息，上述信息应与企业台账或异常情况上报记录等材料保持一致。排污许可证对停运（异常）时段有监测要求的，还应完整填报该时段内各污染因子的排放浓度。未填报该表的，应在本章小结中明确污染防治设施不存在异常情况。

（2）工业固体废物自行储存/利用/处置设施　对于已根据《排污许可证申请与核发技术规范　工业固体废物（试行）》（HJ 1200—2021）更新了排污许可证中固体废物管理信息的持证单位，应完整填报"自行储存/利用/处置设施合规情况说明表"。当存在超能力、超种类、超期贮存或其他不符合排污许可证规定的污染防控技术要求的情况时，应在报告中的"本章小结"中说明具体情况和原因，涉及环保手续的，还应补充环保手续情况。

3. 自行监测情况

应对照排污许可证要求，完整填报自行监测落实情况。填报的污染物排放浓度、排放速率等数据应与提交的监测报告、台账记录等一致，原则上也应与"全国污染源监测信息管理与共享平台"的数据保持一致。

（1）有组织排放　应完整填报正常工况下各废气（水）排放口的有效监测数据数量、浓度（速率）监测结果、超标数据数量、超标率等内容，并提交与实际排放量计算相关的监测报告。其中，超标率数据应与"有组织废气（废水）污染物超标时段小时（日）均值报表"中的对应信息相匹配。

若存在非正常工况或特殊时段，应至少完整填报相关排放口编号、该时段污染物排放种类等信息。当排污许可证对该时段有自行监测要求时，还应完整填报相关监测信息，填报要求与正常工况下的排放口监测要求一致。

（2）无组织排放　应对照排污许可证载明的厂界和厂区内无组织排放管控要求，完整填报无组织废气的监测点位（设施）、监测时间、浓度监测结果、超标情况及超标原因等内容。

若排污许可证载明了设备与管线组件泄漏（包括采样）等无组织排放源管控要求，还应在报告中的"本章小结"中填报无组织排放源的控制情况。

对于造船等尚不具备收集或者消除污染物排放条件的无组织排放，应在报告中的"本章小结"中填报所采取的无组织排放控制措施（如源头削减、过程控制等）。

4. 台账管理信息

持证单位应完整填报环境管理台账记录的落实情况。若在污染防治设施运行情况表中填报了污染防治设施停运或异常运行情况，还应提交污染防治设施异常时段的台账记录。

5. 实际排放情况

（1）有组织排放　应完整填报正常工况下废气（水）主要污染物的实际排放量，并提交具体计算过程和依据材料。

若在非正常工况或特殊时段有相关监测数据，应在报告中的"本章小结"或"特殊时段废气污染物实际排放量"中填报实际排放量，并提交具体计算过程和依据材料。

（2）无组织排放　若排污许可证中载明了挥发性有机物的五类无组织排放源（设备与管线组件泄漏（包括采样）；挥发性有机液体储存和调和损失；有机液体装载挥发损失；废水集输、储存、处理处置过程逸散；冷却塔和循环水冷却系统释放），应在报告中的"本章小结"中填报其实际排放量，并提交详细计算过程和依据。石化行业有延迟焦化无组织排放的，也应填报其实际排放量并提交计算过程和依据。

对于造船等尚不具备收集或者消除污染物排放条件的无组织排放情形，当企业落实排污许可证明确的相关无组织排放管控要求（如源头削减、过程控制等）后，可计算挥发性有机物无组织排放量。

（3）超标排放　当存在超标排放时，应完整填报超标时段、排放口、污染物种类、实际排放浓度、超标原因等信息，相关信息应与填报的自行监测超标数据对应。其中，废气超标时段应逐小时填报，废水超标时段应逐日填报。

6. 信息公开情况

持证单位应完整填报信息公开的落实情况。

7. 附件

持证单位应上传自行监测布点图（监测点位标注完整，如实反映实际监测点位布设位置），以及1～7项内容中明确须提交的相关情况说明、监测报告、实际排放量计算过程和依据等材料。

8. 企业内部环境管理体系建设与运行情况

持证单位应在报告中的"本章小结"中填报企业内部环境管理体系和运行情况，包括人员保障、设施配备、企业环境保护规划、相关规章制度的建设和实施情况、相关责任的落实情况等。

9. 其他排污许可证规定的内容执行情况

持证单位应在报告中的"本章小结"中填报排污许可证载明的应急预案、清洁生产等管理要求的落实情况。

10. 其他需要说明的情况

上述 1～10 项中未能包含的内容，在报告中的"本章小结"中进行填报。

11. 产排污等环节变动情况的合规性

报告周期内存在主要产品产量或主要原辅材料用量超许可证载明产能或用量，污染物及污染治理设施调整以及工业固体废物的自行贮存/利用/处置设施规模、种类、去向变化等情形的，应根据变化发生阶段分别对照国家重大变动清单，企业变动内容是否与提交的相关环境影响评价报告批复文件、建设项目非重大变动环境影响分析说明等材料相符。

12. 实际排放浓度和排放量的合规性

（1）排放浓度

① 监测数据有效性。持证单位提供的监测数据应符合国家环境监测相关标准技术规范要求。废气污染物监测数据应满足《固定污染源烟气（SO_2、NO_x、颗粒物）排放连续监测技术规范》（HJ 75—2017）的数据有效性要求；废水污染物监测数据应满足《水污染源在线监测系统（COD_{Cr}、NH_3-N 等）数据有效性判别技术规范》（HJ 356—2019）的数据有效性要求。手工监测数据应由具备符合规范要求监测质量体系的持证单位或国家计量行政部门计量认证的检测机构（有 CMA 计量认证标志）提供。执法监测数据由生态环境监测部门提供。

② 达标情况。正常工况下，废气（水）自动监测设备有效日均值满足许可排放浓度要求即为达标，手工监测数据满足许可排放浓度要求即为达标。若排放标准另有规定，应按其要求判定。非正常工况时，持证单位应针对超标情况提供合理说明，包括已上报生态环境部门的治理设施停用、故障和在线监测设施异常情形等。

（2）实际排放量

① 计算原则。应以实际监测结果计算主要污染物实际排放量。涉及需要计算 VOCs 无组织排放源的，还应计算无组织排放量。

② 数据选取顺序。用于核算主要污染物实际排放量的监测数据应按照自动监测数据＞执法监测数据＞自行监测手工监测数据的原则选取。

③ 自动监测数据应用。废气（水）主要污染物实际排放应先按 CEMS 数据中每个时间段浓度乘以流量的方法得出各个时间段的排放量，再采用累加法进行核算。若在线数据有缺失的，缺失数据应按照 HJ 75—2017、HJ 356—2019 规定的方法进行补充。缺失时段超过 25% 的，自动监测数据不能作为核算实际排放量的依据。

④ 手工监测数据应用。一是废气主要污染物实际排放量。应按照每次手工监测时段内每小时污染物的实测平均排放浓度乘以平均烟气量和运行时间的方法进行核算，当监测时段内有多组监测数据时应加权平均。二是废水主要污染物实际排放量。有累计流量计时，应按照废水流量加权平均浓度乘以年累计废水流量的方式进行核算，无废水流量监测时，可按许可证载明的废水排放量乘以污染物实测平均排放浓度的方式进行核算。

⑤ 其他情形。一是超标时段的主要污染物实际排放量应按超标时段内污染物的实测平

均浓度乘以烟气量（废水量）和超标时间的方法进行核算。二是实际生产时间超过许可证载明时间时，应按实际生产时间核算实际排放量。三是污染物未检出时，该时段内的主要污染物实际排放量无须计算。四是持证单位报告周期内未按要求开展自行监测的，按产污系数法或物料衡算法核算实际排放量。鼓励持证单位如实计算开停工、检维修、事故排放等情况的实际排放量。

⑥ 排放量合规情况。逐个将废气（水）污染因子的全厂实际排放量与其许可排放量进行对比，报告周期内的实际排放量是否满足排污许可证要求。其中，废气污染因子应分别计算有组织源项和无组织源项的实际排放量。

13. 环境管理要求的落实情况

（1）自行监测要求

① 自动监测设备。通过有效监测数据数量等信息，落实持证单位是否按照自动在线监测的要求，在规定期限内完成固定污染源自动监测设备的建设、联网和备案。

② 手工监测。通过有效监测数据数量等信息，落实各污染因子的手工监测频次是否满足许可证的监测频次要求。

③ 无组织控制。涉及设备与管线组件泄漏的，落实其泄漏检测和修复是否满足许可证相关要求。

（2）污染治理设施运行管理要求

① 运行时间。对照执行报告周期内各生产单元实际生产时间，对污染治理设施（含脱硫、脱硝、除尘设施等）的运行时间进行填报。原则上，污染治理设施的运行时间应大于其对应产污单元的实际生产时间。

② 去除效率。若排污许可证载明了污染治理设施的去除效率要求，应结合相关监测数据，污染治理设施的实际去除效率是否满足许可证要求。

三、污水处理厂的环境信息公开

依据《排污许可管理条例》等法律法规、《企业环境信息依法披露管理办法》《国家重点监控企业自行监测及信息公开办法（试行）》等部门规章和规范性文件的要求进行企业环境信息公开。

1. 环境信息公开内容

重点排污单位应当公开下列信息。

① 基础信息。包括单位名称、组织机构代码、法定代表人、生产地址、联系方式，以及生产经营和管理服务的主要内容、产品及规模；

② 排污信息。包括主要污染物及特征污染物的名称、排放方式、排放口数量和分布情况、排放浓度和总量、超标情况，以及执行的污染物排放标准、核定的排放总量；

③ 防治污染设施的建设和运行情况；

④ 建设项目环境影响评价及其他环境保护行政许可情况；

⑤ 突发环境事件应急预案；

⑥ 其他应当公开的环境信息。

列入国家重点监控企业名单的重点排污单位还应当公开其环境自行监测方案。

2. 环境信息公开的方式

重点排污单位应当通过其网站、企业事业单位环境信息公开平台或者当地报刊等便于公众知晓的方式公开环境信息，同时可以采取以下一种或者几种方式予以公开：

① 公告或者公开发行的信息专刊；

② 广播、电视等新闻媒体；

③ 信息公开服务、监督热线电话；

④ 本单位的资料索取点、信息公开栏、信息亭、电子屏幕、电子触摸屏等场所或者设施；

⑤ 其他便于公众及时、准确获得信息的方式。

● 实训二　排污许可证后监管 ●

排污许可证后监管，主要是督促企业落实"持证排污、按证排污"主体责任，精准帮扶企业提升治污水平。

排污许可证持证单位应落实的责任主要包括以下几个方面。

1. 持证排污的要求

① 排污单位应当持有排污许可证，并按照排污许可证的规定排放污物。

② 应当取得排污许可证而未取得的，不得排放污染物。

2. 排污许可证的管理要求

① 禁止涂改排污许可证。

② 禁止以出租、出借、买卖或者其他方式非法转让排污许可证。

③ 排污单位应当在生产经营场所内方便公众监督的位置悬挂排污许可证正本。

3. 自行监测的管理要求

① 排污单位应当按照排污许可证规定，安装或者使用符合国家有关环境监测、计量认证规定的监测设备，按照规定维护监测设施，开展自行监测，保存原始监测记录。

② 实施排污许可重点管理的排污单位，应当按照排污许可证规定安装自动监测设备，并与生态环境主管部门的监控设备联网。

③ 对未采用污染防治可行技术的，应当加强自行监测，评估污染防治技术达标可行性。

④ 排污单位应当按照《排污单位自行监测技术指南》等相关监测规范开展自行监测工作，并留存监测报告。

4. 台账的管理要求

排污单位应当按照排污许可证中关于台账记录的要求，根据生产特点和污染物排放特点，按照排污口或者无组织排放源进行记录。记录主要包括以下内容：

① 与污染物排放相关的主要生产设施运行情况；发生异常情况的，应当记录原因和采取的措施；

② 污染防治设施运行情况及管理信息；发生异常情况的，应当记录原因和采取的措施；

③ 污染物实际排放浓度和排放量（污染物实际排放量按《排污许可管理办法》（以下简称《办法》）第三十六条执行）；发生超标排放情况的，应当记录超标原因和采取的措施；

④ 其他按照相关技术规范应当记录的信息。

5. 执行报告的管理要求

① 排污单位应当按照排污许可证规定的关于执行报告内容和频次的要求，编制排污许

可证执行报告。

② 排污许可证执行报告包括年度执行报告、季度执行报告和月度执行报告（年度、季度、月度执行报告内容按《办法》第三十七条执行）。

③ 排污单位应当每年在全国排污许可证管理信息平台上填报、提交排污许可证年度执行报告并公开，同时向负责核发的生态环境主管部门提交通过全国排污许可证管理信息平台印制的书面执行报告。书面执行报告应当由法定代表人或者主要负责人签字或者盖章。

④ 建设项目竣工环境保护验收报告中与污染物排放相关的主要内容，应当由排污单位记载在该项目验收完成当年排污许可证年度执行报告中。

⑤ 排污单位发生污染事故排放时，应依照相关法律法规规章的规定及时报告。

6. 其他要求

① 排污单位自行监测、执行报告及生态环境部门监管执法信息应当在全国排污许可证管理信息平台上记载并公开。

② 排污单位应当对提交的台账记录、监测数据和执行报告的真实性、完整性负责，依法接受生态环境主管部门的监督检查。

③ 委托开展自行监测的排污单位，按照"谁委托、谁把关，谁监测、谁负责"的原则，通过合同形式向委托监测机构明确依法规范开展环境监测的要求。

实训目标

会填报污水处理厂申请前信息公开。会填报污水处理厂的执行报告。

实训记录

打开全国排污许可证管理信息平台，点击"申请前信息公开"，如图 7-2，选择某污水厂，了解污水处理厂申请前信息公开内容，并分析以下几种情况。

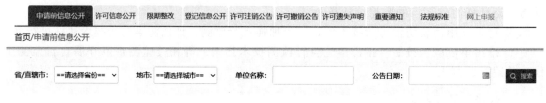

图 7-2　全国排污许可证管理平台申请前信息公开界面

（1）污水处理厂执行报告的提交时间是什么时候？
（2）如果未按照《排污许可管理条例》相关规定提交执行报告，会有什么处罚？
（3）排污许可证填报中信息公开如何做？
（4）企业如何进行台账管理？

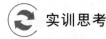

实训思考

污水处理厂的环境管理台账的全内容（含噪声和固体废物的台账）。

项目二 污水处理厂危险源与安全管理

任务一 污水处理厂危险源辨识与管理

知识目标

掌握污水处理厂危险源、环境风险物质及其贮存量的辨识方法;掌握危险化学品的识别方法;掌握污水处理厂的职业卫生管理要求。

能力目标

会辨识污水处理厂的危险源;会识别污水处理厂的危险化学品;会危废间的管理;会污水处理厂的职业卫生管理。

素质目标

培养规范操作意识,具有吃苦耐劳的精神;具备对污水处理厂安全运行的能力和安全防护的意识。

知识链接

一、污水处理厂危险源管理

污水处理厂运营管理工作除保障正常出水达标排放外,还要保障安全运行,这至关重要。因此,污水处理厂的安全管理工作重心是要把危险点源控制在安全状态和可控范围。

1. 污水处理厂的危险源及管理措施

(1) 污水处理厂潜在的危险源 有爆炸、中毒、淹溺、触电等。

① 化学物质。污水处理过程中使用的化学药剂,如消毒剂(如氯气、次氯酸钠)、絮凝剂等,具有腐蚀性、毒性和刺激性。污水中可能存在的重金属(如汞、镉、铅)、有机物(如苯、酚)等有害物质,若泄漏或排放不当,会对人体和环境造成严重危害。

② 电气设备。变配电室的高压设备、变压器、开关柜等,存在触电、短路、火灾等风险。现场的电动机、配电箱、照明设备等,若维护不当或操作失误,易引发电气事故。

③ 机械设备。污水提升泵、搅拌器、鼓风机等设备,运转部件可能导致机械伤害。设备的安装、维修和保养过程中,若操作不规范,容易发生起重伤害、高处坠落等事故。

④ 有限空间作业。污水池、检查井、污泥浓缩池等属于有限空间,进入作业时可能面临缺氧、中毒、爆炸等危险。有限空间内的通风不良、照明不足等条件也增加了作业风险。

⑤ 火灾与爆炸。易燃易爆物质(如甲烷、氢气)在污水厂的产生和积聚,可能引发火灾和爆炸事故。电气设备过载、短路,以及易燃物的违规存放和使用,也是火灾的潜在隐患。

⑥ 生物因素。污水中可能携带病菌、病毒等微生物,员工接触可能导致感染疾病。污泥中的寄生虫卵、病原菌等也可能对人体健康造成威胁。

(2) 污水处理厂的危险源管理措施 针对以上危险源,要制定合理、完善的管理措施,主要包括安全生产责任制、安全操作规程、应急预案等。

① 化学物质管理。规范化学药剂的储存、使用和运输，设置专用储存区域，采取防火、防爆、防泄漏措施。对污水中的有害物质进行定期监测，确保达标排放。

② 电气设备管理。定期对电气设备进行检查、维护和保养，确保其性能良好。安装漏电保护装置、接地装置等安全防护设备，加强对电气作业人员的资质管理。

③ 机械设备管理。对机械设备进行定期巡检，及时发现和排除故障。为操作人员配备必要的个人防护用品，如安全帽、防护手套等。

④ 有限空间作业管理。制定有限空间作业审批制度，作业前进行风险评估和通风检测。为作业人员配备安全防护设备，如气体检测仪、安全带等，并安排专人监护。

⑤ 火灾与爆炸防范。加强对易燃易爆物质的管理，消除火源，设置防火、防爆设施。定期组织消防演练，提高员工的火灾应急处置能力。

⑥ 生物因素防护。为员工配备防护口罩、手套等个人防护用品，作业后及时清洗消毒。加强厂区的卫生清洁和消毒工作，减少病菌滋生。

2. 污水处理厂危险源来源

污水处理厂危险源存在的主要构筑物有计量井、进水粗格栅、进水泵房、细格栅、沉砂池、初沉池、生物反应池、配水井、二沉池、出水泵房、污泥浓缩池、贮泥池、污泥泵房、污泥消化池、脱水机房、污泥料仓、沼气压缩机房、沼气发电机房。主要建筑物有办公楼、变电站、鼓风机房、加氯间、加药间、脱水机房等。

(1) 污水厂各岗位潜在危险

水区运行岗：机械伤害、生化危害、用电风险、中毒窒息、落水风险、职业危害。

泥区运行岗：机械伤害、生化危害、用电风险、中毒窒息、滑倒坠落、职业危害。

设备维修岗：机械伤害、化学危害、用电风险、紫外线伤害、高处坠落。

化验操作岗：生化危害、用电风险、烫伤、灼伤、职业危害。

(2) 工艺流程潜在危险

集水井：高处坠落、淹溺、中毒、窒息、爆炸、生物感染、职业危害。

粗格栅：机械伤害、高处坠落、淹溺、中毒、窒息、爆炸、生物感染、职业危害。

提升泵房：触电、机械伤害、高处坠落、淹溺、中毒、窒息、爆炸、生物感染、职业危害。

细格栅：机械伤害、生物感染、职业危害。

曝气沉砂池：机械伤害、生物感染、职业危害。

配水井：高处坠落、淹溺、中毒、窒息、爆炸、生物感染、职业危害。

生化池：淹溺、中毒、窒息、爆炸、生物感染、职业危害。

二沉池：淹溺、生物感染、机械伤害。

污泥脱水间：噪声危害、机械伤害、生物感染、触电、职业危害。

多级配电房：触电、火灾、爆炸。

风机房：噪声危害、触电、烫伤。

回流泵房：触电、机械伤害、高处坠落、淹溺、中毒、窒息、爆炸、生物感染、职业危害。

机修车间：机械伤害、触电、紫外线辐射、物体打击、火灾、爆炸、容器爆炸、特种设备伤害。

化验室：化学品伤害、中毒、灼伤、压力容器爆炸。

二、污水处理厂危险化学品及危险废物的管理

1. 污水处理厂危险化学品

污水处理厂涉及的危险化学品主要有次氯酸钠溶液、盐酸、硫酸、絮凝剂、混凝剂、氧化剂、还原剂以及功能性药剂（氨氮去除剂、除磷剂、重金属捕捉剂、脱色剂、消泡剂）等。

危险化学品的购买和运输必须按照国家及地方法律、法规、标准的相关要求执行。危险化学品的储存应设专用仓库，分类存放、专人管理。

为保证危险化学品的采购、储存、使用、危废处置等环节符合国家要求，污水处理厂必须建立、健全危险化学品的安全管理规章制度和安全操作规程，对从业人员进行危险化学品相关安全教育和岗位技术培训，考核合格后才能上岗作业。为从业人员配备符合要求的劳动防护用品，如防酸碱手套、护目镜等。定期进行危险化学品使用培训及危险化学品泄漏演练。定期对危险化学品处置场所进行检查。

2. 污水处理厂危险废物的管理

污水处理厂涉及的危险废物主要是化验废液、在线监测废液以及废机油等。COD废液（含汞）、氨氮废液（含汞）、氨氮废液（不含汞）、总磷废液、总氮废液、总有机碳废液。

（1）收集

① 收集容器。收集容器材质和衬里要与所盛装的危险废物相容（不相互反应）。污水处理厂实验室废液、水污染源在线监测系统废液应使用符合 GB 18191—2002 要求的塑料收集容器，容量应为 5L、25L、50L、100L、200L。收集容器上应贴符合要求的标签，或使用条形码或电子标签。

② 登记。每一收集容器应随附一份交接登记表，交接登记表一式两联，正联由污水处理厂实验室废液、水污染源在线监测系统废液产生单位留存，副联随收集容器交至危险废物利用处置单位，交接登记表随危险废物转移联单保存五年。收集容器使用前，在登记表上填写编号、类别、产生单位名称。交接登记表的编号应与污水处理厂实验室废液、水污染源在线监测系统废液标签的编号一致。

③ 收集后应采取的措施。水处理厂实验室废液、水污染源在线监测系统废液每次收集后，应及时将收集容器口盖盖好。

（2）暂存　产生污水处理厂实验室废液、水污染源在线监测系统废液的单位应设置专用内部暂存区，暂存区内原则上存放本单位产生的污水处理厂实验室废液、水污染源在线监测系统废液，存放两种及以上不相容污水处理厂实验室废液、水污染源在线监测系统废液时，应分不同区域暂存。暂存区外边界地面应施划 3cm 宽的黄色实线，并按 GB 15562.2—1995 规定设置危险废物警示标志。

防溢容器容积应当大于收集容器容积的 10%。防溢容器中放置多个收集容器时，容积应不小于最大收集容器容积的 150% 或所有收集容器容积总和的 10%，取其最大值。

暂存区内的污水处理厂实验室废液、水污染源在线监测系统废液原则上存放时间最长不应超过 1 年。

管理人员应对暂存区收集容器和防溢容器密封、破损、泄漏情况，标签张贴及收集登记表填写情况，以及贮存期限等定期检查。

（3）转移　污水处理厂实验室废液、水污染源在线监测系统废液严禁与其他类型危险废物混装转移。

污水处理厂实验室废液、水污染源在线监测系统废液转移运输车辆使用专用封闭式厢式

货车，运输前应确保运输车辆状态完好，运输时低速慢行，尽量避开办公区和生活区，运输后应及时清洁。

污水处理厂实验室废液、水污染源在线监测系统废液严禁与其他类型危险废物混装转移。严格执行污水处理厂实验室废液、水污染源在线监测系统废液转运交接手续，并做好交接记录。

根据运输危险废物的危险特性，应携带必要的应急物资和个人防护用具，如收集工具、手套、口罩等。

（4）贮存　污水处理厂实验室废液、水污染源在线监测系统废液产生、利用处置单位贮存设施的建设与运行管理应符合《危险废物贮存污染控制标准》(GB 18597—2023)和《危险废物收集、贮存、运输技术规范》(HJ 2025—2012)的要求。

同一单位内，产生危险废物的污水处理厂实验室废液、水污染源在线监测系统废液应在每一区域分别设置贮存设施。

（5）利用处置　污水处理厂实验室废液、水污染源在线监测系统废液属于液体类无热值危险废物，严禁采用焚烧、水泥窑协同、填埋方式处置。

含汞类污水处理厂实验室废液、水污染源在线监测系统废液，须采用物理、化学方式将废液中的汞转化成相对稳定的汞化合物，然后进行固液分离，固液分离后的含汞污泥可以进一步资源化利用或稳定固化后进行填埋。

非含汞类污水处理厂实验室废液、水污染源在线监测系统废液可选用为常温下的氧化还原、中和、沉淀、过滤等方式，进行无害化处置，确保不造成二次环境污染。

污水处理厂实验室废液、水污染源在线监测系统废液产生单位应依据处置企业的《危险废物经营许可证》经营范围对危险废物的处置，和第三方有资质的单位签订处置协议，定期进行处置并保留相关单据。

三、污水处理厂的职业卫生管理

污水处理厂由于其工作环境的特殊性，员工面临着一系列潜在的职业健康风险，主要有化学物质危害、生物性危害、物理性危害等，因此，对职业卫生的管理非常重要。

1. 污水处理厂工作人员职业健康防护

（1）工作前如何防护

① 工作人员开始工作前要准备好医用外科口罩、丁腈等材质的防水手套、工作服、护目镜、安全帽等防护用品，做好体温测量和记录。

② 作业区及各处理单元的厂房、设备机房配备有消毒用品。

③ 有需要记录登记内容的工作人员自备个人办公文具。

（2）工作中如何防护

① 工作人员进入污水处理构筑物附近工作或巡视，特别是格栅、初沉池、调节池附近的初级处理单元工作时，要尽量减少在水池上方的停留时间。

② 使用工具检修、操作时要佩戴医用外科口罩、手套、护目镜，有必要时戴防护面罩，使用前后对工具进行清洁消毒；口罩脏污、变形、损坏、有异味时须及时更换。

③ 当携带工具到污水处理的构筑物或设备间检修时，要妥善规划工具的放置，最好用防水布包裹工具包，避免被污水直接污染。

④ 当需要检修的部位要求与污水直接接触时，建议工作人员可以内层佩戴丁腈手套，外层佩戴厚橡胶手套。检修结束后要立即洗手，对检修工具及其他防护用具进行消毒。

⑤ 进入泵房、风机室等机房内时，要注意保持足够的通风。

⑥ 作业结束之后尽量要进行全面的清洁，及时更换被污染的外衣等。

（3）工作后如何防护

① 工作完成后要测量体温，并做好记录，脱下防护用具后放到单独的收集位置。口罩等一次性防护用具收集后集中处理，重复使用的防护用品必须做消毒处理并风干后才可再次使用。

② 工作人员离厂前要做全面的清洁，更换干净衣服才可离开，清洁时最好能做到单独清洁。

③ 离开厂区的路上要佩戴好口罩、手套离开。

（4）特殊区域人员如何防护

① 处理特殊区域或有来自隔离点的污水处理厂工作人员要加强自身的防护措施，佩戴符合 N95/KN95 及以上标准的颗粒物防护口罩、防水手套、防护靴、护目镜、面罩，必要时配备防护服、防水服等。

② 工作人员要避免与污水直接接触，到污水池、曝气池、机房附近作业时要佩戴防水手套、护目镜、面罩、安全帽，返回后立刻洗手，从特殊区域返回的人员应当全面洗澡。

③ 充分利用和发挥在线监测设备，减少到污水池附近作业的时间。

2. 职业卫生管理

① 要采取相应的工程控制措施，从源头上降低职业危害风险。

② 要不断完善职业卫生相关管理制度，明确各部门和人员的职责。

③ 要定期对作业现场职业危害因素进行检测，对接触职业危害人员进行岗前、岗中、离岗职业健康体检，并建立职业卫生各项档案。

④ 要定期对员工开展作业卫生培训，定期进行应急演练。

⑤ 要为从业人员配备符合要求的职业健康防护用品，如防噪耳塞、防护口罩等。

● 实训一　污水处理厂危险源辨识 ●

实训目标

会辨识污水处理厂的危险源；会识别污水处理厂的危险化学品；会危废间的管理。

实训记录

如图 7-3 所示，该厂采用氯消毒和紫外线消毒相结合的方式，进出水口均安装在线监测平台。请通过图 7-3，掌握污水处理厂的环境风险物质、环境风险源和环境风险受体，并分析以下问题。

（1）污水厂有哪些危险源？该怎么管理？在图上标注。

（2）污水处理厂涉及的危险化学品有哪些？环境风险场所有哪些？在图上标注。

（3）污水处理厂涉及的危险废物有哪些？

实训思考

污水处理厂的职业卫生管理有哪些内容？

图 7-3　污水处理厂全貌图

任务二　污水处理厂安全应急管理与应急预案制定

 知识目标

掌握污水处理厂安全管理的重点、安全配备与应急管理；掌握污水处理厂应急预案制定与演习。

能力目标

会污水处理厂物资的安全配备，会污水处理厂的有限空间作业；会编制污水处理厂应急预案，会污水处理厂的应急演习。

素质目标

培养对污水处理厂安全应急管理的责任意识和职业素养，具有吃苦耐劳的精神；培养安全生产防护意识。

知识链接

污水管道维护与检修

一、污水处理厂安全与应急管理

1. 污水处理厂安全管理

污水处理厂安全警示标志很重要，在危险较大的地方张贴可以起到很好的警示作用，以及各项安全操作规程或安全作业指导书上墙。同时污水处理厂内各建（构）筑物也需要张贴标志标志牌，做到清晰明确。

污水处理厂安全管理的重点主要有三个方面：

（1）消防安全　主要针对配电设备设施、值班室而言，需要配备足够的干粉和二氧化碳灭火器，并每月定期进行安全检查确保其合格有效；定期组织消防应急演练，要求员工熟练使用消防器材。

（2）用电安全　主要针对配电设备设施和各种配电箱、线路线管，应配备至少一套绝缘鞋（每6个月检验1次）、绝缘手套（每6个月检验1次）和绝缘杆（每1年检验1次）以备不时之需；巡检人员应持低压电工操作证上岗；配电间等地方应保持干净整洁、上锁，出入登记，确保管理规范。

（3）有限空间作业安全　这是整个污水行业的安全管理重点，是这个行业最主要的安全风险。

有限空间是指封闭或部分封闭、进出口受限但人员可以进入，未被设计为固定工作场所，自然通风不良，易造成有毒有害、易燃易爆物质积聚或氧含量不足的空间。

有限空间作业指作业人员进入有限空间实施的作业活动。

污水处理厂常见的有限空间作业有：污水管道阀门检修、提升泵房清淤、沉砂池清砂、组合池清淤作业等。

污水处理厂有限空间作业事故主要涉及缺氧窒息、中毒、火灾爆炸等，其中中毒窒息较为常见。

① 硫化氢中毒。硫化氢是无色、有特殊臭鸡蛋味的气体，能在较低处扩散到相当远的地方。与空气混合能形成爆炸性混合物，爆炸极限为4%～46%，遇明火、高热能引起燃烧爆炸。

硫化氢是窒息性气体，是一种强烈的神经毒物，进入人体后能造成细胞缺氧，吸入高浓度硫化氢，可引起呼吸麻痹，迅速窒息导致"闪电型死亡"。

发生硫化氢中毒事故后严禁盲目施救，要保障所有救助人员都佩戴正确的个人防护用品。

应将被救人员迅速移至新鲜空气处，脱去污染衣物，保持呼吸道畅通，做人工呼吸时，千万不能口对口进行，因为会导致施救者中毒。

可能发生硫化氢泄漏的场所应设置固定式硫化氢检测报警仪，以及醒目的警示标志，进入有限空间作业需佩戴便携式硫化氢检测报警仪并履行审批手续。

② 作业安全管理。有限空间作业是危险作业，因此在作业许可、进行过程中要强化管理，严格控制作业程序。有限空间作业必须严格遵守"先通风、再检测、有监护、后作业"的原则，严禁在通风、气体检测不合格，无监护、无审批的情况下作业。

有限空间作业前必须进行安全风险辨识、编制安全作业方案报批。有限空间作业前必须进行警戒、准备好安全设备设施并检测设备设施是否正常完好有效。

有限空间作业前必须先进行自然通风、气体检测，如气体检测不合格必须进行机械强制通风、再次检测。

有效空间作业前必须通过审批，并进行安全交底。

有限空间作业时必须有人监护，并实时监测气体是否合格、记录。有限空间作业时必须有救援人员在场，着全身式安全带、备有正压式空气呼吸器等在旁待命，做好应急响应。

有限空间作业结束后必须关闭出入口，确保无人员和设备设施遗留后，方可拆除警戒和安全设备设施。

2. 污水处理厂应急管理

为有效预防、及时处理污水厂各类突发事件，最大程度地减少运行事故及其造成的人员伤亡和财产损失，提高污水厂整体防护水平和抗风险能力，做到防患于未然，污水处理厂必须做好应急管理，以及配备相应的安全应急设备。不断完善应急管理体系，成立应急管理工作领导小组，明确应急人员及其职责，明确预警和应急响应机制，利用钉钉、微信群等，建立信息沟通联络和共享机制，确保信息能够及时反馈。建立应急值班制度，非常时段领导带队值班，加强值班监督力度，确保出现突发事件能够及时上报，及时处理。

污水处理厂应建立应急物资台账，配备相应的应急救援物资，并定期对应急物资进行检查。如配备有限空间作业设备及救援设备，配备气体检测设备，作业现场配备固定式气体检测仪，实时检测现场作业环境情况。在有硫化氢溢出的地方，对设备设施进行改进，使用防护罩对设备进行密封，减少硫化氢和臭气的溢出。在较密闭场所，增加通风设备设施，确保空气流通等。

二、污水处理厂突发环境事件应急预案

为了应对污水处理厂可能发生的各种突发事故，并在事故发生后能够迅速有效地控制和处理，减少财产的损失，因此，污水处理厂必须制定符合自己实际的突发环境事件应急预案，确保在发生各类事故时，能够及时、有序、有效地开展应急救援工作。

1. 环境风险源分析

（1）物质风险识别　污水处理厂的危险物质主要有：废水、污泥、聚合氯化铝铁、聚丙烯酰胺、次氯酸钠等。根据《企业突发环境事件风险评估指南（试行）》，污水处理厂环境风险物质主要为次氯酸钠、重铬酸钾、盐酸、硫酸、实验室废液、废机油等。

（2）主要装置及储运设施风险识别　污水处理厂主要设施可分为输送系统、储运系统、生产系统等功能单元，具体单元风险类型识别见表7-16。

表7-16 各生产单元潜在风险分析

生产单元	风险场所	主要涉及物质	事故类型	污染程度和范围
储运系统	储罐、危险化学品仓库	次氯酸钠、重铬酸钾、盐酸、硫酸	泄漏、火灾	次氯酸钠、重铬酸钾、盐酸、硫酸泄漏影响范围为储罐区、仓库内（三级风险）；厂区内运输时泄漏影响范围为仓库外、厂区内运输线路上（二级风险）；仓库火灾影响范围会超出厂区，可能造成较重环境污染（一级风险）
生产系统	化验室	重铬酸钾、盐酸、硫酸	泄漏、火灾	重铬酸钾、盐酸、硫酸泄漏影响范围仅限于化验室内（三级风险）；车间火灾次生污染主要为一氧化碳，属于安全生产事故，环境风险等级为一级
环保系统	废气收集处理系统	氨、硫化氢、臭气、甲烷	设备故障	会影响厂界外环境质量，不会造成生命财产损失（一级风险）
	污水处理设施	COD、NH_3-N、TN、TP		
	危废仓库	实验室废液、废机油	泄漏、火灾	危废库火灾会造成较重环境污染，影响范围会超出厂界（一级风险）

2. 风险源事故影响分析

（1）原辅材料储存或使用泄漏事故影响分析　原辅材料储存或使用不当致使其泄漏进入土壤、地表水体，造成外环境的污染。

（2）污水超标排放影响分析

① 污水管网系统由于管道堵塞、破裂和接头处的破损，会造成大量污水外溢，污染地表水和地下水。

② 污水处理厂由于停电、设备损坏、污水处理设施运行不正常、停车检修等造成大量污水未经处理直接排入外环境，造成事故污染。

③ 在收水范围内，居民生活污水排污不正常致使进水水质负荷突增，或有毒有害物质误入管网，影响污水处理效率。

④ 由于发生地震等自然灾害致使污水管道、处理构筑物损坏，污水溢流至厂区及附近地区和水域，造成严重的局部污染。

⑤ 洪水对污水处理带来的影响主要有冲毁部分构筑物、淤积地下构筑物并使大部分建筑物受损，污水处理厂不能运行，污水直接溢流至厂区及附近地区和水域，造成严重的局部污染。

（3）臭气超标排放影响分析　臭气收集处理系统出现故障或人力不可抗拒的因素等引起的臭气超标排放造成环境风险。

（4）突发污泥处置异常影响分析　污泥处置出现问题，污泥得不到有效排放，将直接影响污水处理厂的生产运行，造成污泥浓度上升、溶解氧不足、出水水质超标等问题，甚至对厂区及周边环境构成影响。

3. 风险源事故应急措施

（1）原辅材料储存或使用泄漏事故预防措施
① 存储地方通风设施应经常保持完好，地面做好防腐防渗层。
② 应做好泄漏收集工作，充分利用现有管道和收集池，平时要注意导流渠和管道的畅通。
③ 设置明显警示标志，并设置专人监管。正常情况下，严格按巡检制度进行巡检，主要检查消防设施、隔离措施、排洪设施的状况是否正常，并做记录。
④ 严格执行危险化学品安全管理制度，落实安全责任制，加强加药间的安全管理。对保管员加强安全培训，使其掌握危险化学品的危险特性和应急救援措施。
⑤ 工作人员严格按照规程进行操作，并按照要求穿工作服和使用劳动防护用品；对劳保用品定期检测，以确保其有效性。

（2）污水超标排放事故预防措施
① 污水处理厂进、出水水质执行定期监测制度，了解进、出水水质情况，防止污水水质水量波动影响水厂正常运行，及时合理地调节运行工况；
② 定期对储存设施进行检查、维护，配置相应的防泄漏应急救援器材。

（3）臭气超标排放预防措施　臭气在环境风险的关键地点（即除臭装置），应设置明显警示标记，并设置专人监管。正常情况下，按巡检制度进行巡检并做记录。

（4）突发污泥处置异常预防措施　定期对污泥处置设施进行检查，消除事故隐患。

三、污水处理厂突发环境事件应急培训与演习

1. 培训

为了确保建立快速、有序、高效的应急反应能力，员工必须熟悉污水处理厂的突发事故类型、风险特性，并掌握正确的应急措施，必须对全体员工进行应急培训。另外，应采取一定措施进行公众环境安全知识的宣传教育。污水处理厂一般至少一年进行一次培训。

2. 演练

为了检验预案的可操作性和实用性，必须定期开展各项应急预案的演练。通过应急演练，查找应急预案中存在的问题，进而完善应急预案。通过开展应急演练，检查应对突发事件所需应急队伍、物资、装备、技术等方面的准备情况，发现不足及时调整补充，做好应急准备工作。通过应急演练，锻炼队伍，检验演练组织单位、参与人员等对应急预案的熟悉程度，提高其应急处置能力，进一步明确相关单位和人员的职责任务，理顺工作关系，完善应急机制。

污水处理厂应每年至少进行一次事故应急演练。演练形式可以采取桌面演练、功能演练、全面演练。

实训二　污水处理厂安全应急管理实施

污水处理厂既是水污染物减排的重要工程设施，也是水污染物排放的重点单位，如管理不当，可能对周边环境造成较大影响。

污水处理设施或管线密闭性不佳、老化、腐蚀等导致污水渗漏，可能对土壤、地下水造成污染。同时，污水处理厂内存在较多的有限空间，且污水处理过程中容易产生氨气、硫化氢、甲烷等有毒有害气体，安全风险较高。因此，细化污水处理厂的检查重点，从根源上消除污水处理厂的环境、安全风险隐患就显得尤为重要。污水处理厂的日常管理和隐患排查可以重点关注以下内容。

1. 运行管理

① 是否已经按照要求申领排污许可证；
② 是否制定突发事故环境应急预案，并按要求配备应急物资；
③ 是否在各类设施处设置明显标识，包括进水口、出水口（排放口）、水污染物检测取样点、污水处理设施等；
④ 进水泵房的运行与进水水量的计量是否符合规定；
⑤ 污泥处置处理是否规范；
⑥ 恶臭污染治理设施是否符合环境影响评价批复提出的厂界环境保护要求，除臭装置排放的气体是否稳定、达标排放；
⑦ 进水和出水的水量计量数据、全厂耗电量、进水和出水的水质指标检测等运行记录和数据统计是否规范；
⑧ 是否根据环境监督管理要求，建立分类信息台账，收集、整理、保存污水处理设施建设及其运行的相关信息；
⑨ 排放口设置是否规范，是否按照要求安装并运行出水在线连续监测装置。

2. 土壤、地下水污染防治

① 重点区域土壤观感是否良好，是否存在异常颜色和气味；
② 厂区是否存在跑冒滴漏的情况，污水池主体结构是否完好、无裂痕；
③ 重点区域防腐、防渗措施是否完好，无破损、开裂等情况；
④ 厂内固体废物（危险废物）贮存是否规范，是否采取必要的防渗、防漏、防溢流措施；
⑤ 土壤、地下水自行监测是否到位，是否存在缺项漏项、布点位置不合理、布点数量不足等情况。

3. 安全管理

① 企业是否设置专（兼）职安全生产管理人员；
② 安全责任划分是否明确、安全管理是否到位；
③ 安全投入是否按规定使用；
④ 有限空间操作管理是否到位；
⑤ 动火操作管理是否完善；
⑥ 危险化学品管理是否符合规定；
⑦ 电气设备是否合规、管理制度是否完善；
⑧ 防雷、防静电设施是否完善且完好；

⑨ 厂区内防爆设施是否完备；
⑩ 洗眼器、救生圈等应急设施是否完备；
⑪ 厂区内曝气池、调节池等设施是否设有围栏等安全设施；
⑫ 涉及有毒有害物质的工作场所个体防护用品是否完备。

实训目标

会编制污水处理厂环境风险应急预案。

实训记录

某市某污水处理厂由某市给排水有限责任公司投资建设，厂区位于某市江南主城区东南方向某村旁，中心地理坐标为东经 $100°48'37.79''$、北纬 $21°59'37.52''$，总占地面积 $34900m^2$，某污水处理厂处理规模为 $50000m^3/d$，服务范围为某市江南主城区。污水厂 2019 年 1 月 16 日取得《某州环境保护局关于某市某污水处理厂环境影响报告书的批复》。厂区污水处理工艺为 "$A^2/O+MBR$" 工艺，污水排放执行《城镇污水处理厂污染物排放标准》（GB 18918—2002）表 1 中的一级 A 标准。周边 500m 范围内仅西面有 5 户人家，其他三面是农田，污水处理工艺流程如图 7-4 所示。

请编制该污水厂的环境风险应急预案。

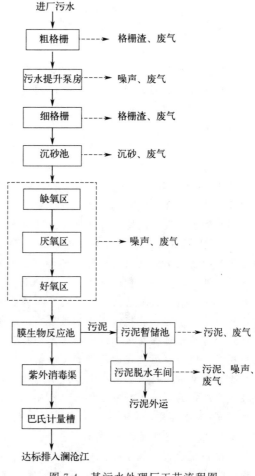

图 7-4 某污水处理厂工艺流程图

实训思考

污水处理厂常见的有限空间作业场所有哪些？编制污水处理厂的应急演习方案。

匠心筑梦

见微知著，追求卓越匠心

彭永臻是中国工程院院士、北京工业大学教授、城镇污水深度处理与资源化利用技术国家工程实验室主任。他现年 75 岁，与新中国同龄。

从 1968 年到 1973 年，彭永臻响应国家知识青年上山下乡号召，来到黑龙江生产建设兵团 53 团工程连参加生产建设。通过五年艰苦工作和生活的锤炼，他深刻体会到，坚韧不拔、不畏艰难困苦、竭力去完成每一项任务，是无产阶级先进分子——共产党员的精神品质。1973 年，彭永臻在入党志愿书中写下铮铮誓言，光荣入党："我一定用党员的五条标准严格要求自己、衡量自己，更加自觉地发扬共产党人那种吃大苦、耐大劳的精神，努力争取为党和人民做出更大的贡献。"

1973年9月，彭永臻在53团的文化考试中获得并列第一的好成绩，成为工农兵大学生，进入哈尔滨建筑工程学院，也就是今天的哈尔滨工业大学给水排水工程专业学习。这个选择决定了彭永臻未来几十年的奋斗方向。

1984年，作为新中国第一届获得硕士学位的年轻学者，彭永臻到日本京都大学留学2年。日本的污水处理技术和先进设备，让彭永臻感到格外震撼，也让他更加坚定地选择在这一领域深耕。

2000年，彭永臻被调入北京工业大学。他和学生们与污水为伴，为了实验，有时全天在污水处理试验设备旁取样与检测。如今，彭永臻已在城市污水处理领域专注研究40余载。

能有如此坚持，是因为在他看来，污水处理能够真正"干到老、学到老"。污水处理中总有新问题、新技术出现，而如何去攻克、去研究，就成了彭永臻一生的学习课题。

2023年1月，深圳市宝安区福永水质净化厂二期工程提前46天完成竣工验收。这个日污水处理能力22.5万吨的项目投产，意味着彭永臻团队开发的AOA工艺技术开始稳步地从实验室走向市场。

不止深圳，北京、海口、中山，如今，一座座污水处理中型试验装置在全国遍地开花，为更大规模的投产运行积累经验。彭永臻将论文写在祖国大地上的夙愿，正一步步变为现实。

所谓AOA，即厌氧反应（A）、好氧硝化反应（O）以及后置缺氧反硝化反应（A），是通过短程反硝化耦合厌氧氨氧化途径进一步脱氮的一种新工艺。也就是说，通过控制不同的反应条件，使微生物最大限度发挥作用，达到污水深度除氮的目的。

"国际上惯用的工艺是AAO，我们就是调整了一下顺序。"彭永臻说。虽然只是顺序变了一下，但是生物化学的反应机理却大不相同，污水处理脱氮效率大幅度提高。对比提标改造前，同一项目日平均处理水量增长17%，吨水污泥产生量减少26%，出水总氮浓度降低42%左右。

说起来，这一新工艺技术的发现有些偶然。2010年，在垃圾渗滤液处理的实验中，本该进行实验条件切换时，看守的学生睡过了头，没想到实验效果却出奇得好。彭永臻没有放过这一丝意外，将实验过程在城市污水处理上进行了验证，并逐渐梳理、拓展出新的工艺技术。围绕这一成果，他带领团队在国际期刊上陆续发表了10篇SCI论文。

将厌氧氨氧化技术应用在城市污水处理中，也是彭永臻团队的首创。"厌氧氨氧化是世界上最经济高效的污水生物脱氮技术。然而，如此高效的技术此前并未在城市污水处理领域得到应用。"彭永臻解释，参与厌氧氨氧化过程的厌氧氨氧化菌，最喜欢高氨氮的环境，因此此前被广泛运用在高氨氮的工业污水处理中。

一组数据让人一目了然：每升工业污水的氨氮含量可达数千毫克，而城市污水只有四五十毫克。"氨氮含量少，难于培养和富集厌氧氨氧化菌，厌氧氨氧化菌技术就很难在城市污水处理中发挥作用。"彭永臻说。团队通过长期实验研究，掌握了厌氧氨氧化菌的增长规律，为厌氧氨氧化菌打造出适宜的生长环境，让它在城市污水中也能大显身手。

在改革开放四十余年的历程当中，中国的污水处理技术几乎从零起步，逐步发展到了世界先进水平，彭永臻及其团队在其中作出了重要贡献。"我们在一些方向上已经做到了行业领先。例如污水脱氮除磷，在国内外率先提出'主流城市污水部分厌氧氨氧化'思想与新技术，并在国内外率先实现短程反硝化耦合厌氧氨氧化。"彭永臻说。

几十年来，彭永臻团队坚持研究方向不变，他坚信，再过50年甚至更长的时间，研究依然还会有新的突破。这个经典与传统的科研方向，如今为中国城市的污水处理贡献了更稳定、更高效、更经济的新工艺。

"我与共和国同龄。"彭永臻话语铿锵。新中国走过波折、发展、辉煌的75年，作为同龄人，他凭借着勤奋和拼搏，走上了自己期望的科研之路，并取得了傲人的成绩。

回顾来时路，彭永臻感慨万千，但科学家的眼光总是看向前方："我希望，科研人员都能脚踏实地，把论文写在祖国大地上，争取早日实现我国科技强国的伟大目标。"

附录一 污水厂安全警示标志

一、安全标志

安全标志是由安全色（安全色是用以表达禁止、警告、指令、指示等安全信息含义的颜色，具体规定为红、蓝、黄、绿四种颜色，其对比色是黑白两种颜色）、几何图形和图形符号所构成，用以表达特定的安全信息的标志。这些标志分为禁止标志、警告标志、指令标志和提示标志四大类。

安全警示标志识读

根据《安全标志及其使用导则》（GB 2894—2008），国家规定了四类传递安全信息的安全标志：禁止标志表示不准或制止人们的某种行为；警告标志使人们注意可能发生的危险；指令标志表示必须遵守，用来强制或限制人们的行为；提示标志示意目标地点或方向。在民爆行业正确使用安全标志，能够使人员及时得到提醒，以防止事故、危害发生造成人员伤亡及引起不必要的麻烦。各类安全标志信息见附表1。

附表1 各类安全标志含义、颜色表征、对比色及作用

安全标志	含义	颜色表征	对比色	作用
禁止标志 （prohibition sign）	不准或制止人们的某些行动	红色,通常为红色圆形边框,中间有黑色图案和斜杠	白色	传递禁止、停止、危险或提示消防设备、设施的信息
警告标志 （warming sign）	警告人们可能发生的危险	黄色,一般是黄色三角形边框,黑色图案	黑色	传递注意、警告的信息
指令标志 （direction sign）	必须遵守	蓝色,具有蓝色圆形边框,白色图案	白色	传递必须遵守规定的指令性信息
提示标志 （Information sign）	示意目标的方向	绿色,具有绿色方形边框,白色图案	白色	传递安全的提示性信息

安全标志是向工作人员警示工作场所或周围环境的危险状况，指导人们采取合理行为的标志。安全标志能够提醒工作人员预防危险，从而避免事故发生；当危险发生时，能够指示人们尽快逃离，或者指示人们采取正确、有效、得力的措施，对危害加以遏制。安全标志不仅类型要与所警示的内容相吻合，而且设置位置要正确合理，否则就难以真正充分发挥其警示作用。

2024年4月29日，应急管理部网站发布了强制性国家标准《安全色和安全标志（征求意见稿）》。这是将三项国家强制性标准［《安全色》（GB 2893—2008）、《安全标志及其使用导则》（GB 2894—2008）和《工业管道的基本识别色、识别符号和安全标识》（GB 7231—2003）］合并修订形成的新强制性标准《安全色和安全标志（征求意见稿）》。

1. 禁止标志

 禁止吸烟
 禁止烟火
 禁止带火种
 禁止用水灭火

 禁止放置易燃物
 禁止堆放
 禁止启动
 禁止合闸

 禁止转动
 禁止叉车和厂内机动车辆通行
 禁止乘人
 禁止靠近

 禁止入内
 禁止推动
 禁止停留
 禁止通行

 禁止跨越
 禁止攀登
 禁止跳下
 禁止伸出窗外

 禁止倚靠
 禁止坐卧
 禁止蹬踏
 禁止触摸

 禁止伸入
 禁止饮用
 禁止抛物
 禁止戴手套

 禁止穿化纤服装
 禁止穿带钉鞋
 禁止开启无线移动通讯设备
 禁止携带金属物或手表

 禁止佩戴心脏起搏器者靠近
 禁止植入金属材料者靠近
 禁止游泳
 禁止滑冰

 禁止携带武器及仿真武器
 禁止携带托运易燃及易爆物品
 禁止携带托运有毒物品及有害液体
 禁止携带托运放射性及磁性物品

2. 警告标志

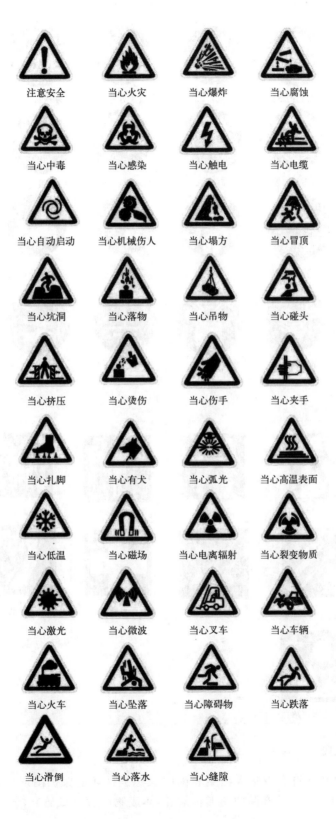

3. 指令标志

4. 提示标志

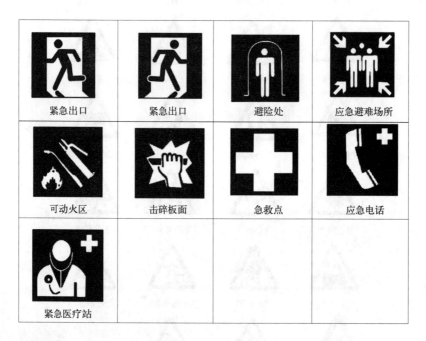

二、排放口标志牌

排放口标志牌必须符合中华人民共和国国家标准《环境保护图形标志 排放口（源）》（GB 15562.1—1995）、《环境保护图形标志 固体废物贮存（处置）场》（GB 15562.2—

1995）和《国家环境保护总局办公厅关于印发排放口标志牌技术规格的通知》（环办〔2003〕95号）的要求。

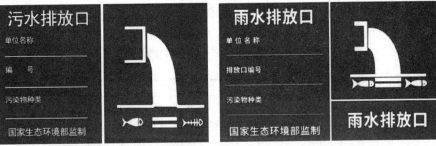

污水排放口标志牌　　　　　　雨水排放口标志牌

废气排放口标志牌　　　　　　噪声源标志牌

一般固废暂存区标志牌　　　　　　危废暂存间门外标志牌

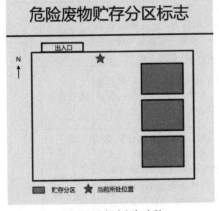

危废暂存间内部标志牌　　　　　　危废暂存间容器上的标志牌

附录二 生活污水处理厂智慧运行管理自评打分表

生活污水处理厂智慧运行管理自评打分表

单位名称：＿＿＿＿＿＿＿＿＿＿＿＿＿＿＿＿ 自评得分值：＿＿＿＿＿＿

分类	分值	考核项目	小分值	考核内容	自评标准	检查方式	得分	存在问题
运行效能	20	进水水质	20	进水BOD浓度	年平均进水BOD_5浓度达到100mg/L及以上，得20分；进水BOD_5浓度在30mg/L及以下，不得分；进水BOD_5浓度在30～100mg/L之间的采用内插法计算得分	查看进水水质年报表		
基本要求	10	人员管理	3	关键岗位人员	电工及特种作业岗位人员、污泥处理工、污水水质化验工等关键岗位人员必须持证上岗，满足要求得3分。每发现一人未持证上岗扣0.5分，扣完为止	查看职工岗位分工和上岗证		
		制度管理	2	制度建设	构筑物、设备、岗位各项操作规程应健全、科学、完善，生产管理制度、设备管理制度、化验室管理制度、岗位工作职责均应齐备，满足要求得2分。每缺一项扣0.5分，扣完为止	查看现场和资料		
			1	制度合理	制度制定合理、具有可操作性，运行车间相关运行管理制度上墙，满足要求得1分。每缺一项扣0.5分，扣完为止	查看现场和资料		
		标示标识	2	设施标志	污水处理厂应对其设施设置明显标志，包括：进水口、出水口、进水取样点、出水取样点、污水处理构筑物、全部现场设备、各类管道和电缆等，满足要求得2分。每缺一项扣0.5分，扣完为止	查看现场		
			1	警示标志	应在潜在的高坠、落水、窒息、中毒、触电、起火、绞伤处设置警示标志，满足要求得1分。每缺一项扣0.5分，扣完为止	查看现场		
			1	企业介绍	应在潜在的高坠、落水、窒息、中毒、触电、起火、绞伤处设置警示标志，满足要求得1分。每缺一项扣0.5分，扣完为止	查看现场		
工艺运行管理	20	在线监测	2	进口监测	污水处理厂进口应安装流量计、化学需氧量(COD)、氨氮在线监测仪表，且设备运行正常，满足要求得2分。每缺一项或每发现一个设备维护不到位的扣1分，扣完为止	查看现场		
			2	出口监测	污水处理厂出口应安装流量计、化学需氧量(COD)、氨氮、总磷、总氮在线监测仪表，满足要求得2分。每缺一项扣0.5分，扣完为止	查看现场		
		工艺运行	3	预处理段	格栅过水应保持通畅，应及时清除栅条(鼓、耙)、格栅出渣口及机架上悬挂的杂物；应及时清理格栅栅渣，保持地面环境整洁；进水泵房运行正常，且无异常的噪声或振动；沉砂池运行正常，排砂与砂水分离能有效联动运行并延时停止，满足要求得3分。每一项不达标扣0.5分，扣完为止	查看现场和资料		

续表

分类	分值	考核项目	小分值	考核内容	自评标准	检查方式	得分	存在问题
工艺运行管理	20	工艺运行	4	生化段	泥水混合均匀，无明显泥水分层；搅拌器应正常运转；好氧段曝气均匀；现场能实时监测生物反应池的溶解氧、污泥浓度、外回流流量等相关参数；供氧设备平稳运行，管路无漏气现象，满足要求得4分。每一项不达标扣1分，扣完为止	查看现场和资料		
			2	二沉池段	二沉池配水均匀，出水堰出水平均、稳定，泥水分离明显；出水无污泥溢出，池面整洁，无大面积浮泥、浮渣、浮萍等，满足要求得2分。每一项不达标扣0.5分，扣完为止。 SBR、MSBR等工艺未建设二沉池构筑物的，参照上述相关内容进行打分	查看现场和资料		
			3	深度处理段	采用MBR膜处理工艺时，应按工艺设计要求定期自动进行化学清洗或物理清洗，使其保持稳定运行，运行参数控制符合要求；深度处理量应满足生产工艺要求，满足要求得3分。每一项不达标扣1分，扣完为止 采用传统工艺时，混凝工艺段中混凝药剂应有产品质量合格证或检验报告，并根据水质情况计量投加；精密滤池、硝化滤池、滤布滤池等滤池运行正常，有定期检查记录，满足要求得3分。每项不达标扣1分，扣完为止 未采用深度处理工艺的，预处理段、生化处理段、二沉池段分别按总分4分、5分、3分的分值计算	查看现场和资料		
			2	消毒段	紫外线消毒工艺设备运行正常；灯管全部浸没水中；灯管光线通透，无挂膜；灯管槽有遮阳盖板，满足要求得2分。每一项不达标扣0.5分，扣完为止 其他消毒工艺，应确保设备运行正常，药品储存、使用应规范，满足要求得2分。每一项不达标扣0.5分，扣完为止	查看现场和资料		
		运行分析	2	报表分析	应执行统计报表和报告制度，以及编写年度、季度工艺运行分析报告，满足要求得2分。每缺一项，扣0.5分，扣完为止	查看年度、季度工艺运行分析报告		
污泥处理处置	7	污泥处理	2	污泥处理运行	污泥设施运行正常；处理污泥符合GB 18918—2002的要求；运行台账记录齐全，数据真实；泥饼得到妥善处置，满足要求得2分。每一项不达标扣0.5分，扣完为止	查看现场和资料		
			2	污泥处理质量	月平均污泥含水率小于等于设计标准，得2分，每发现一次污泥含水率不合格扣0.1分，扣完为止	查现场和污泥含水率化验台账		

续表

分类	分值	考核项目	小分值	考核内容	自评标准	检查方式	得分	存在问题
污泥处理处置	7	污泥处置	2	污泥存放	脱水后污泥在污水处理厂区内短时间储存时应采用料仓储存,污泥在料仓内存放的时间不宜超过5d,满足要求得1分。脱水后污泥在厂区内随意堆放扣1分	查看现场		
			1	污泥外运与处置	外运污泥有三联单以上制度及污泥外运协议或安全流转证明;处置过程不应造成周边环境的二次污染,满足要求得2分。每一项不达标扣1分,扣完为止	查看现场和资料		
化验质量管理	9	取样位置与频率	1	取样位置	进水:应在厂内总进水口处取进水水样,宜为粗格栅前水下1m处;如果不具备条件,粗格栅设置在厂外的,应在总进水口处取样。出水:应在厂内总出水口取出水水样,宜为消毒后排放口水下1m处或排放管道中心处,满足要求得1分。取样位置不满足规范要求的扣1分	查看现场		
			1	取样频率和质量	取样频率为至少每2h一次,取24h混合样,以日均值计;取样器皿应符合标准并保持清洁,对分析结果无干扰。满足要求得1分。取样频率不规范的扣1分,取样器皿清洁不符合要求的,每发现1个扣0.5分	查看现场和资料		
		化验检测	1	化验室配备	按《城镇供水与污水处理化验室技术规范》(CJJ/T 182—2014)要求配备化验室和检测仪器设备,满足要求得2分。每缺一项扣1分,扣完为止	仪器配备参考CJJ/T182		
			3	化验项目及批次	化验项目及频次参照《城市污水处理厂运行、维护及安全技术规程》(CJJ 60—2011)的规定和当地行业主管部门要求,满足要求得3分。每缺一项扣0.5分,扣完为止	查看资料,检测项目按日常常规要求监测		
		台账管理	2	化验台账	化验室台账记录齐全、数据真实可靠,填写规范;须建立原始记录、日报表、药品仓库登记、设备使用登记等台账,满足要求得2分。每一项不达标扣0.5分,扣完为止	查看资料		
			1	化验质量控制	化验室应建立质量保证制度并按要求执行,定期进行标准样品考核和仪器设备校准,并建立台账,满足要求得1分。每项不达标扣0.5分,扣完为止	查看资料		
		化验数据	扣分项	数据质量	发现化验数据造假的,化验质量管理该项9分分值计0分	查看资料		
设备管理	8	设备台账与巡检	1	设备台账	建立设备清单和管理台账,满足要求得1分。未建立设备清单和管理台账不得分,不完整、不规范的每缺一项扣0.5分	查看资料		
			2	设备巡检	建立设备三级巡检及二级维护的管理体系,明确设备管理人员和各级巡视人员的职责,并按规定频次进行巡检,满足要求得2分。每一项不达标扣0.5分,扣完为止	查看设备巡检执行情况		

续表

分类	分值	考核项目	小分值	考核内容	自评标准	检查方式	得分	存在问题
设备管理	8	设备维护	2	维护保养	有年度、月度设备设施维修维护计划，设备大修计划及备品备件计划，并按计划有序实施；有健全、完整的设备档案资料；使用运行、保养维护及报废更新有完整记录，满足要求得2分。每一项不达标扣1分，扣完为止	查看设备设施维修保养计划、实施情况及维修记录		
			2	主要设备完好率	水泵、曝气设备、格栅、沉砂设备、吸刮泥机、消毒设备、脱水设备、高低压配电设备、控制设备、关键阀门、闸门及影响厂内工艺运行的主要设备完好率不小于95%，满足要求得2分。完好率小于95%扣2分	查看统计资料		
			1	仪器设备检定与校核	仪器设备应按要求定期进行标定校核，满足要求得1分。每发现一台仪器设备未定期进行标定校核扣0.5分，扣完为止	查看现场和资料		
中央控制系统管理	8	系统运行	2	中控室配置	中控室应配置UPS不间断电源和信号防雷装置；应具备视频监控系统，且运行正常；主要设备可以根据工艺需要自动运行，可以远程启停，满足要求得2分。每一项不达标扣1分，扣完为止	查看现场和资料		
			1	设备运转	中控室应实时反映全厂工艺运行和设备运转情况，满足要求得1分。不能实时反映的扣1分	查看现场		
			2	视频监控	预处理、生化池、沉淀池、深度处理、加药间、脱泥间、配电间、进水口等须设视频监控，并应与全省智慧排水与污水处理信息系统进行对接，满足要求得2分。每漏设一处视频监控或未与系统对接的扣0.5分，扣完为止	查看现场		
		数据记录	2	运行数据	中控系统应实时记录污水处理厂的进、出水流量和进、出水水质（COD、氨氮、总氮、总磷等关键指标）、各生化池溶解氧等运行数据，并依据记录数据自动生成动态变化曲线并形成报表（含日报表、月报表、年报表），满足要求得2分。每缺一项运行数据显示扣0.5分，不能自动生成动态变化曲线扣1分，不能自动形成报表扣1分，扣完为止	查看中控系统数据		
			1	数据保存	在线仪表数据反映准确，历史记录应保留1年以上，满足要求得1分。数据保存不达标扣1分	查看历史记录，核对现场在线仪表数据		
安全管理	14	安全配备	1	安全员配备	污水处理厂应至少配备1名专职或兼职安全员，满足要求得1分。未按要求配备扣1分	查看资料		
			2	安全制度	有健全的安全管理机构、安全规章制度和操作规程、安全生产责任制度，满足要求得2分。每缺一项扣1分，扣完为止	查看制度		

续表

分类	分值	考核项目	小分值	考核内容	自评标准	检查方式	得分	存在问题
安全管理	14	安全配备	2	安全防护	岗位人员有必要的安全保护措施;有毒、有害场所应配备安全防护设施;吊装设备、压力容器等应有检测合格标志;有限空间作业须配备通风设施及检测仪表,并按要求操作;消防设施配备到位,并定期检查、更新;采用氯消毒时应配置报警仪、漏氯吸收装置、漏氯检测仪及漏氯检测报警设施,且能保证联动运行,满足要求得2分。每发现一项不达标扣1分,扣完为止	查看现场		
		应急管理	1	应急预案	污水处理厂应根据实际情况制定应急预案,包括:触电应急预案、有毒有害气体中毒应急预案、防汛应急预案、氯气泄漏应急预案、消防应急预案等,且应每年进行一次补充、修改和完善,满足要求得1分。每缺一项扣0.5分,扣完为止	查看资料、安全检查记录		
			1	双电源配置	污水处理厂应配备双电源或满足基本运行的应急电源,满足要求得1分。未配置双电源或应急电源的扣1分	查看现场		
			1	进水超标	进水水质和水量发生重大变化可能导致出水水质超标,或者发生影响污水处理设施安全运行的突发情况时,污水处理厂应当立即采取应急处理措施,并报当地排水主管部门和生态环境部门,满足要求得1分。未进行应急处理或未上报相关部门扣1分	查看资料及台账		
			1	应急演练	每年应至少进行1次应急预案的演练,演练形式可以采用桌面演练、功能演练、全面演练等形式,满足要求得1分。未开展演练扣1分	查看资料及台账		
		安全检查	2	台账记录	应定期进行安全检查;发现安全隐患有积极的响应措施,并能及时解决;安全检查台账及安全隐患排除记录齐全,满足要求得2分。每一项不达标扣1分,扣完为止	查看资料及台账		
		危废管理	1	制度建设	化验室建立危险化学品管理制度,且应上墙,满足要求得1分。未建立制度或制度未上墙扣1分	查看现场和资料		
			2	危废处置	废机油、化验室废液、紫外灯管等危废应按照要求合理储存及处置;危险品、易燃易爆品存储使用合规且配备相应安全救护工具,满足要求得2分。每一项不达标扣1分,扣完为止	查看现场和资料		
环境影响控制	4	厂容厂貌	0.5	道路及绿化养护	道路整洁,无积水、塌陷,路网满足安全生产需要;绿地绿植定期维护;厂内实际绿化面积达到可绿化面积的80%,环境优美,满足要求得0.5分。每一项不达标扣0.2分,扣完为止	查看现场		
			0.5	宣传教育与投诉处置	制定并实施有效的信息公开制度;定期开展对外宣传教育、向公众开放;妥当处置相关投诉,满足要求得0.5分。每一项不达标扣0.2分,扣完为止	查看现场和资料		

续表

分类	分值	考核项目	小分值	考核内容	自评标准	检查方式	得分	存在问题
环境影响控制	4	噪声及臭气控制	1	噪声控制	应定期组织厂界噪声检测，测定标准和监测点的设置参照《工业企业厂界环境噪声排放标准》（GB 12348—2008）执行；应采取有效措施减少因设备老化或长时间运转所产生的噪声，满足要求得1分。每一项不达标扣0.5分	查看现场和资料		
			2	臭气控制	氨、硫化氢、臭气浓度每半年检测一次，甲烷一年检测一次；厌氧消化区域、地下室泵房、地下室雨水调蓄池和地下室污水厂箱体应设置硫化氢、甲烷的泄漏浓度监测和报警装置，在人员进出且硫化氢易聚集密闭场所应设硫化氢气体监测仪；除臭预收集系统、收集管道完整，无损坏，满足要求得2分。每一项不达标扣0.5分，扣完为止	查看现场和资料		
扣分项					以化学需氧量（COD）、五日生化需氧量（BOD_5）、悬浮物（SS）、总氮（TN）、氨氮（NH_3-N）、总磷（TP）、粪大肠菌群数为考核指标，依据设计标准进行考核。除不可抗力因素外，每天有一项及以上检测数据（含污水处理厂实验室化验数据、委托第三方实验室化验数据）不达标视为当天水质超标，每发现一天水质超标扣0.5分，扣完为止	查看现场、资料、化验室台账、出水超标报告、监管部门抽样监测数据		
					发生一般生产安全事故或突发环境事件的或受到省级及以上通报、约谈或被媒体曝光经核实造成不良社会影响的，每发生一次扣10分	查看资料		
					企业在评价过程中弄虚作假的，经核查属实，在原评价分数的基础上扣10分	查看现场和资料		

参考文献

[1] 潘涛，李安峰，杜兵. 环境工程技术手册——废水污染控制技术手册 [M]. 北京：化学工业出版社， 2020.
[2] 王纯，张殿印. 环境工程技术手册——废气处理工程技术手册 [M]. 北京：化学工业出版社， 2020.
[3] 王有志. 污水处理工程单元设计 [M]. 北京：化学工业出版社， 2020.
[4] 郑梅. 污水处理工程工艺设计从入门到精通 [M]. 北京：化学工业出版社， 2021.
[5] 李欢，曾桂华，汤杨. 城镇污水处理系统运营 [M]. 2版. 北京：化学工业出版社， 2019.